机械传动部件故障诊断与性能退化评估方法研究

佘博　梁伟阁　田福庆　著

清华大学出版社
北京

内容简介

本书针对机械传动部件故障诊断与性能退化评估问题，综述了国内外智能诊断方法的发展历程与研究现状，阐释了传动部件的振动机理与故障特征；结合经验模态分解、双树复小波包分析、流形学习、深度学习等理论构建了多类故障诊断模型；介绍了机械传动部件状态监测与性能退化评估方法。同时通过大量仿真实验以及实验平台故障案例分析，对书中的研究成果进行了验证。

本书可供本科生、研究生以及从事机械状态监测、故障诊断、健康管理等相关领域的工程技术人员学习参考。

图书在版编目(CIP)数据

机械传动部件故障诊断与性能退化评估方法研究/佘博，梁伟阁，田福庆著. —北京：清华大学出版社，2020. 11 (2022. 9重印)
ISBN 978-7-302-55933-7

Ⅰ. ①机… Ⅱ. ①佘… ②梁… ③田… Ⅲ. ①机械传动装置－零部件－故障诊断 ②机械传动装置－零部件－性能－退化－评估方法 Ⅳ. ①TH13

中国版本图书馆 CIP 数据核字(2020)第 116406 号

责任编辑：戚 亚
封面设计：刘艳芝
责任校对：王淑云
责任印制：宋 林

出版发行：清华大学出版社
网 址：http://www.tup.com.cn，http://www.wqbook.com
地 址：北京清华大学学研大厦 A 座 **邮 编**：100084
社 总 机：010-83470000 **邮 购**：010-62786544
投稿与读者服务：010-62776969，c-service@tup.tsinghua.edu.cn
质量反馈：010-62772015，zhiliang@tup.tsinghua.edu.cn
印 装 者：北京九州迅驰传媒文化有限公司
经 销：全国新华书店
开 本：170mm×240mm **印 张**：13.75 **插 页**：8 **字 数**：280 千字
版 次：2020 年 12 月第 1 版 **印 次**：2022 年 9 月第 3 次印刷
定 价：89.00 元

产品编号：082971-01

前言 FOREWORD

机械传动部件是机电装备中起承载和传动作用的关键部件，一旦传动部件出现损伤，就会引起装备振动加剧。若没有及时检测出装备的异常状态，随着故障程度的恶化，就可能引起机电装备长时间停机导致经济损失，甚至引发安全事故。为避免因机械传动部件的故障而造成巨大损失，对传动部件的状态进行故障诊断、监测以及性能退化评估具有重要的意义。机电装备的振动特性反映装备当前的状态，利用振动信号进行分析是近年来机械故障诊断领域中研究的热点和难点。由于机电装备结构复杂、工况波动、随机干扰等因素的影响，机械振动信号具有非线性、非平稳性、强噪声的特点，导致传动部件早期的微弱损伤容易被忽视，当检测到异常时，传动部件往往已严重损伤。因此，本书以机电装备中的机械传动部件为研究对象，结合信号处理、流形学习和深度学习等理论方法，研究故障诊断、状态监测与性能退化评估方法。

本书共分 9 章，主要内容如下。

第 1 章：针对机电装备中机械传动部件的故障诊断问题，在绪论中阐明了本书研究的背景与意义，并分析了当前国内外在机械故障诊断领域研究的热点以及部分诊断方法的不足。

第 2 章：分析机电装备中典型传动部件如轴承、齿轮、轴的振动机理以及故障特征，为基于数据驱动的故障诊断奠定了理论基础。

第 3 章：介绍机械故障诊断领域常用的故障特征构造方法，包括时域特征、频域特征、时频域特征，以及基于小波分析、经验模态分解的多尺度特征构造方法。为获取敏感判别性强的特征，阐述了常用的特征选择方法，以及基于流形学习和深度学习的非线性特征提取方法，为故障诊断、状态监测与性能退化评估提供技术支撑。

第 4 章：论述基于 Teager 能量谱多尺度信号分解的故障诊断方法。针对应用集合经验模态分解方法难以提取强噪声背景下滚动轴承微弱故障特征的问题，提出将最小熵反褶积和小波阈值去噪与 EEMD 结合的改进方法。采用最小熵反褶积对滚动轴承振动信号降噪，增强冲击特征；然后利用基于 EEMD 的小波阈值去噪方法处理降噪后信号得到一组固有模态分量，并依据相关系数准则剔除虚假分量；对重构信号进行 Teager 能量算子解调分析，提取其微弱故障特征。

第 5 章：讨论基于双树复小波包主流形重构的故障诊断方法。针对采集的机电装备振动信号具有非线性、非平稳性和噪声干扰的特点，提出基于双树复小波包主流形重构的去噪方法，凸显典型谱特征进行诊断。

第 6 章：介绍基于自适应流形学习的故障诊断方法。该方法的特征是可反映装备状态的指标，针对敏感特征选择方法存在去除有用信息、健壮性和通用性不强等不足，采用局部切空间排列流形学习方法进行特征的非线性融合，以挖掘原始振动信号中的本质信息。但局部切空间排列算法中邻域图的近邻参数难以合理选择，动态增加的数据影响算法的计算效率。为此，分别提出了自适应邻域参数选择的局部切空间排列算法和增量式监督局部切空间排列算法。

第 7 章：阐述基于深度卷积变分自编码的故障诊断方法。针对转速和负载变化情况下的故障诊断，采用一般机器学习的诊断方法难以自动适应工况变化的影响。深度学习可利用网络深度优势挖掘更强健壮性的特征，基于自编码和卷积神经网络理论，提出一种深度卷积变分自编码网络。针对小样本有标签信息的故障诊断和大样本无标签信息的故障诊断，利用迁移学习理论，提出基于小样本的监督模型迁移和基于标签传递的无监督模型迁移。结合多传感器能多角度反映机械传动部件的状态，相较于单传感器的故障诊断，多传感器多模型的选择性集成学习更能多方位表征传动部件的状态，为平衡模型的差异性和准确度进行模型选择，提出基于多传感器多模型的选择性集成学习模型，以提升模型诊断性能。

第 8 章：介绍基于流形特征增强的状态监测与性能退化评估方法。监测指标和监测模型是状态监测的核心，针对能保持数据结构全局特性或者局部结构特性的流形学习方法分别构造监测模型，在一定程度上损失了部分数据信息，并不能全面地反映数据中潜在结构的敏感性，影响监测指标的灵敏度。为此，综合优化样本局部和全局结构关系，提出了非局部核正交保持嵌入算法，为改善参数选择依赖人工经验的不足，提出了自适应 k 参数非局部核正交保持投影算法。

第 9 章：总结与展望。归纳总结本书的研究内容和成果，对存在的问题、研究的不足以及本书后续的研究进行展望。

由于本书作者水平和学识有限，书中难免存在不足之处，恳请广大读者批评与指正。

作　者

2020 年 2 月

目录 CONTENTS

第1章 CHAPTER 1 [绪论]

1.1 背景概述

随着工业现代化和科学技术的快速发展，机械装备系统日趋智能化、精密化和集成化，各种机械装备在航空航天、石油化工、海洋船舶、轨道交通、工业制造和国防军工领域发挥着重大作用。当前，世界各国都在大力发展高新技术制造业，德国的“工业 4.0”、美国的“制造业回流”，以及我国的“中国制造 2025”都旨在提升制造业智能化水平。其中，机电装备的投入是保障工业制造能力和水平的核心因素之一。

机电装备的长期使用、人为操作违规、零部件的磨损、疲劳损伤、维修不当等，会导致机电装备的健康状况出现异常，如果不能及时地发现装备存在的早期异常症状，一旦装备的健康状况持续恶化，就会轻则影响产品的质量或者武器装备的性能，重则造成机电装备系统的损坏，导致设备的停机或者武器的停射，甚至引起人员伤亡等灾难性事故。比如：1985 年大同二电厂 2 号机组联轴器螺栓断裂；1988 年秦岭发电厂 200MW 汽轮发电机 5 号机组主轴断裂毁机的特大事故，造成重大经济损失，严重影响华北和西北电网的运行；1986 年苏联切尔诺贝利核电站爆炸引起的历史上最严重的放射性物质泄漏核事故；1998 年从德国慕尼黑开往汉堡的城际特快列车(ICE)因双层钢轨的外圈产生疲劳裂纹故障而断裂引起脱轨，造成重大人员伤亡事故；2016 年伊朗塞姆南省两辆客运火车相撞，事故原因为低温引发的机械故障；2016 年阿联酋一架波音 777 在迪拜机场降落时起落架出现故障导致飞机起火。造成这些悲剧发生的主要原因是未能在机电装备出现异常时给出预警，未能在早期微弱故障发生后给出有效的诊断，未能在装备状态持续恶化阶段给出有效的解决方案，从而导致了严重的后果。为避免灾难性事故的发生，提高机电装备运行的安全可靠性，故障诊断技术迅速成为国内外工业界和学术界关注的热点，我国的《国家中长期科学和技术发展规划纲要(2006—2010)》[1]和《机械工程学科发展战略报告(2011—2020)》[2]也已将重大设备的运行可靠性、可维护性、故障诊断等技术的研究列为重要研究方向。

在现代工业设备中，机械装备的传动部件，如齿轮、轴承、轴等是压缩机、鼓风机、柴油机、风力电机、离心泵、汽轮机等机械的基本部件，其健康状态影响机械装备的运行状况。轴在传动系统中起着连接作用，若轴安装不当或者存在制造缺陷，将导致不对中、不平衡等问题，在长期的高负载高转速工况下，轴容易产生弯曲，甚至断裂，进而影响齿轮和轴承的正常运行；轴承是主要的承重部件，通常工作环境较恶劣，一旦出现润滑不足、偏载或负载过大的情况，在长期运行条件下，轴承的内圈、外圈、滚动体及保持架会出现不同程度的磨损、裂纹、断裂等故障，导致轴承的失效；齿轮在变负载、瞬时大载荷、润滑不良等情况下，容易出现齿面胶合、磨损、疲劳裂纹和断齿等故障。机电装备的维护检测修理手段已逐步经历了从故障后维修、周期性预防维修到基于装备状态的智能检修，在装备出现早期微弱异常状态时就能实施定位、跟踪评估，掌握当前时刻装备的运行状态，减少了以往通行的停机检修、拆机检修频次，避免了不必要的经济损失。

故障诊断技术已应用于大型机电装备的制造、使用全寿命周期过程，但在实际复杂环境的诊断评估上，误诊、漏诊仍有发生，故障诊断技术还有很大的发展空间。机电装备结构的集成性和复杂性增加了故障诊断的难度，在电气控制系统的故障诊断方面，由于故障机理较明晰，研究进展较迅速；然而，在机械部件的故障诊断方面，由于多数故障的机理模糊不清，研究进展和突破较缓慢。在实际的工业和国防装备的诊断中，对机械诊断的需求非常迫切。当前，在诊断技术的发展中，基于模型驱动的故障诊断方法和基于数据驱动的故障诊断方法一直是研究的热点。基于模型驱动的故障诊断是通过建立机械结构的非线性动力学模型，研究故障机理及故障传播模式，这在理论上是一种非常有效的诊断方法，但是由于机械组成的复杂性，难以构建准确的模型方程，该方法在实际的故障诊断中应用有限，通用性不强。基于数据驱动的故障诊断不需要建立复杂的动力学模型，直接使用传感器采集装备的动态信号，利用信号处理技术和机器学习等方法评估装备的状态，通用性较强。2002 年美国明尼苏达大学举办了 IMF Hot Topics Workshop：Data-Driven Control and Optimization 研讨会；IEEE 从 2008 年开始举办 The IEEE International Workshop on Defect and Data-Driven Testing，讨论基于数据的异常检测与故障诊断技术。然而，采用数据驱动的诊断方法也存在以下问题[3]：

(1) 故障特征微弱。机械故障信号具有非线性、非平稳性、强噪声的特点，受信号传播途径、传感器位置、噪声影响，故障特征信息容易被淹没。

(2) 故障样本不完整、缺乏样本。受机械结构和传感器的限制，在机械中某些需要采集信号的位置不便安置传感器,导致采集的数据不完整。另外,由于以往不重视数据的价值,也导致收集装备的历史故障数据信息较少。

(3) 故障模式与故障原因模糊。机械运行中部件间的相互关联、相互耦合也使装备在故障时,同一故障模式对应多个故障原因,单个故障原因也可能生成多个故障模式,故障原因与故障模式间不是简单的一一对应关系,而是复杂的非线性映射关系。

由上述分析可知,研究精确有效的机械装备故障诊断方法是迫切需要解决的热点问题。本书拟基于智能诊断技术进行机械传动部件故障诊断与性能退化评估方法的研究,这对保持装备完好性、提高装备工作性能及可靠性具有十分重要的意义。

1.2 智能诊断方法研究现状

1.2.1 基于非平稳信号去噪的故障诊断方法

在机电装备运行过程中,装备表面的振动响应蕴含了丰富的运行状态信息,利用谱分析法提取采集的振动信号中的频谱成分,即能对传动部件的典型故障进行诊断。然而,由于装备运行中受到零部件的相互接触碰撞、电磁、振动等环境的影响,采集的振动信号中包含了有用信号、噪声及干扰成分。若噪声较强,有用信号容易被淹没,直接采用傅里叶变换或者希尔伯特包络解调等谱分析方法难以进行准确的诊断。因此,采用去噪方法减弱噪声和干扰成分,提高信噪比,才能更准确地提取微弱故障特征频率。信号去噪方法可分为线性去噪方法和非线性去噪方法。线性去噪方法主要是通过设计滤波器(低通、高通、带通等)滤去信号频谱中多余的成分,保留有用的成分,但基于滤波器的信号去噪方法主要适用于单一信号及平稳性信号,而机电装备故障振动信号的时频特性随时间变化,具有非平稳性和非线性,由于噪声与故障信号具有相似的宽谱特性,并在频谱上相互混叠,采用线性去噪局限性较大[4]。非平稳信号去噪的研究有多种方法,如奇异值分解去噪、经验模态分解去噪、小波去噪等。

奇异值分解(singular value decomposition,SVD)是一种性能优良的非线性滤波方法,其基本思路是:对原始信号进行相空间重构,将包含噪声和有用信号的矩阵分解到一系列正交子空间,分解得到的奇异值反映了数据的内在属性,由于有用信号和噪声对奇异值的贡献程度不一致,通过选择合适的奇异值可以最大限度地保留有用信号,消除信号中的噪声成分,达到去噪的效果[5-6]。赵洪山等[7]提出了将变分模态分解和奇异值分解结合的降噪方法,提高了滚动轴承故障信号的信噪比；王建国等[8]将 SVD 和局部均值分解结合，可有效辨识轴承的典型故障。然而，在信噪比较低的情况下，SVD 方法对噪声比较敏感，难以取得较好的去噪效果。曾鸣等[9]将时域约束估计应用于 SVD 的子空间去噪，能够抑制噪声贡献占主导的奇异值对去噪后信号的贡献量，在强噪声环境下可有效地提取齿轮故障特征。由于汉克尔矩阵(Hankel matrix)无法表征信号中的冲击成分，传统 SVD 方法不能将冲击特征奇异值和噪声奇异值有效分离，郭远晶等[10]提出了在 S 变换时频谱上进行 SVD 去噪，可获取低信噪比下的信号冲击特征。有效秩阶次的选择是 SVD 去噪方法的关键，影响去噪效果，常用的方法是试凑法和阈值法，但依赖于经验，缺乏理论依据。Zhao 等[11]提出了一种基于奇异值差分谱的奇异值自适应选择方法，在信噪比较高的情况下去噪明显，但没有考虑有用信号的奇异值差分谱也可能出现单边极大值的情况，对于具有明显趋势的信号不能准确地选择有效的奇异值，可能导致过去噪。针对 SVD 有效秩阶次的选择，还有许多学者进行了研究[12-13]，也取得了一些成果，但也存在计算复杂、健壮性有待提高等不足。

集成经验模态分解(ensemble empirical mode decomposition，EEMD)是一种多尺度信号分解方法，能有效地抑制经验模态分解(empirical mode decomposition，EMD)频率混叠的缺陷，并且分解得到的本征模态函数(intrinsic model function，IMF)分量能完整地反映原始信号的特性。各 IMF 分量表示原始信号中不同的频段，选择 IMF 分量进行组合即能达到低通、高通及带通滤波器的去噪效果。陈仁祥等[14]提出了基于相关系数的 EEMD 去噪方法，利用信号的相关性原理，可分离噪声和有用信号。张志刚等[15]利用灰色关联度和互信息法剔除虚假 IMF 分量，对余下的 IMF 分量进行重构以提高信号信噪比。基于相关性原理的去噪方法简单，易于实现，但是去噪方法不精细，去噪的同时也易造成部分有用信号的缺失。余发军等[16]提出利用随机噪声和故障信号的自相关函数特性的不同，找到各 IMF 分量中噪声分量的分界点，采用软阈值的方法对 IMF 分量进行去噪，能有效提取故障信号中的微弱冲击特征。张文忠等[17]提出了利用白噪声分解特征的 EEMD 阈值去噪方法，在滤去噪声的同时保留了高频有效信息。基于阈值的去噪方法简单且计算量小，但阈值的选择通常由人为经验估计。与其他方法的结合及改进 EEMD 的方法也能达到去噪的目的，如徐元博等[18]将形态滤波法与 EEMD 结合进行去噪，能突出故障信号的特征参数；王志坚等[19]利用最小熵解卷积作为集成经验模态分解去噪方法的前置滤波器，可提高强噪声背景下的微弱冲击特征。在各种算法中总体平均次数、白噪声幅值系数这两个参数的选取对 EEMD 方法去噪效果及计算效率影响较大，在实际的工程应用中，往往信号噪声较大，使用 EEMD 去噪方法耗时较长。

小波分析是多尺度的非平稳信号分析方法，随着小波理论的不断完善和发展，小波包变换、卷积小波包变换、多小波包、双树复小波包变换等小波分析方法在机械故障诊断中得到广泛的应用。小波去噪技术一般可以分为阈值去噪方法、模极大值去噪方法、尺度模型去噪方法等。Donoho 等[20]提出了阈值去噪方法，并给出了阈值计算的经验公式，但这类阈值去噪方法只是确定了一个全局阈值，没有考虑相邻小波系数之间的相关性，容易在去除噪声的同时将高频信号的有用成分也一并去除。阈值去噪方法计算简单、速度快，但是在实际工程应用中估计噪声的方差比较困难。模极大值去噪是利用信号与噪声在不同尺度上模极大值的不同传播特性，选择由信号产生的模极大值点来重构信号，实现对信号的去噪。秦毅等[21]利用模极大值法无须计算噪声方差的特性，有效地提高了软阈值小波去噪法的误差下界，然而，去噪后的信号在奇异点存在振荡；张翠芳等[22]提出对模极大值去噪后的信号进行软阈值去噪，使得去噪后的信号更加光滑。模极大值去噪方法比较稳定，存在的不足是由模极大值重构小波系数的计算复杂，效率低于阈值去噪法，并且需要选择合适的尺度。尺度模型去噪法是考虑尺度间小波系数相关性、尺度内小波系数相关性及综合尺度内、尺度间模型相关性的去噪方法。Liu 等[23]提出了考虑同一层和不同层小波分解系数之间相关性的去噪方法，将具有相关性的小波系数作为整体来设定阈值，在去除噪声的同时可以有效地保留信号的特征信息。杨绍普等[24]根据信号的三阶矩比二阶矩能更好地反映冲击信号特征，改进了小波相邻系数去噪方法。双树复小波包变换是在离散小波包变换和双树复小波变换的基础上提出的小波分析方法，保留了小波包变换和复小波变换的优良特性，具有近似平移不变性、有限数据冗余、完全重构和抑制频带重叠的特性。双树复小波、双树复小波包与其他方法结合，在机械故障诊断中得到广泛的应用。苏文胜等[25]提出了利用双树复小波变换的近似平移不变性和隐马尔可夫树模型刻画小波系数间相关特性的去噪方法；吴定海等[26]在研究双树复小波包的基础上，提出了自适应分块阈值的降噪方法；胥永刚等[27]提出了利用峭度和相关系数选择双树复小波包分解的频带分量，进行软阈值去噪消除振动信号中噪声的干扰。基于阈值的去噪方法在一定程度上能取得较好的效果，但在强噪声干扰下，仅采用阈值去噪的方法往往难以获得满意的去噪结果。进一步，胥永刚等提出选择周期性较明显层上的小波系数进行形态分量分析去噪，能有效去除信号中的强噪声[28]。王奉涛等[29]提出将信号进行对偶树复小波分解，并由分解子频带构造高维信号空间，利用最大方差展开流形算法提取高维空间中的真实信号子空间，实现噪声与有用信号的分离。

相空间重构技术是一种非线性时间序列分析方法，根据高维相空间吸引子所在的主流形主要分布在某个低维子空间，而噪声则分布在相空间的所有维度中。黄艳林等[30]将独立分量分析方法用于高维相空间的去噪；Qiu 等[31]提出利用相空间重构和奇异值分解来优化小波基参数以实现振动信号的去噪。然而，这些去噪方法都是基于局部邻域的迭代修正,没有考虑主流形的全域信息和整体结构。流形学习是一类维数约简的方法,通过提取高维信号的低维流形,能更准确地表征信号的本质特征,将其用于提取信号中有用成分的主流形,Wang[32]提出了局部切空间排列算法和分形维的非线性去噪方法;苏祖强等[33]通过研究小波包分解和局部切空间排列算法相结合的主流形识别,实现了信号与噪声的分离,达到了非线性去噪的效果。将流形学习方法用于信号的去噪,是近年来研究的热点。

1.2.2 基于流形学习的故障诊断方法

流形是拓扑学中的概念,表示一个局部处于欧几里得的拓扑空间。局部欧几里得特性意味着对于空间上任一点都有邻域,即流形是一个局部可坐标化的拓扑空间,是从拓扑空间的一个开集到欧几里得空间的开子集的同胚映射,使每个局部可坐标化。

流形学习是一类数据降维分析方法,高维观测空间中的样本可以认为是由少数变量同时作用于测量空间所张成的一个流形,利用流形学习方法进行维数约简的目标就是提取由这些少数主要变量张成的低维流形,通过对低维流形进行分析就能获得对应的高维空间样本的各种性质。2000 年 *Science* 上发表的三篇论文奠定了流形学习的理论基础:Seung 等[34]提出了人类感知能力的非线性流形学习方法,人脑在长期进化过程中,逐渐能从复杂环境的表面排除相干扰因素,从而发现事物的内在本质,人类感知和表达外界事物的方式类似于流形感知;Tenenbaum 等[35]提出了等距映射(isometrical mapping,ISOMAP)流形学习算法,该方法利用局部几何测地距离代替欧氏距离,采用多维尺度方法建立高维样本间的局部几何测地距离与低维特征空间的对应关系,保持高维样本在低维空间的测地距离不变,从而提取最优的低维流形;Roweis 等[36]也提出了局部线性嵌入(locally linear embedding,LLE)流形学习算法,使高维样本局部近邻数据结构在低维空间保持不变,提取低维流形表示。至此,国内外学者针对流形学习理论展开了大量的研究,相继提出了其他的流形学习方法:拉普拉斯特征映射算法(Laplacian eigenmaps,LE)[37]、随机近邻嵌入算法(stochastic neighbor embedding,SNE)[38]、局部切空间排列算法(local tangent space alignment,LTSA)[39]、局部保持投影算法(locality preserving projection,LPP)[40]、最大方差展开算法(maximun variance unfolding,MVU)[41]、近邻保持嵌入算法(neighborhood preserving embedding,NPE)[42]、t 分布随机近邻嵌入算法(t-distributed stochastic neighbor embedding,t-SNE)等。

不同流形学习算法的区别主要在于保持的局部邻域结构信息及构造全局嵌入方法。流形学习能突出高维样本的内在本质信息,在故障诊断领域得到广泛地应用。在信号去噪方面，阳建宏等[43]提出利用相空间重构理论将含噪信号重构到高维相空间，采用 LTSA 算法从高维含噪相空间中识别低维主流形，依据主流形反求出一维时间序列，达到去噪的效果。张赟等[44]采用 MVU 算法识别相空间中代表吸引子的低维子流形，并将其与噪声子空间分离。栗茂林等[45]利用连续小波变换分解振动信号，得到包含冲击特征的最优小波系数矩阵，采用 LTSA 算法提取小波系数低维流形结构，去除噪声的干扰。马婧华等[46]提出了自适应维数估计的 LTSA 流形学习去噪方法，克服了维数估计不当带来的不完全去噪或者过度去噪。在特征提取方面，包括敏感特征选择方法和特征融合方法。其中，特征选择是保留部分敏感特征，但丢掉了其他特征中蕴含的有用信息，也没有消除特征间存在的非线性耦合关系，并且采用不同的特征选择方法优选出的敏感特征子集可能存在较大的差别。基于流形学习的特征提取属于特征融合的方法，采用流形学习方法挖掘原始高维特征的低维流形表达，去除干扰和冗余信息，实现对数据特征和内在本质信息的学习与增强。张晓涛等[47]提出了多尺度正交 PCA-LPP 的流形学习算法，改进了 LPP 算法表征全局分布特征效果不佳的问题，增强了齿轮箱振动信号的故障特征。Dong 等[48]在对振动信号进行形态学滤波的基础上，采用 EMD 构建高维特征，利用 LTSA 算法降维获取低维本质特征；Li 等[49]利用 EMD 和 AR 模型系数构建高维特征空间，采用线性局部切空间算法提取低维特征，训练支持向量机(support vector machines，SVM)模型获得了较高的故障诊断正确率。

邻域图中近邻点数的选择依赖人为经验，影响流形学习算法的性能。万鹏等[50]采用启发式算法优化邻域参数 k，得到了全局一致的邻域大小。该方法只适用于均匀分布的流形。对于非均匀分布的流形，需要依据流形局部几何特征动态调整邻域大小。Wang 等[51]和詹宇斌等[52]基于流形曲率提出了自适应变化的 k 的选择方法，但每次调整邻域大小都需要重新计算样本中心化矩阵奇异值。Nathan 等[53]和 Karina 等[54]基于局部切空间偏离距离动态调整 k 值大小，算法较烦琐。利用聚类线性分块[55]、曲率和局部弯曲度[56]等自适应邻域选择方法在一定程度上提高了流形学习的处理效果。对于在线监测机械装备运行状态，不断增加的动态数据对诊断算法的快速处理能力要求较高。LTSA，MVU，t-SNE 等流形学习算法是一类批量处理方法，每次将新增样本加入到原始训练样本中，全部样本重新进行一次维数约简，无法利用原始训练样本集降维的结果，随着动态数据的增加，批处理的方式耗时过长，不适合在线数据的处理。在增量流形学习方面，相关的研究方法主要有：①线性化增量方法，如迹比线性判别分析[57]、线性局部切空间排列。Liu 等[58]提出了增量监督局部线性嵌入方法，用于地下泵电机轴承状态的实时监测；Su 等[59-60]提出了增量式监督局部线性嵌入算法和监督扩展局部切空间排列算法，充分利用了训练样本的标签信息，将新增样本进行分块迭代获取低维特征信息，避免了将新增样本与训练样本混合进行维数约简，提高了识别正确率与计算效率。Cheng 等[61]提出了监督增量 t 分布随机近邻嵌入算法，以获取降维投影矩阵。②基于标志点的增量学习，将标志点作为两个线性块的重叠点，利用重叠点在两线性块中低维嵌入坐标差值最小化原则，对新增样本低维坐标进行旋转、平移和缩放整合到原有样本中[62-63]。③采用迭代的方法更新样本低维坐标。Gao 等[64]对动态增加的全局坐标矩阵采用瑞利-里兹法(Rayleigh-Ritz method)加速特征值的迭代计算，Tan 等[65]提出迭代更新新增样本局部坐标矩阵，都是将高阶矩阵特征分解转化为低阶矩阵特征分解，降低了算法复杂度。④采用最近邻近似方法，赵辽英[66]提出了利用新增样本最近邻点低维坐标线性估计新增样本点低维坐标。上述增量学习方法尚存在部分不足：①利用原有样本低维坐标获取新增样本低维坐标后，没有更新原有样本的低维坐标，随着新增样本的增加，新增样本与原有样本低维坐标间的差距会增大。②对新增样本的处理是逐个进行的，不适合在线数据处理。③获取高维空间样本向低维投影的映射矩阵，在一定程度上可实现新增样本的实时处理，但新增样本数据存在波动，映射矩阵的固定性将会导致较大的误差。

流形学习在非线性维数约简方面的性能突出，展现了其挖掘高维数据集内在本质信息的优势，在机械故障诊断方面，还需进一步加强对样本标签信息的利用，在监督式、半监督式流形学习方法，以及提高泛化性方面，需进一步研究更为高效和准确的新增样本扩展维数约简方法。

1.2.3 基于深度学习的故障诊断方法

在故障诊断领域，大多数的诊断模型都是首先构造多个特征组成高维特征集，然后采用特征选择或者基于流形学习维数约简的方法提取低维特征集，将其作为支持向量机、神经网络、隐马尔可夫模型、模糊 C 均值聚类等模型的输入进行诊断识别。Li 等[67]通过提取振动信号的均值、峰值、波峰因子、能量熵等特征，采用核边际费希尔分析进行特征选择，利用最近邻分类器进行模式识别。李宏坤等[68]利用希尔伯特谱生成振动谱图，提取信息熵及三维中心表征图像特征。刘占生[69]、窦唯等[70]分别对时频图和三维谱图进行了识别研究，利用改进共生矩阵表示图形纹理特征，采用免疫算法进行故障诊断；利用小波包变换、EEMD 提取齿轮箱振动信号的故障特征，如小波包分解频带能量[71]、IMF 分量能量[72]、多尺度峭度[73]等作为 BP 神经网络的输入，建立了齿轮箱运行状态识别模型。神经网络的结构参数如初始权值及阈值的选取不当会使网络难以收敛，影响诊断结果。刘永前等[74]利用引力搜索算法的全局搜索能力优化 BP 神经网络的结构参数，其他的方法如混合蛙跳优化算法[75]、自适应遗传算法[76]也用于优化神经网络参数。支持向量机适合小样本情况下的分类识别。Wu 等[77]提出对转子故障状态下的加速度信号进行全谱分析，提取故障特征采用支持向量机进行识别诊断。支持向量机核函数的构造、核参数和惩罚系数的选择影响模型的性能：Sakthivel 等[78]对比了四类核函数并进行优选；Widodo 等[79]利用交叉验证法确定支持向量机的核参数和惩罚系数，遗传算法、人工免疫算法等也用于优化核参数[80-82]。由上述诊断模型可知，特征的输入对诊断模型的性能影响较大，采用不同的特征选择方法可能导致诊断的结果偏差较大。另外，模型的输入需要人为参与，特征的构造依赖专业背景知识，并且，当工况变化时将数据输入已训练完成的诊断模型，可能取得较差的结果，即诊断模型的泛化性不强。

深度学习是相对于传统浅层机器学习模型而言的，可通过多层神经网络模拟人脑对外界信号的处理。2006 年 Hinton 等[83]提出了一种深度网络模型，此后，深度学习迅速成为研究的热点，并广泛应用于自然语言处理、语音识别、计算机视觉等领域[84-86]。由于深度学习的深层网络结构能处理浅层神经网络难以表达的复杂高维函数，学习表示能力更强。自 2013 年 Tamilselvan 等[87]第一次把深度学习应用到飞机发动机的故障诊断以来，越来越多的学者也将其用于故障诊断领域的研究。常用的深度学习模型有稀疏自动编码器(sparse auto-encoder，SAE)[88]、深度信念网络(deep belief network，DBN)[89]、卷积神经网络(convolutional neural network，CNN)[90-91]、深度残差神经网络(deep residual network，DRN)[92]等。在诊断识别方面，深度学习模型是一类端到端的模型，输入可以是原始振动数据、频谱数据、人工提取的特征集、图像等。将传感器采集的数据或者利用傅里叶变换后的频谱数据作为模型的输入[93-95]，可减少人为因素的干扰。Kang 等[96]将一维时域振动信号作为 CNN 的输入。Jing 等[97]利用傅里叶变换将一维时域振动信号转换为频谱信息作为 CNN 的输入。Jiang 等[98]将齿轮箱频谱数据作为堆栈降噪自编码的输入，并改变网络中噪声的强度，能提取健壮性和辨识性强的特征。Wang 等[99]对比分析了将原始时域数据作为 CNN 的输入，以及将原始时域数据经小波分解后优选子频带并提取频谱数据作为输入，实验结果表明后一种输入的诊断正确率高于前一种。人工提取时域、频域、时频域等特征作为深度网络的输入，由于提取的特征相对于时域数据能更好地反映部件的状态，经深度学习可能会获得健壮性与敏感性更好的特征，但输入特征的性质会影响诊断结果[100-101]。Chen 等[102]首先提取了 18 个时域和频域特征，然后利用 SAE 进行特征融合，再将融合的特征作为 DBN 模型的输入。Liu 等[103]为各个传感器三通道采集的数据提取时域、时频域特征，将 3 个传感器提取的特征融合成一个高维特征集，用于训练 SAE。Shao 等[104]利用双树复小波包变换对振动信号进行分解，将各子频带上构建的特征作为 DBN 的输入，在滚动轴承故障诊断中可取得较好的效果。Sun 等[105]提出构建二维信号作为 CNN 的输入，对齿轮箱振动信号进行双树复小波分解，将各子频带进行单支重构,并将各重构信号按列排成二维矩阵。Jing 等[106]分别将齿轮箱的原始时域数据、频域数据及人工特征作为 CNN 的输入,实验结果表明频域数据作为模型的输入能获取最高的诊断正确率。机械振动信号时频分析得到的时频图像是时域与频域的联合分布信息,反映了信号中各频率随时间变化的关系,时频图中包含了丰富的设备运行状态信息,将不同方法构造的时频图作为深度网络输入,也会导致不同的诊断结果[107-109]。Zhao 等[110]采用离散小波包分析将齿轮箱振动信号转换为二维时频图,作为 DRN 网络的输入进行故障诊断。Guo 等[111]采用连续小波变换将一维电流信号转换为二维灰度图,对卷积神经网络进行训练。Zhang 等[112]利用短时傅里叶变换构建振动信号的时频图,训练 CNN 进行诊断。由于利用小波变换、短时傅里叶变换、S 变换将振动信号转换为图像都需要专业背景知识,为减少人工选择干扰,Wen 等[113]直接将原始数据处理后作为像素值排列组成灰度图,结合 CNN 进行诊断。

卷积神经网络是最早实现深度网络结构的一种方法,局部感知受启发于视觉皮层中的细胞对视觉输入空间的局部区域很敏感,即"感受野"。由于 CNN 最接近生物视觉神经网络,当前在各领域发展迅速,并且从结构上来看,AlexNet,VGG,GoogleNet 及 ResNet 等模型的一个典型发展趋势都是网络深度越来越深[114]。自编码器和深度置信网络模型中神经元一般采用全连接,而 CNN 网络采用局部连接和权值共享方式,网络中的池化操作也大幅减少了参数训练,降低了模型的复杂度[115-116];深层结构使得 CNN 具备非常强的非线性表达和学习能力,能自动学习非线性特征,代替人工设计的特征;丢失数据 Dropout 技术和批规范化减小网络过拟合,可使网络泛化性更强,神经元能学习到健壮性更好的特征[117-118]。迁移学习是一种利用已有的知识研究不同领域相关问题的机器学习方法,故障诊断中数据的一个特点是少量有标签信息或者没有标签信息,而迁移学习能迁移已有的知识解决这类争端问题,结合深度学习方法,能提升诊断可信度[119-120]。

深度学习方法有许多优势,但也存在不少问题,还需要更深入的研究,如网络层数、隐含层神经元数量、卷积核大小、学习率等网络参数的选择,也有学者利用经验公式、人工鱼群算法、遗传算法等仿生学方法优选参数,但搜索效率、易陷入局部收敛等缺陷还值得继续研究[121-122]。在大多数的故障诊断研究中,深度网络参数的选择与调整依赖人工经验,其科学性有待提高。

1.2.4 决策融合诊断方法

通常将信息融合划分为 3 个层次:数据级、特征级和决策级。其中,数据级融合一般是将多传感器采集的数据进行预处理,统一作为诊断模型的输入;特征级融合一般是在构建高维特征集的基础上,利用特征选择、特征维数约简等融合方法得到维度较小的特征集，作为诊断模型的输入；决策级融合一般是采用融合方法对多个诊断模型进行集成，常用的融合方法有多数投票法（majority voting，MV）、D-S证据理论（Dempster-Shafer evidence theory，DST）、模糊综合评判法、贝叶斯融合等[123]。决策级融合是信息融合中最高层次的融合，结合不同来源、不同角度的信息，使多源信息间相互支持，具有较高的容错性和抗干扰能力。

由于随机因素、噪声、参数选择等因素的影响，单个诊断模型结果的健壮性和可信度还有待提高，采用多源多模型的融合能获得对诊断对象的一致性描述，从而对诊断对象做出综合评判与决策，使获得诊断结果较单一的诊断模型更加准确和稳定。大量的仿真实验及诊断实例研究也表明，采用多分类器或者多类故障诊断模型的诊断结果较单一模型的诊断结果更为可靠[124-126]。其中，D-S证据理论、粗糙集、模糊推理等融合方法在不确定性的表示、度量和组合方面优势明显，能够有效融合多层次不一致和不完备的信息。Kar等[127]提出了SVM-DS模型，采用DST对SVM模型产生的不一致性识别分类结果进行融合。针对高冲突信息采用DST方法存在局限性，汤宝平等[128]提出了DSmT（Dezert-Smarandache theory）计算冲突信息的信度分配。Yu等[129]采用支持概率距离来衡量证据体之间的冲突性及相似性。应用证据理论的关键是确定可信度概率分配函数。朱建渠等[130]采用模糊融合方法计算隶属度并提出模糊证据理论的列车走行部运行状态的识别方法；耿涛等[131]同时考虑了隶属度与非隶属度，提出了直觉模糊可信度分配函数模型，使采用证据理论处理不确定问题更加灵活；孙伟超等[132]融合粗糙集和D-S证据理论，利用边界粗糙熵对冲突证据进行修正，提升了融合精度。此外，张彼德等[133]建立了水电机组的多分类集成识别模型，采用Choquet模糊积分（Choquet fuzzy integral）融合确定了最终的异常运行状态类型。Wen等[134]利用信息熵对各分类器的输出结果进行权重分配，减小主观因素影响，采用模糊综合评判进行识别结果的融合。

上述决策融合都是将构建的所有诊断模型进行集成，归属于集成学习方法。周志华[135]教授的研究表明，当训练出多个学习器后，选择部分进行集成比使用所有的学习器进行集成的效果好，能减少模型融合的冗余，提高工作效率，减小模型泛化误差，进而提出了基于遗传算法的选择性集成学习方法。基于选择性集成学习算法的优点，如何选择出差异性大和准确性高的模型进行集成也是近年来研究的热点和难点[136-137]：Jia等[138]利用振动信号的时域、频域、时频域特征分别训练了5个ARTMAP模型，选择其中的4个采用贝叶斯融合方法进行集成；Wang等[139]采用自适应粒子群算法选择部分构建的概率神经网络模型，以达到平衡差异性和准确度的关系；Yu等[140]采用非局部判别流形学习方法进行特征融合并构建诊断模型，结合离散粒子群算法选择部分模型，并利用大多数投票方法进行最终的融合；Shao 等[141]采用15种不同的激活函数构造15个深度自编码模型，利用阈值删减部分自编码模型，余下的模型采用大多数投票方法进行集成。虽然对选择性集成学习的研究较多，但当前在选择模型的差异性与准确性的度量上还没有形成统一的方法，大多数模型的选择依赖启发式优化算法。

1.2.5 状态监测与性能退化评估方法

机械状态监测与性能退化评估是根据机械的振动响应或者征兆，利用监测方法对机械的当前状态进行评估，达到检测机械早期微弱异常情况、跟踪机械状态趋势发展的目的，从而避免因机械健康状况趋向恶化而未能及时诊断，引起停机及其他安全性事故。

监测机械的运行状态，评估健康状况的基本原则是构建精准可靠的监测模型与指标。能反映机械振动响应的特征有：时域特征、频域特征和时频特征等。时域特征包括均值、方差、峭度、波性因子、偏斜度、峰值因子等；频域特征包括频谱方差、频谱绝对均值、频谱均方差、包络谱方差、包络谱均值、功率谱均值、功率谱均方差等；时频域特征包括样本熵、排列熵、小波能量熵、EEMD 信息熵等。可利用单一的特征构建指标，如 Eftekharnejad 等[142]利用振动信号的峭度值是否高于3来诊断轴承的故障；Zhu 等[143]利用频谱方差、包络谱方差等分别作为轴承性能估计的指标；Yan 等[144]提取频谱能量特征，采用 BP 神经网络构建退化指标；Tobon-Mejia 等[145]采用小波包分解提取各尺度能量，结合混合高斯隐马尔可夫模型预测轴承剩余寿命；Caesarendra 等[146]利用最大李维普诺夫指数(Lyapunov exponent)作为轴承性能状态监测的指标。以上基于单一特征的监测方法能反映装备性能退化的趋势，但是这些特征指标只适合粗略的估计，每种特征可能只对某一阶段的特定故障敏感。由于装备的性能退化是一个高度随机的过程，使用单一的特征指标难以精准地描述装备的性能状态，并且随着故障程度的增加，特征变化曲线容易出现饱和现象变化，导致退化趋势不再明显。为解决基于单一特征构建指标的不足，出现了一些基于多特征构建指标的监测方法，如 Rai 等[147]提取了13个时域和频域特征(均方差、峭度、频谱熵等)，利用自组织映射网络构建退化指标，估计轴承的剩余寿命；Liu 等[148]利用变分模态分解提取振动信号的多尺度排列熵训练广义马尔可夫模型，构建滚动轴承的状态监测模型；Pandiyan 等[149]利用遗传算法优选提取的时域、频域特征，并结合支持向量机监测砂带磨削系统中刀具磨损的状态；Wang 等[150]提取了振动信号高阶谱对应的双谱，并利用支持向量描述模型构建超球面，将离超球面的距离作为监测轴承性能状态的指标；Guo 等[151]利用神经网络对提取的时域、频域和时频域特征进行维数约简，用低维特征构建轴承状态监测指标；Wei 等[152]采用小波包分解提取小波包能量谱，以此构建了两个损伤指标用于监测高铁钢轨扣件系统的故障。采用多特征构建监测指标,在一定程度上能提高故障诊断的灵敏性和准确度。然而,由于噪声及随机性因素的影响,虽然上述故障监测指标和模型能较好地表征装备状态的整体情况,但是在装备出现早期微弱异常情况时,仍难以及时准确地进行诊断。另外,由于不同的特征对故障的敏感程度不同,多个特征可能存在冗余,影响故障的诊断效果,由此,如何选择敏感特征反映装备的状态非常重要。

状态监测在化工制药、微电子制造等工业领域应用得非常广泛,由于需要监测的变量数量多,通常通过高维特征变量投影获得的低维特征,若有异常,会及时采取措施进行调节排故,防止事故的发生。其中,主成分分析(principal component analysis,PCA)、规范变量分析、独立成分分析等潜结构建模技术已应用于流程工业的过程监控环节。PCA 主要是通过将新采集的实时样本映射到表征过程趋势的主成分子空间和包含随机噪声的残差子空间的统计指标,即检测霍特林 T^2 和平方预测误差(squared prediction error,SPE)或者二者相结合的综合指标是否超过控制限进行过程监控。结合潜结构建模技术的思想,将此方法应用于机械装备性能状态监测的情况也越来越多,如 Salim 等[153]利用小波分解提取电机电流信号的多尺度熵,采用 PCA 构建 T^2、SPE 指标监测齿轮状态; Jiang 等[154]提出对各过程的相关变量进行优选,建立各异常运行状态的 PCA 监测模型,利用贝叶斯推理融合监测结果后对异常情况进行判断。PCA 方法原理简单,在一些应用中能取得较好的监测效果,但是在实际的装备运行状态监测中还存在局限性:针对固定的主成分模型不能准确反映系统实际运行中的时变特性的问题,提出了递推主成分分析[155]、滑动窗口主成分分析[156]等自适应 PCA;针对 PCA 只适用于监测发生在某一固定尺度或者时频分布上的异常,而实际机械装备的异常可能反映在不同的频段上,并且样本数据的能量谱或者功率谱等也随时间发生不同程度的变化的问题,将多尺度主成分分析(multiscale principal component analysis,MSPCA)结合小波变换与 PCA,可实现在不同尺度上信号的异常监测[157]。Zvokelj 等[158]利用 EEMD 的自适应多尺度分解特性,提出了 EEMD-MSPCA 方法。由于 PCA 本质上是一种线性维数约简方法,利用 PCA 提取的是一种全局意义上的线性特征,针对非平稳特性的信号,核主成分分析(kernel principal component analysis,KPCA)可克服 PCA 在处理非线性数据方面存在的局限性,进而提出了 EEMD-MSKPCA 方法[159]。

基于 PCA 及 KPCA 的状态监测方法通过提取主成分特征,只能表征样本数据的全局特性,忽视了高维空间中样本局部结构特征对构建监控统计量的重要性。基于流形学习的状态监控方法,能保持高维样本向低维空间映射后样本间的局部特性和全局特性,并且获得的低维样本数据特征相对于主成分特征更能反映原始数据的分布特性[160]。结合 PCA 和局部保持投影(local preserving projection)线性降维算法,Yu 等[161]提出了局部全局主成分分析方法(local and global principal component analysis, LGPCA), Wang 等[162]提出了局部保持主成分分析方法(local preserving principal component analysis, LPPCA)。然而, LGPCA 和 LPPCA 还是线性降维方法,Luo 等[163]提出了核全局局部保持投影方法(kernel global-local preserving projections,KGLPP),该方法能克服线性降维的不足,实现多特征间的非线性信息融合。充分考虑样本局部和全局结构信息的非线性流形学习方法在状态检测与性能退化评估方面是研究的热点之一,并且要求构建的监控统计量在机械装备状态变化时具备较强的敏感性,在同一损伤程度下统计量具有较小的波动性,便于对状态变化的监控与评估。

第2章 CHAPTER 2 滚动轴承与齿轮振动机理与故障特征分析

2.1 引言

滚动轴承和齿轮作为旋转机械易损的关键零部件，深入研究其故障诊断方法，对增强机械装备故障诊断能力、提高机械装备保障水平有着重大意义。对滚动轴承和齿轮展开故障诊断研究，从研究对象的角度来说具有广泛的代表性，其诊断方法的通用性很强，可适用于其他部件的故障诊断。通常，用于状态监测与故障诊断的信号有振动、噪声、温度、压力等。滚动轴承、齿轮等机械零部件在旋转过程中必然产生振动，而振动又是机械零部件内在动力学特性的外在表现，因此，故障特征信息可靠的载体形式之一即零部件振动信号。振动信号蕴含的故障信息丰富、量值变化范围大且物理意义清晰，便于识别和决策，振动诊断法是最常用、有效的机械故障诊断方法。利用振动信号诊断滚动轴承及齿轮的故障，必须深刻理解滚动轴承和齿轮的振动机理与故障特征，明晰振动信号中蕴含的特征信息与故障模式之间的关联。

2.2 滚动轴承振动机理与故障特征分析

2.2.1 滚动轴承振动机理及类型

1. 滚动轴承振动机理

滚动轴承振动产生的因素有以下两部分[164]：①外部因素，主要包括轴承座传递的外部载荷及传动轴上其他零部件的运动和力的作用。②内部因素，主要包括轴承本身结构、加工装配误差和运行过程中产生的各类故障等。在故障诊断时，安装在轴承座或外圈的振动传感器测取的信号是以外部因素激起的轴承综合振动信号。如果不考虑轴承加工和装配误差，则主要为运行故障这一内部激励源引起的振动。如何从综合振动中把轴承故障引起的振动信号分离出来，提取对不同故障敏感、有效刻画系统状态特征的特征量，是滚动轴承故障诊断成功的关键及难点。

2. 滚动轴承振动类型

一般来讲，不考虑外部因素激起的振动，滚动轴承振动类型可大致分为两种：第一种为轴承本身特点及加工装配误差引起的振动。在滚动轴承加工良好时，其仍然会产生振动，这是因为滚动体逐个通过承载区域时，在径向载荷作用处的滚动体时而存在，时而不存在，从而引起径向刚度周期性变化以致产生振动，这类振动具有确定性。由滚动轴承零件的加工面(内圈、外圈滚道及滚道体面)的波纹度、粗糙度、形位误差、装配误差等引起的振动在轴承中非常常见，这些缺陷引起的振动通常是高频振动且带有强烈的随机性。第二种为运行故障引起的振动。运行故障主要有两类：磨损类故障和表面损伤类故障。磨损类故障是一种渐变性故障，其产生的振动与正常轴承振动的特征比较接近，均具有随机性强及波形无规则等特点，但是其振动幅值明显偏高，通常用有效值等时域特征参数即可对其进行有效诊断。表面损伤类故障是一种突变性强、危险性高、早期症状较难识别的故障。当滚动轴承零件表面出现损伤类故障时，轴承在旋转过程中，损伤点必然会快速地循环撞击与它接触的零件。轴承受到周期性的瞬时冲击作用，产生如下两类振动[165]：①低频通过振动。这类振动的振动频率为故障特征频率，通常在 1kHz 以下。②高频固有振动。由于冲击频带很宽，包含了滚动轴承的某阶固有频率，会周期性地激起滚动轴承系统的高频共振，从而使滚动轴承的最终振动信号为具有明显非平稳性的复杂的调幅信号。其调制信号的频率是与故障相关的通过频率(即故障特征频率)，载波信号的频率是滚动轴承各零件的固有频率，而且振动信号特征会随损伤点的位置变化有所不同。损伤类故障的诊断方法始终是滚动轴承故障诊断研究的主要内容。

2.2.2 滚动轴承特征频率计算

若滚动体与轴承内、外圈之间为纯滚动接触，设外圈转动频率为 f_{or}、内圈转动频率为 f_{ir}、保持架转动频率为 f_c(即滚动体公转频率)、滚动体数量为 n、滚动体直径为 d、轴承节径为 D、接触角为 α，则轴承各元件故障特征频率计算公式如下：

(1) 外圈故障特征频率 f_o

$$\begin{aligned} f_o &= n \mid f_{or} - f_c \mid = \frac{n}{2} \mid f_{or} - f_{ir} \mid \left(1 - \frac{d}{D}\cos\alpha\right) \\ &= \frac{n}{2} f_r \left(1 - \frac{d}{D}\cos\alpha\right) \end{aligned} \tag{2.2.1}$$

(2) 内圈故障特征频率 f_{i}

$$\begin{aligned} f_{\mathrm{i}} &= n \mid f_{\mathrm{ir}} - f_{\mathrm{c}} \mid = \frac{n}{2} \mid f_{\mathrm{ir}} - f_{\mathrm{or}} \mid \left(1 + \frac{d}{D}\cos\alpha\right) \\ &= \frac{n}{2} f_{\mathrm{r}} \left(1 + \frac{d}{D}\cos\alpha\right) \end{aligned} \tag{2.2.2}$$

(3) 滚动体故障特征频率 f_{b}

$$\begin{aligned} f_{\mathrm{b}} &= f_{\mathrm{bc}} = \frac{1}{2}\frac{D}{d} \mid f_{\mathrm{ir}} - f_{\mathrm{or}} \mid \left[1 - \left(\frac{d}{D}\cos\alpha\right)^2\right] \\ &= \frac{1}{2}\frac{D}{d} f_{\mathrm{r}} \left[1 - \left(\frac{d}{D}\cos\alpha\right)^2\right] \end{aligned} \tag{2.2.3}$$

式中,f_{r} 为外内圈相对转动频率,当外圈固定时,$f_{\mathrm{or}}=0$,f_{r} 为轴的转动频率。

2.2.3 滚动轴承故障振动数学模型

建立准确的滚动轴承故障振动信号数学模型是机械故障诊断研究的基本内容,也一直是研究的热点和难点。滚动轴承故障振动信号的数学模型很多种,相比之下,能够较好地反映出滚动轴承故障振动特征的是 Macfadden 建立的滚动轴承故障振动信号数学模型。

根据滚动轴承的结构特征,当旋转元件经过损伤点时,元件之间的撞击必然会产生瞬态冲击,导致元件以其某阶固有频率进行衰减振动。随着元件不断旋转,一连串呈现周期特征的衰减振动信号将会产生。定义冲击发生的周期为 T,冲击激起的固有频率振动函数为 $s(t)$,第 k 次冲击响应幅值为 A_k。滚动轴承工作环境较为恶劣,因此其运行过程中往往存在加性噪声 $n(t)$ 的干扰。因此,Macfadden 建立的滚动轴承表面损伤故障振动数学模型可以描述为[166]

$$f(t) = \sum_{k=-\infty}^{+\infty} A_k s(t-kT) U(t-kT) + n(t) \tag{2.2.4}$$

式中,$U(t)$ 为单位阶跃函数。根据机械振动理论,系统按其固有频率进行的振动通常为有阻尼自由衰减振动,所以振动函数 $s(t)$ 与滚动轴承固有频率 f_{n}、阻尼比 ζ 都有关系,其可以简化为一个指数衰减的正弦信号:

$$s(t) = \mathrm{e}^{-\frac{\zeta}{\sqrt{1-\zeta^2}} 2\pi f_{\mathrm{n}} t} \sin[2\pi f_{\mathrm{n}} t + \phi] \tag{2.2.5}$$

式中,ϕ 为初相位。系统阻尼比 ζ 要选择合适,使其能够模拟振动波形衰减过程,保证 $s(t)$ 在 $[0,T]$ 以外几乎为零,避免连续两个冲击振荡间的干扰。在实际轴承系统中正因为系统阻尼的存在使振动波形快速衰减,才使连续两个冲击振荡基本上不会互相干扰。

当损伤故障绝对位置的旋转周期大于冲击产生的周期(例如外圈固定时的内

圈或滚动体故障)时,冲击响应的幅值还会受到调制,此时 A_k 可以表示为

$$A_k = a_k \cos(2\pi f_m t + \varphi_k) + c_k \tag{2.2.6}$$

式中,a_k 为第 k 次冲击能量,φ_k 为初相位,f_m 为调制频率(外圈故障:$f_m=0$;内圈故障:$f_m=f_r$;滚动体故障:$f_m=f_c$)。因每次冲击的幅值不会总相等,具有一定随机性,故在式中加入随机常数 c_k。

滚动轴承各元件故障特征频率均与接触角 α 相关。由于滚动轴承转速变化和滚动体承载区位置的不同都会影响各滚动体与滚道之间的接触角,各滚动体的自转速度不尽相同。但因为保持架的存在使得各滚动体的公转速度必然一致,所以各滚动体与滚道之间不可能为纯滚动接触,而是产生一定的滑移,以致冲击振动周期出现微弱波动。设第 k 个冲击间隔相比于冲击振动周期 T 的波动为 τ_k,滚动轴承损伤类故障振动数学模型可以表示为[167]

$$\begin{cases} f(t) = \sum\limits_{k=-\infty}^{+\infty} A_k s(t-kT-\tau_k) U(t-kT-\tau_k) + n(t) \\ A_k = a_k \cos(2\pi f_m t + \varphi_k) + c_k \\ s(t-kT-\tau_k) = \mathrm{e}^{-\frac{\zeta}{\sqrt{1-\zeta^2}} 2\pi f_n (t-kT-\tau_k)} \sin[2\pi f_n (t-kT-\tau_k) + \phi] \end{cases} \tag{2.2.7}$$

2.2.4 滚动轴承振动信号特性分析

当滚动轴承存在点蚀、擦伤、裂纹及剥落等局部损伤故障时,会产生包含冲击成分的故障振动信号,冲击的大小或者能量与冲击速度、故障点承受的载荷密度等因素密切相关。轴承故障振动信号特性随发生故障的元件不同而不同,具体分析如下:

(1) 外圈故障振动信号分析

对于外圈损伤故障,每当一个滚动体通过损伤点时,就会出现一次冲击,于是各个滚动体依次通过损伤点时便会产生一系列的冲击响应振动信号,冲击发生的周期为 $1/f_o$。在一般情况下,外圈固定不变,故从损伤点到传感器的信号传递路径不变,而且分布到损伤点的静态载荷密度也不变,所以每次产生的冲击大小相同,冲击响应幅值自然不会受到调制。

(2) 内圈故障振动信号分析

当滚动轴承内圈发生损伤故障时,冲击响应振动信号比外圈发生故障时复杂。若内、外圈均固定不动,仅有滚动体在滚道中滚动,则冲击发生的周期为 $1/f_i$ 且冲击响应幅值特征与外圈发生故障时相同。但是当滚动轴承旋转时,内圈跟转轴一起转动,损伤点也就随内圈一起旋转,其方位相对传感器在不断变化,时而进入载荷区,时而退出载荷区,分布到损伤点的静态载荷密度随内圈的旋转而周期性地变

化,因此内圈故障引起的轴承系统所受冲击激励力的大小及方向随内圈的旋转而周期性地变化。另外,内圈随旋转轴的旋转,也使损伤点到传感器之间的振动信号的传递路径随内圈的旋转而周期性地变化。因此,内圈故障冲击响应幅值必然受到转频 f_r 的调制。

由于内圈上的损伤点相对传感器的位置不断变化及振动信号在从内圈处经过滚动体、保持架、外圈和轴承座及中间界面的传递后,能量衰减较大,内圈故障特征通常比较微弱,没有外圈故障特征明显,故特征提取难度自然较外圈故障更大。

(3) 滚动体故障振动信号分析

滚动体出现损伤故障后,当滚动体相对保持架每转动一圈时,损伤点将依次与滚动轴承外、内圈接触并各产生一个冲击,冲击产生的周期为 $1/f_b$。由于冲击激励力及传递路径的差异,损伤点与内圈接触产生的冲击响应幅值通常小于与外圈接触时产生的冲击响应幅值。另外,由于滚动体上损伤点随保持架不断旋转,分布到损伤点的静态载荷密度随保持架的旋转而周期性地变化,损伤点到传感器之间的振动信号的传递路径也随保持架的旋转而周期性地变化,故滚动体缺陷引起的冲击响应幅值必然受到保持架旋转频率 f_c 调制。

在滚动轴承的各元件中,滚动体既有自转又有公转,既与外圈碰撞,又与内圈碰撞,而且它的故障特征信号在传递至传感器的过程中所受的干扰最多,故障特征最微弱,提取最困难。

2.2.5 滚动轴承损伤故障的包络谱特征

当滚动轴承有局部损伤故障时,对于不同的元件,其所对应的包络谱特征有所不同,具体总结如下:

(1) 外圈故障包络谱特征

当外圈有局部损伤故障时,其振动信号的包络谱会在外圈故障特征频率及其倍频处出现幅值逐渐减小的离散谱线,有时也会在转频及其倍频处出现幅值逐渐减小的离散谱线。

(2) 内圈故障包络谱特征

当内圈上有局部损伤故障时,其振动信号的包络谱会在内圈故障特征频率及其倍频处出现幅值依次减小的离散谱线,并在内圈故障特征频率及其倍频两侧出现以转频为间隔的边频带,有时也会在转频及其倍频处出现幅值逐渐减小的离散谱线。

(3) 滚动体故障包络谱特征

当滚动体上有局部损伤故障时,其振动信号的包络谱会在滚动体故障特征频率及其倍频处出现幅值逐渐减小的离散谱线，并且在滚动体故障特征频率及其倍频两侧出现以保持架旋转频率为间隔的边频带，有时也会在转频及其倍频处出现幅值逐渐减小的离散谱线。

值得说明的是，由于滚动体并非纯滚动及存在误差等因素（如轴承安装后的变形、轴承的几何尺寸误差等），实际的故障特征频率并不与理论计算值精确相等。所以在观察包络谱寻找各种故障特征频率时，要以计算故障特征频率近似值作为诊断判断。

2.3 齿轮振动机理与故障特征分析

2.3.1 齿轮振动机理

齿轮啮合刚度呈现周期变化的特征，并且扭矩波动、装配误差及制造误差造成的冲击激振力的作用，会使瞬时传动比不断波动，齿轮不可能绝对平稳地啮合转动，齿轮之间存在冲击或碰撞，故产生振动。

一般而言，齿轮系统的动态激励可分为：①外部激励，主要包括负载和转速的波动、齿轮偏心等。②内部激励，此激励由齿轮的受载变形、同时啮合齿轮对数的变化及轮齿误差等引起的动态啮合力产生。通常，齿轮系统的动态激励主要是内部激励，包含以下三种形式：啮合冲击激励、啮合刚度激励和误差激励，其中以啮合刚度激励为主。当齿轮存在局部故障时，会引起激励的分布及强度发生变化。下面对齿轮动力学进行简要分析。

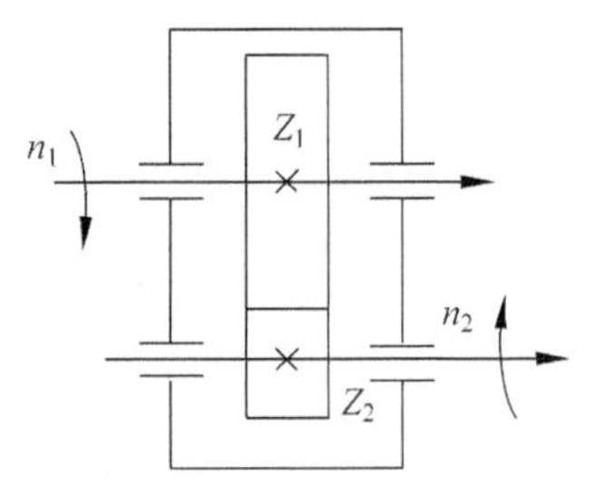

图 2.1 齿轮传动装置

图 2.1 为齿轮传动装置，根据齿轮知识可知，齿轮所受啮合力只作用于齿轮的啮合线方向，当不考虑垂直于啮合力方向的运动时，其运动方程如下所示[168]：

$$\begin{cases} M_1\ddot{x}_1 + c_1\dot{X}_1 + k_1x_1 = F_{\mathrm{d}} + F_{\mathrm{s}} \\ J_1\ddot{\theta}_1 + c_3\dot{\theta}_1 + k_3\theta_1 = F_{\mathrm{s}}r_{\mathrm{g1}} - F_{\mathrm{d}}r_{\mathrm{g1}} \\ M_2\ddot{x}_2 + c_2\dot{X}_2 + k_2x_2 = F_{\mathrm{d}} + F_{\mathrm{s}} \\ J_2\ddot{\theta}_2 + c_4\dot{\theta}_2 + k_4\theta_2 = F_{\mathrm{d}}r_{\mathrm{g2}} - F_{\mathrm{d}}r_{\mathrm{g2}} \end{cases} \tag{2.3.1}$$

式中，M_i 为齿轮 i 的质量，k_i 为刚度，c_i 为阻尼系数，J_i 为齿轮 i 的转动惯量，x_i 为齿轮 i 轴位移，θ_i 为齿轮 i 的转角，r_{gi} 为齿轮 i 的基圆半径，F_{d} 为轮齿的动载荷，F_s 为轮齿的静载荷。由于刚度是一个不断变化的量，式(2.3.1)是复杂的非线性方程组，为便于分析，对式(2.3.1)进行适当简化。假设：①忽略齿轮轴的横向振动；②不考虑轴的阻尼和扭转刚度；③垂直于啮合方向的运动对齿轮载荷影响不大，则式(2.3.1)可简化为

$$\begin{cases} M_1\ddot{x}_1 + c(\dot{x}_1 - \dot{x}_2) + k(t)(x_1 - x_2) = F_d + F_s \\ M_2\ddot{x}_2 + c(\dot{x}_1 - \dot{x}_2) - k(t)(x_1 - x_2) = -F_d - F_s \end{cases} \tag{2.3.2}$$

式中，$x_1 = r_{g1}\theta_1$，$x_2 = r_{g2}\theta_2$；c 为啮合阻尼系数；$k(t)$为啮合刚度。静载荷 F_s 可表示为

$$F_s = k(t)e_s \tag{2.3.3}$$

式中，e_s 为齿轮受载后的平均静弹性变形。动载荷 F_d 包括了故障缺陷诱发的激励，其变化规律与齿轮刚度和齿面摩擦力方向相关，同时受到传动误差的影响。在齿轮粗糙度低且润滑良好的状态下，齿面摩擦力对啮合振动的影响可不予考虑，所以 F_d 可表示为

$$F_d = k(t)e(t) \tag{2.3.4}$$

式中，$e(t)$为齿轮的故障及误差导致的两个轮齿间的相对位移，可称为“故障函数”。$e(t)$对齿轮系统振动的重要影响将综合反映在齿轮的啮合线方向上，可表示为

$$e(t) = \phi(t) + \varphi(t) = A\sin\omega t + \sum_{n=1}^{\infty} B_n\cos(n\omega_g t + \varphi_n) \tag{2.3.5}$$

式中，ω_g 为齿轮啮合角速度；ω 为齿轮回转角速度；φ_n 为小周期误差相位角；A 为大周期(对应 ω)误差幅值；B_n 为小周期(对应 ω_g)误差幅值。将式(2.3.3)和式(2.3.4)代入式(2.3.2)，得到

$$\begin{cases} M_1\ddot{x}_1 + c(\dot{x}_1 - \dot{x}_2) + k(t)(x_1 - x_2) = k(t)e_s + k(t)e(t) \\ M_2\ddot{x}_2 + c(\dot{x}_1 - \dot{x}_2) - k(t)(x_1 - x_2) = -k(t)e_s - k(t)e(t) \end{cases} \tag{2.3.6}$$

式(2.3.6)可化简为

$$\begin{aligned} &M_1M_2(\ddot{x}_1 - \ddot{x}_2) + (M_1 + M_2)[c(\dot{x}_1 - \dot{x}_2) + k(t)(x_1 - x_2)] \\ &= (M_1 + M_2)[k(t)e_s + k(t)e(t)] \end{aligned} \tag{2.3.7}$$

令 $M = \dfrac{M_1M_2}{M_1 + M_2}$，$x = x_1 - x_2$，则齿轮的运动方程可表示为

$$M\ddot{x} + c\dot{x} + k(t)x = k(t)e_s + k(t)e(t) \tag{2.3.8}$$

由式(2.3.8)可见，齿轮振动的激励源包括以下两部分：①$k(t)e_s$，该部分由齿轮的啮合刚度决定，与齿轮的误差和故障无关，是齿轮正常状态下的振动。②$k(t)e(t)$，该

部分由故障函数与齿轮的啮合刚度共同决定，是造成齿轮故障振动的激励源，它可以很好地揭示齿轮故障振动信号中边频带存在的原因及其与故障的对应关系。齿轮故障诊断的中心任务即在采集的齿轮综合振动信号中检测出由 $k(t)e(t)$ 诱发的故障振动信号。

由此可以看到，齿轮振动的两个振源均与啮合刚度 $k(t)$ 有直接的关联。事实上，啮合刚度 $k(t)$ 随参与啮合的齿数而周期性变化，并且齿轮载荷的分配也是随着齿轮啮合而周期性改变，从而引起齿轮振动，即啮合振动。通常而言，因为 $k(t)$ 不是规范的正弦函数，故啮合振动会出现啮合频率的高次谐波。

2.3.2 齿轮故障振动数学模型

在正常情况下，齿轮的振动主要是啮合振动，频率成分主要是啮合频率及其倍频，故能用以下模型来表示：

$$x(t)=\sum_{m=1}^{M}X_m\cos(2\pi m f_z t+\phi_m) \tag{2.3.9}$$

式中，$x(t)$ 为啮合振动信号，ϕ_m 为第 m 阶啮合频率谐波分量的初相，f_z 为齿轮啮合频率。当齿轮处于异常状态时，啮合频率振动成分及其倍频也是存在的。尽管当齿轮处于正常和异常状态时，啮合振动水平有差异，但仅仅依靠对齿轮振动信号的啮合频率及其倍频成分的差异来识别齿轮的故障是远远不够的。

当齿轮存在各类局部故障(如齿面划伤、点蚀、剥落、断齿以及齿根裂纹等)时，会发生时慢时快的转动，造成齿面载荷不断变化；另外，轮齿在啮入及啮出过程中的碰撞加剧也必然导致扭矩的波动。载荷变化会导致振动的振幅随转速快慢而周期性地起伏，即出现调幅现象；扭矩波动会导致振动的频率(或相位)随转速快慢而周期性地起伏，即出现调频(或调相)现象。齿轮故障引起的调制现象通常是调幅与调频共存的。用 $a_m(t)$ 和 $b_m(t)$ 分别表示对第 m 阶啮合频率谐波分量的幅值和相位调制函数。故障齿轮随轴每周啮合一次，因此 $a_m(t)$ 和 $b_m(t)$ 是以轴转频 f_r 为重复频率的周期函数，可表示为

$$\begin{cases}a_m(t)=\sum_{n=0}^{N}A_{mn}\cos(2\pi n f_r t+\alpha_{mn})\\ b_m(t)=\sum_{n=0}^{N}B_{mn}\cos(2\pi n f_r t+\beta_{mn})\end{cases} \tag{2.3.10}$$

式中，α_{mn} 和 β_{mn} 分别为幅值调制函数 $a_m(t)$ 和相位调制函数 $b_m(t)$ 的第 n 阶分量的相位，A_{mn} 和 B_{mn} 分别为幅值调制函数 $a_m(t)$ 和相位调制函数 $b_m(t)$ 的第 n 阶分量的幅值。调制后的齿轮故障振动信号模型为

$$x(t)=\sum_{m=1}^{M}X_m[1+a_m(t)]\cos[2\pi m f_z t+\phi_m+b_m(t)] \tag{2.3.11}$$

2.3.3　齿轮故障的边频带特征和包络谱特征

调幅与调频使齿轮故障振动信号的频谱在啮合频率及其倍频或者齿轮固有频率的附近出现以故障齿轮转频为间隔的边频带。边频带的形状和分布表征了丰富的故障特征，边频带的增加在一定程度上反映了故障的出现，其间隔揭示了故障的来源。因此，如何有效地识别边频带的特征在很大程度上决定了齿轮故障诊断的成败。齿轮故障诊断中的经典研究问题之一即对边频带特点进行研究。

尽管调幅与调频在频域引起的边频带均是以载波频率为中心对称分布的，但是当两者同时存在时，由于各自边频带成分的相位不一致，两者边频带成分的叠加为矢量叠加。显然矢量叠加之后会使有的边频带成分幅值增加，而有的降低，故调幅与调频共同作用的已调波的幅值谱将不再对称于载波频率。边频通常还具有不稳定性，调幅与调频的相对相位关系容易受随机因素影响而发生改变，边频带的形状也会改变。

实测的齿轮故障振动信号包含了多级传动齿轮及转轴、轴承，以及箱体等多个零部件的振动信息，频率成分非常复杂，边频带比较密集且能量微弱，直接从频谱中难以得出边频带的调制信息。包络解调技术能从复杂的边频带中解调出调制信息(包括调制频率及其强度)，根据调制信息，即可判断齿轮损伤部位和程度，因此包络解调也是齿轮故障诊断的重要方法。根据齿轮故障振动信号模型，可知其包络谱特征为在故障齿轮转频及其倍频处出现幅值逐渐减小的离散谱线。

尽管包络解调技术在理论上可以解调出边频带中的调制信息，但是边频带通常被强噪声及其他强干扰信号淹没，因此直接对故障信号进行包络解调难以有效提取调制信息。所以运用先进信号处理技术对齿轮故障信号在时-频域或时间-尺度域上进行分解、提取出边频带，并隔离边频带外的强干扰对故障特征的影响是齿轮故障诊断的关键所在，也是研究热点之一。

齿轮故障振动信号的特点：

(1) 当齿轮无损伤时，振动信号的频谱中存在啮合频率及其谐波。当出现磨损故障时，磨损齿啮合频率与其谐波的幅值将明显增大，随着磨损程度的加剧，会激发齿轮的固有频率，在固有频率两侧伴有磨损齿轮转频的边频带，并且频谱中也会出现齿轮啮合频率，在啮合频率及其谐波两侧会出现间隔为齿轮转频的边频带，边频带的幅值会特别突出。

(2) 当齿根出现裂纹时，相对于正常齿轮振动的频谱，其频谱中会出现齿轮转频的多阶谐波，并且啮合频率的幅值也会增大。

(3) 当齿轮断齿时，频谱中会出现以齿轮各阶固有频率及其谐波为载波频率、以断齿所在轴转频及其倍频为调制频率的情况，并且频谱中也会出现以断齿齿轮啮合频率及其谐波为载波频率、以断齿所在轴转频及其倍频为调制频率的峰值的情况，调制边频带宽且高。

2.4 轴振动机理与故障特征分析

2.4.1 轴振动机理

轴的失效形式有失衡、变形、断裂等。其中，造成轴系失衡的原因有加工制造精度不够、圆柱度不足、安装不当、轴上有异物存在、瞬时冲击及疲劳累计等。轴类部件的变形主要有弯曲变形和扭转变形：当轴在受力不均、存在设计缺陷、装配不当等因素下，轴系容易出现弯曲变形；扭转变形主要是因为转轴承受的扭矩值超出了转轴材料允许的扭矩范围极限，从而变成可恢复的弹性扭转变形或者不可恢复的永久扭转变形。转轴断裂的形式主要是疲劳断裂，其原因主要是转轴长期承受交变载荷，轴上出现横向裂纹，交变载荷进一步加强，轴刚度下降，裂纹加深。当裂纹进一步向轴的中部发展时，刚度大幅减小，从而导致转轴断裂失效或者轴在应力较为集中的部位容易出现疲劳断裂。

轴的振动通常呈现出与轴旋转相关的周期性，由于结构设计不合理、制造误差、安装偏心或者材料和机械结构上的不合理等，要使旋转部件做到绝对平衡是不可能的。在设备运行时，这些“源”事件会产生传动系统的激励力源，使轴产生振动。在工况情况下，负荷和故障源也会成为激励力源，使轴的振动变得更加复杂。

假设齿轮以恒定速度运转，忽略由径向载荷引起的轴的不平衡，则其振动可以表示为

$$\bar{v}_s(t)=\sum_{k=1}^{K}A_{sk}(\bar{f}_s)\cos(k\theta_s+\phi_{sk}) \tag{2.4.1}$$

式中，$A_{sk}(\bar{f}_s)$为旋转频率 f_s 的第 k 次谐波的幅值，是角速度的函数；$\theta_s=\theta_s(t)$为轴的角度位置；$\bar{f}_s$ 为平均旋转频率；ϕ_{sk} 为在轴角度位置 $\theta_s=0$ 处的振动相位。

2.4.2 轴振动故障特征

轴和轴系在旋转运动中产生的振动是由不平衡、不对中、轴弯曲及轴断裂等原因引起的。

(1) 轴不平衡

轴不平衡发生在转轴中心和齿轮中心装配不重合的情况下，在轴旋转时产生一个不平衡力矩，激起周期振动，其振动频率为

$$f_0 = \frac{n}{60} \tag{2.4.2}$$

式中，n 为轴的转速；f_0 为轴系的一阶转频。

振动信号的频谱中，其基频成分占比很大，而其他倍频成分等占比相对较小。

在轴不平衡情况下，频谱中在轴转频处会出现一个高峰，相对于轴正常状态的频谱，幅值增大。

(2) 轴不对中和弯曲

联轴器连接的两轴不对中会引起轴转频及其谐波的振动分量，振动幅值的大小取决于联轴器的种类和轴不对中的程度。

轴承不对中产生的征兆和连接不对中产生的征兆类似，然而，它们易引起轴频高次谐波振动轴弯曲，继而产生轴频及其低次谐波的振动。在轴不对中的情况下，若是平行不对中，联轴器两端的轴承振动频谱会出现高强度的径向轴转频 1 倍频和 2 倍频，并且 2 倍频的幅值高于 1 倍频；若是角度不对中，频谱中会出现高强度的轴向轴转频 1 倍频和幅度较小的轴向 2 倍频。

轴弯曲的情况会对轴上的齿轮产生较大的冲击，若整根轴上的齿轮都表现出损伤，即可判断轴出现弯曲故障，随着弯曲程度的加重，甚至会激起箱体的共振，造成严重后果。

(3) 轴的裂纹

旋转机械的轴如果设计不当(包括选材不当或结构不合理)、加工方法不妥或者超寿命运行，会引起应力集中导致裂纹出现。另一方面，疲劳、蠕变及腐蚀也会产生转子微裂缝，在应力作用下，微裂纹不断扩展最终变成宏观裂纹。当轴存在裂纹时，在轴的转频及其谐波处会产生振动分量[169]。

第3章 CHAPTER 3 振动信号特征提取

3.1 引言

振动信号中蕴含着机械装备的运行状态信息，通常振动信号中含有噪声，仅利用原始时域信号难以表征装备的状态，挖掘信号中有辨识性的特征是进行状态监测和故障诊断的基础。并且，不同特征量从不同的角度反映装备不同的运行状态信息，其刻画的装备运行规律性和故障敏感性及在特征空间的可分性、聚类性通常也并不一致。因此，单个或单征兆域特征一般难以准确而又全面地表征在复杂工况下机械装备不同类型和不同程度的故障特征。为了有效地对复杂机械进行智能诊断，可综合利用多个征兆域的特征参数，以获得较为全面准确的故障特征信息。

然而随着特征参数的多元化，以及特征向量空间维数的增加，诊断过程中需要处理的信息量急剧增加。在获取的大量故障特征中，对故障敏感性强、对特征空间可分性高、具有显著类别差异、能提供互补信息、能明显提高诊断精度的关键特征，应该被充分利用；相反，对故障不敏感，没有较多利用价值的冗余或者不相关的特征，在数据分析过程中会起到噪声作用，应该被剔除，以减少输入量，避免“维数灾难”问题。这就需要用到模式识别领域常用的数据降维技术：特征提取和特征选择。其中，特征提取是指依据专业知识人为地构造特征，通过线性或非线性映射得到数量较少但更具有表达能力的新特征，或者是采用智能算法从采集的时域信号中自适应挖掘特征信息；特征选择是指从大量的特征参数中挑出那些对故障诊断最有效的特征，从而降低特征向量空间的维数。

3.2 多域特征构造方法

3.2.1 时域特征

时域分析是描述信号波形与振幅随时间变化的方法。时域的特征参数主要分为两大类：有量纲和无量纲的参数。有量纲的特征参数数量会随着故障的发展而上升，也会因工作条件的改变而变化，其对磨损类故障有较好的监测能力。有、无量纲特征参数一般与设备的运行状态无关，其对载荷和转频变化不敏感，只取决于概率密度函数，其对机械设备早期表面损伤类故障有很好的敏感性，但对磨损类故障的表征能力有限。

各有量纲的参数定义为

均值：

$$p_1 = \frac{\sum_{i=1}^{N} x_i}{N} \tag{3.2.1}$$

标准差：

$$p_2 = \sqrt{\frac{\sum_{i=1}^{N} (x_i - p_1)^2}{N-1}} \tag{3.2.2}$$

方根幅值：

$$p_3 = \left(\frac{\sum_{i=1}^{N} \sqrt{|x_i|}}{N}\right)^2 \tag{3.2.3}$$

均方根值：

$$p_4 = \sqrt{\frac{\sum_{i=1}^{N} x_i^2}{N}} \tag{3.2.4}$$

最大值：

$$p_5 = \max\{(x_i)\} \quad (i = 1, 2, \cdots, N) \tag{3.2.5}$$

各无量纲的参数定义为

偏斜度：

$$p_6 = \frac{\sum_{i=1}^{N} (x(n) - p_1)^3}{(N-1) p_2^3} \tag{3.2.6}$$

峭度：

$$p_7 = \frac{\sum_{i=1}^{N}(x(i) - p_1)^4}{(N-1)p_2^4} \tag{3.2.7}$$

峰值：

$$p_8 = \frac{p_5}{p_4} \tag{3.2.8}$$

裕度：

$$p_9 = \frac{p_5}{p_3} \tag{3.2.9}$$

波形因子：

$$p_{10} = \frac{p_4}{\frac{1}{N}\sum_{i=1}^{N} | x(i) |} \tag{3.2.10}$$

脉冲指标：

$$p_{11} = \frac{p_5}{\frac{1}{N}\sum_{i=1}^{N} | x(i) |} \tag{3.2.11}$$

式中，$x(i)$为时域信号序列，$i=1,2,\cdots,N$，N 是样本点数；时域特征参数 p_1，$p_3 \sim p_5$ 描述时域信号的幅值和能量变化；p_2，$p_6 \sim p_{11}$ 描述时域信号的时间序列分布情况。

3.2.2 频域特征

频域分析是描述信号的功率或能量随频率变化的方法。$x(i)$为时域信号序列，$i=1,2,\cdots,N$，N 为样本点数；$s(k)$为信号 $x(i)$的频谱，$k=1,2,\cdots,K$，K 为谱线数；f_k 为第 k 条谱线的频率值。与时域特征参数类似，在频域内构造频谱幅值均值、幅值方差、谱峭度等特征，频域特征参数定义为

$$p_{12} = \frac{\sum_{k=1}^{K} s(k)}{K} \tag{3.2.12}$$

$$p_{13} = \frac{\sum_{k=1}^{K}(s(k) - p_{12})^2}{K-1} \tag{3.2.13}$$

$$p_{14} = \frac{\sum_{k=1}^{K}(s(k) - p_{12})^3}{K(\sqrt{p_{13}})^3} \tag{3.2.14}$$

$$p_{15}=\frac{\sum_{k=1}^{K}(s(k)-p_{12})^4}{Kp_{13}^2} \tag{3.2.15}$$

$$p_{16}=\frac{\sum_{k=1}^{K}f_k s(k)}{\sum_{k=1}^{K}s(k)} \tag{3.2.16}$$

$$p_{17}=\sqrt{\frac{\sum_{k=1}^{K}(f_k-p_{16})^2 s(k)}{K}} \tag{3.2.17}$$

$$p_{18}=\sqrt{\frac{\sum_{k=1}^{K}f_k^2 s(k)}{\sum_{k=1}^{K}s(k)}} \tag{3.2.18}$$

$$p_{19}=\sqrt{\frac{\sum_{k=1}^{K}f_k^4 s(k)}{\sum_{k=1}^{K}f_k^2 s(k)}} \tag{3.2.19}$$

$$p_{20}=\frac{\sum_{k=1}^{K}f_k^2 s(k)}{\sqrt{\sum_{k=1}^{K}s(k)\sum_{k=1}^{K}f_k^4 s(k)}} \tag{3.2.20}$$

$$p_{21}=\frac{p_{17}}{p_{16}} \tag{3.2.21}$$

$$p_{22}=\frac{\sum_{k=1}^{K}(f_k-p_{16})^3 s(k)}{Kp_{17}^3} \tag{3.2.22}$$

$$p_{23}=\frac{\sum_{k=1}^{K}(f_k-p_{16})^4 s(k)}{Kp_{17}^4} \tag{3.2.23}$$

$$p_{24}=\frac{\sum_{k=1}^{K}(f_k-p_{16})^{1/2} s(k)}{K\sqrt{p_{17}}} \tag{3.2.24}$$

式中，频域特征参数 p_{12} 描述频域能量变化；$p_{13} \sim p_{15}$，p_{17}，$p_{21} \sim p_{24}$ 反映频谱的集中与分散程度；p_{16}，$p_{18} \sim p_{20}$ 反映主频带位置的变化。

3.2.3 时频域特征

频率可以反映信号的本质特征，但是频率刻画特征的方式不直观。在直接观察信号在时域上的变化时，有时会得到与频率类似的信号特征，称为“特征尺度”。尺度与频率是紧密关联的，小的尺度对应高的频率，大的尺度对应低的频率，对信号进行小波变换可以得到其时间-尺度谱，而并非直接的时间-频率谱。对信号进行观察，可以很容易地得到信号在特定点之间的时间跨度，称为“时间尺度参数”，时间尺度参数可以描述出信号的本质特征。在傅里叶变换中，基函数的时间尺度参数是与其频率有定量关系的、能够表明其谐波函数周期的长度。对于非平稳信号，时间尺度参数是根据信号特征点引出的特征参数，不再与傅里叶频谱构成定量关系，更适宜提取非平稳信号的特征[179]。

通常采用多尺度分析方法，如小波分析、双树复小波包分析、经验模态分解等，将信号分解为不同的频带，利用各频带提取时频域特征。如将小波包变换与信息熵相结合，由于小波包变换可对信号的低频和高频同时进行分解，弥补了小波变换只对信号的低频进行分解的不足，进一步提高了时频分辨率。又因为非平稳信号的不确定性，小波包熵能反映信号在各个频带中的谱能量分布情况及表征系统复杂度，可利用分解得到的小波包系数构造小波包奇异值熵、小波包能谱熵、小波包样本熵等特征参数。

3.3 多尺度特征提取方法

旋转机械的局部故障会使对应的振动信号产生周期性冲击，且会因故障形式的不同产生不同的冲击波形。若是对这些信号采集并进行频谱分析，会发现主要的故障信息往往分布在特定的频段内。采用多尺度分析方法，将信号分解到不同的频段上，可有针对性地选择若干子频带并提取敏感特征，有利于进行诊断分析。较为广泛应用的多尺度分析方法包括小波分析和经验模态分解等。

3.3.1 小波分析

1. 连续与离散小波变换

小波变换作为一种时频分析方法，具有良好的时频局域化特性，其克服了傅里叶变换的局部细节的发掘缺陷，因此得到了广泛应用。小波变换采用多时间-尺度窗，可以根据需要改变相应的窗函数长短，以此满足对时间分辨率和频率分辨率的要求，时间窗越长，频率分辨率越高；时间窗越短，时间分辨率越高。这种方法的基本理论框架是由法国地球物理学家 Morlet 和理论物理学家 Grossman 在 20 世纪 80 年代后期构建完成的，他们证明了 $L^2(\mathbf{R})$空间中的任意函数都可以由一组称为“小波基函数”的分解来表征。称满足允许条件

$$C_\psi = \int_{-\infty}^{+\infty} \frac{|\psi(\omega)|^2}{|\omega|} d\omega < \infty \tag{3.3.1}$$

的平方可积函数 $\psi(t)$（即 $\psi(t) \in L^2(\mathbf{R})$）为一个“小波基”或者“母小波”，$\psi(\omega)$为 $\psi(t)$函数的傅里叶变换，满足允许条件的小波称为“允许小波”。

由小波基 $\psi(t)$通过伸缩和平移产生的一个函数族 $\psi_{a,b}(t)$称为“小波”：

$$\psi_{a,b}(t) = \frac{\psi\left(\frac{t-b}{a}\right)}{\sqrt{|a|}} \tag{3.3.2}$$

式中，$a, b \in \mathbf{R}, a \neq 0$，$a$ 和 b 分别为 $\psi_{a,b}(t)$的伸缩因子和平移因子。

小波变换分为连续小波变换（continuous wavelet transform，CWT）和离散小波变换（discrete wavelet transform，DWT），连续小波变换是理论上的变换方式，离散小波变换是实际应用时在计算机中的算法表达。

(1) 连续小波变换

设 $f(t) \in L^2(\mathbf{R}), a, b \in \mathbf{R}, a \neq 0$，连续小波变换的定义为

$$W_f(a,b) = \langle f, \psi_{a,b} \rangle = |a|^{-\frac{1}{2}} \int_{-\infty}^{+\infty} f(t) \cdot \overline{\psi\left(\frac{t-b}{a}\right)} dt \tag{3.3.3}$$

连续小波变换的逆变换为

$$f(t) = \frac{1}{C_\psi} \int_{-\infty}^{+\infty} W_f(a,b) \cdot \psi_{a,b}(t) a^{-2} da\, db \tag{3.3.4}$$

由于基小波 $\psi(t)$生成的子小波 $\psi_{a,b}(t)$对被分析的信号有观察作用，因此 $\psi(t)$还应该满足约束条件

$$\int_{-\infty}^{+\infty} |\psi(t)| dt < \infty \tag{3.3.5}$$

$\psi(\omega)$是一个连续函数，式(3.3.1)应满足的重构条件是：当 $\omega = 0$ 时，$\psi(\omega) = 0$，即

$$\psi(0) = \int_{-\infty}^{+\infty} \psi(t) dt = 0 \tag{3.3.6}$$

要使重构信号数值稳定，在满足重构的条件下，傅里叶变换后的小波函数 $\psi(t)$必须满足稳定性要求

$$A \leqslant \sum_{-\infty}^{+\infty} |\psi(2^{-j}\omega)|^2 \leqslant B \tag{3.3.7}$$

式中，$0 < A \leqslant B < +\infty$。

(2) 离散小波变换

在连续小波变换中,因为 a 和 b 是连续变化的,所以连续小波变换存在信息表述的冗余度。信号处理的关键是用无冗余的信息完整地表达原始信号,另外在实际运用中,尤其是在计算机上处理时,需要把连续小波加以离散化处理。

通常把连续小波变换中尺度参数 a 和连续平移参数 b 的离散化公式分别取作

$$\begin{cases} a = a_0^m \\ b = nb_0 a_0^m \end{cases} \tag{3.3.8}$$

式中,$a_0>1$,$b\in\mathbf{R}$,$m\in\mathbf{Z}$,则对应的离散小波函数为

$$\psi_{m,n}(t) = a_0^{\frac{m}{2}}\psi(a_0^m t - nb_0) \tag{3.3.9}$$

式中,$m,n\in\mathbf{Z}$。离散化小波变换系数可表示为

$$C_f(m,n) = \int_{-\infty}^{+\infty} f(t)\psi_{m,n}(t)\mathrm{d}t \tag{3.3.10}$$

式中,m 和 n 分别称为频率范围指数和时间步长变化指数,其重构公式为

$$f(t) = \sum_{m,n\in\mathbf{Z}} C_f(m,n)\psi_{m,n}(t) \tag{3.3.11}$$

2. 多分辨率分析

设 $\psi(t)\in L^2(\mathbf{R})$ 是一个可容许小波,若其二进伸缩平移系 $\psi_{j,k}(t)=2^{-j/2}\psi(2^{-j}t-k)$,$j,k\in\mathbf{Z}$ 构成 $L^2(\mathbf{R})$ 的标准正交基,则称 $\psi(t)$ 为“正交小波”,也称 $\psi_{j,k}(t)$ 为“正交小波函数”,称相应的离散小波变换 $W_f(j,k)=\langle f(t),\psi_{j,k}(t)\rangle$ 为“正交小波变换”。多分辨率分析不仅统一了正交小波基的构造,还为正交小波变换的快速分解与重构算法——小波 Mallat 算法提供了理论根基。

空间 $L^2(\mathbf{R})$ 中的多分辨分析是指 $L^2(\mathbf{R})$ 中有满足如下条件的一个子空间序列 $\{V_j : j\in\mathbf{Z}\}$。

(1) 包容性:$\forall j\in\mathbf{Z}$,有 $V_{j+1}\subset V_j$。

(2) 伸缩性:$\forall j\in\mathbf{Z}$,若 $x(t)\in V_j$,则有 $x(t/2)\in V_{j+1}$。

(3) 平移不变性:$\forall j,k\in\mathbf{Z}$,若 $x(t)\in V_j$,则 $x(t-k)\in V_j$。

(4) 逼近性:$\lim\limits_{j\to+\infty} V_j = \bigcap\limits_{j=-\infty}^{+\infty} V_j = \{0\}$,$\mathrm{close}\left(\bigcup\limits_{j=-\infty}^{+\infty} V_j\right) = L^2(\mathbf{R})$。

(5) 里斯基存在性:存在一个基本函数 $\phi(t)\in V_0$,使得 $\{\phi(t-k)\mid k\in\mathbf{Z}\}$ 是 V_0 的一个里斯基(Riesz basis),则称 $\{V_j : j\in\mathbf{Z}\}$ 是 $\phi(t)$ 生成的一个“多分辨率分析”。通常称函数 $\phi(t)$ 为“尺度函数”,它为多分辨率分析的生成元,完全刻画多分辨率分析,记为

$$\phi_{j,k}(t) = 2^{-j/2}\phi(2^{-j}t-k), \quad j,k\in\mathbf{Z} \tag{3.3.12}$$

由伸缩性与里斯基存在性可知,$\{\phi_{j,k}(t)=2^{-j/2}\phi(2^{-j}t-k)\mid k\in\mathbf{Z}\}$ 即 V_j 的里斯基。对于 $\forall j\in\mathbf{Z}$,由于 $V_j\in V_{j-1}$,则必然存在一个闭子空间,构成 V_j 在

V_{j-1} 中的补空间。记此补空间为 W_j，因此有

$$V_{j-1} = V_j \otimes W_j \tag{3.3.13}$$

式中，符号 $\otimes$ 表示子空间的直和。根据上式可知，当 $j<J$ 时，有 $V_j = V_J \otimes \left(\bigotimes_{k=0}^{J-j-1} W_{J-k}\right)$，故根据多分辨率性质，当 $j\to-\infty$，而 $J\to+\infty$ 时，有

$$\lim_{j\to-\infty} V_j = L^2(\mathbf{R}) = \bigotimes_{j\in\mathbf{Z}} W_j \tag{3.3.14}$$

上式表明 $L^2(\mathbf{R})$ 可分解为一系列子空间 $W_j(j\in\mathbf{Z})$ 的直和。W_j 与 V_j 一样，同样具有伸缩性与平移不变性。

若函数 $\psi(t)$ 的平移集合 $\{\psi(t-k)\mid k\in\mathbf{Z}\}$ 是子空间 W_0 的里斯基，则称函数 $\psi(t)$ 为"小波函数"，其满足母小波容许条件。由 W_j 的伸缩性与式(3.3.12)可知，$\{\psi_{j,k}(t)=2^{-j/2}\psi(2^{-j}t-k)\mid k\in\mathbf{Z}\}$ 为 W_j 的里斯基，即 $\{\psi_{j,k}(t)=2^{-j/2}\psi(2^{-j}t-k)\mid j,k\in\mathbf{Z}\}$ 为 $L^2(\mathbf{R})$ 的里斯基。由于 V_j 与 W_j 分别由尺度函数二进伸缩系 $\{\phi_{j,k}(t)\mid k\in\mathbf{Z}\}$ 与小波函数二进伸缩系 $\{\psi_{j,k}(t)\mid k\in\mathbf{Z}\}$ 作基函数，所以称 V_j 是"尺度为 j 的尺度空间"，W_j 是"尺度为 j 的小波空间"。

$\phi_{j,k}(t)$ 通过二进伸缩得到 $\phi_{j-1,k}(t)$，根据傅里叶变换的性质可知，$\phi_{j,k}(t)$ 的频率范围是 $\phi_{j-1,k}(t)$ 的低半频部分，因此 V_j 的频率范围是 V_{j-1} 的低半频部分。因为 $V_{j-1}=V_j\otimes W_j$，所以 W_j 的频率范围是 V_{j-1} 的高半频部分。由此可以认为 V_j 表现了 V_{j-1} 的概貌，W_j 表现了 V_{j-1} 的细节。

因为 $V_0=W_1\otimes V_1$，故 $V_1\subset V_0$，又因为 $\phi_{1,0}(t)=2^{-1/2}\phi(2^{-1}t)\in V_1$，故 $\phi_{1,0}(t)\in V_0$，因此 $\phi_{1,0}(t)$ 可用 V_0 中的里斯基 $\{\phi(t-k)\mid k\in\mathbf{Z}\}$ 线性组合表示：

$$\phi_{1,0}(t) = \sum_{k=-\infty}^{+\infty} h'(k)\phi(t-k) \tag{3.3.15}$$

故有

$$\phi(t) = \sqrt{2}\sum_{k=-\infty}^{+\infty} h'(k)\phi(2t-k) \tag{3.3.16}$$

式中，$h'(k)$ 为线性组合函数。同理，由于 $W_1\subset V_0$，W_1 中的元素 $\psi_{1,0}(t)$ 可用 V_0 中的里斯基 $\{\phi(t-k)\mid k\in\mathbf{Z}\}$ 线性组合表示，有

$$\psi(t) = \sqrt{2}\sum_{k=-\infty}^{+\infty} g'(k)\phi(2t-k) \tag{3.3.17}$$

式中，$g'(k)$ 为线性组合系数，式(3.3.16)与式(3.3.17)常被称为"双尺度方程"，其揭示的是两个相邻尺度空间或相邻尺度空间与小波空间基函数之间的内在联系，反映了多分辨率分析赋予小波及尺度函数的最基本特征，是由尺度函数构造小波函数的纽带。由于尺度函数的傅里叶变换 $\phi(\omega)$ 具有低通滤波特性，尺度系数相当于信号的低频部分；而小波的傅里叶变换 $\psi(\omega)$ 具有高通滤波特性，所以小波系数相当于信号的高频部分[171]。

3. Mallat 算法

Mallat 将多尺度分析方法和小波分析方法结合，提出了一种快速实现小波分解和重构变换的算法——Mallat 算法，通过大尺度因子来描述信号的整体特征，而利用小尺度因子来描述信号的细节特征，因此将小波分析称为“数学显微镜”。Mallat 算法通过级联的多采样率滤波器组迭代求取小波系数，其系数为

$$c_{j+1}(k)=\sum_{n=-\infty}^{+\infty}h'(n-2k)c_j(n) \tag{3.3.18}$$

$$d_{j+1}(k)=\sum_{n=-\infty}^{+\infty}g'(n-2k)c_j(n) \tag{3.3.19}$$

上两式即为小波 Mallat 分解算法。为了从滤波器组角度实现式(3.3.18)和式(3.3.19)，令 $h(k)=h'(-k)$，$g(k)=g'(-k)$，则有

$$c_{j+1}(k)=\sum_{n=-\infty}^{+\infty}h'(n-2k)c_j(n)=\Delta[c_j(k)*h(k)] \tag{3.3.20}$$

$$d_{j+1}(k)=\sum_{n=-\infty}^{+\infty}g'(n-2k)c_j(n)=\Delta[c_j(k)*g(k)] \tag{3.3.21}$$

上两式中的 Δ 表示隔点采样运算。式(3.3.20)与式(3.3.21)说明，信号在 V_{j+1} 中的分解系数 $c_{j+1}(k)$ 是信号在 V_j 中的分解系数 $c_j(k)$ 与 $h(k)$ 卷积后再隔点采样而得，信号在 W_{j+1} 中的分解系数 $c_{j+1}(k)$ 是信号在 V_j 中的分解系数 $c_j(k)$ 与 $g(k)$ 卷积后再隔点采样而得。因此，小波 Mallat 分解算法的实质就是共轭滤波器组滤波和隔点采样的过程。

小波 Mallat 重构算法如下：

$$c(k)=\sum_{n=-\infty}^{+\infty}c_{j+1}(n)h'(k-2n)+\sum_{n=-\infty}^{+\infty}d_{j+1}(n)g'(k-2n) \tag{3.3.22}$$

令 $c_{j+1}(n)$ 每两点间插入 1 个 0 后的序列为 $\tilde{c}_{j+1}(n)$，$d_{j+1}(n)$ 每两点间插入 1 个 0 后的序列为 $\tilde{d}_{j+1}(n)$，则有

$$c_j(k)=\tilde{c}_{j+1}(k)*h'(k)+\tilde{d}_{j+1}(k)*g'(k) \tag{3.3.23}$$

由式(3.3.23)可知，两尺度差分方程中的系数 $h'(k)$，$g'(k)$ 实质是指 Mallat 重构算法所用的滤波器，故称 (h',g') 为“小波重构滤波器组”。而 $h(k)$，$g(k)$ 用于小波分解过程，故将 (h,g) 称为“小波分解滤波器组”。

4. 小波包变换

小波 Mallat 分解算法仅对近似系数进行了分解，使得高频子带信号频率分辨率低，很难准确提取高频段的故障特征信息。为了克服这一缺陷，提高高频频段的频率分辨率，小波包理论应运而生。小波包变换是比小波变换更加细致的分析和

重构方法。小波分析中将信号分解为低频部分和高频部分，然后只对低频部分做进一步分解。以三层小波分解为例，其分解树状结构如图 3.1 所示，其中 S 为原始信号，A 表示各层低频系数，D 表示各层高频系数。这种分解方式虽然在低频段有较好的分辨率，但在高频段的处理却有所欠缺。而小波包分析是对信号的高频和低频进行多层次划分，即对小波分析没有细分的高频部分进一步分解，其提供了比小波分析更高的分辨率。以三层小波包分解为例，其分解结构如图 3.2 所示。

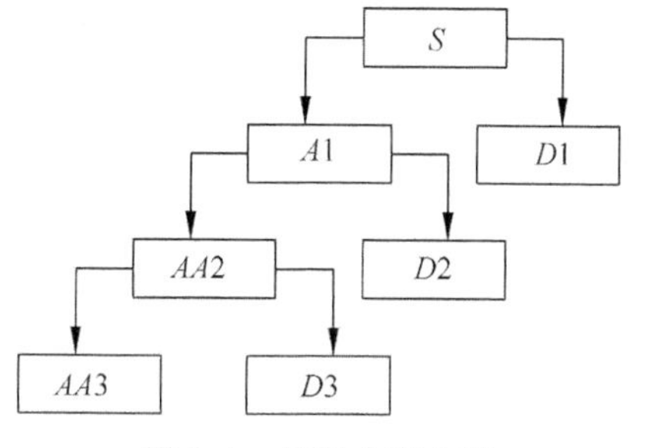

图 3.1 三层小波分解

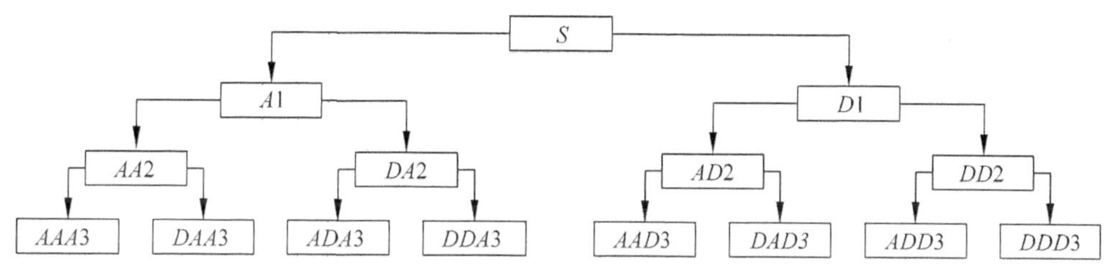

图 3.2 三层小波包分解

小波包分解是小波分解的进一步深化和推广，是比小波分解更加精细的信号分解方法，它可以将振动信号各个故障调制频带分解到各个子带中，从而凸显故障信息，便于故障特征提取。

3.3.2 经验模态分解

在 20 世纪 90 年代，黄锷提出了一种新的用于分析非线性及非平稳信号在局部时间特性的方法——希尔伯特-黄变换（Hilbert-Huang transform，HHT）。HHT 包括两个部分：经验模态分解（empirical mode decomposition，EMD）和希尔伯特变换（Hilbert transform，HT）。在 HHT 之前，HT 方法就已经用于信号解析领域，对窄带信号及单分量信号进行变换，得到相应的频率成分，具有物理意义。在将 HT 方法直接用于非平稳信号的分析时，解析得到的频率成分缺乏物理意义。针对此问题，Huang 提出了经验模态分解的方法加以解决。利用 EMD 按能量大小将信号逐层分解为一系列从高频到低频排列的本征模态函数（intrinsic model function，IMF），再对各 IMF 分量进行 HT 变换，得到希尔伯特谱。EMD 算法中重要的概念有特征尺度参数、瞬时频率、本征模态函数等。

1. 特征尺度参数

通常，采用时间、频率和幅值来描述信号的特征，对于非平稳信号，信号的统计特性随时间而变化，还需要其他的特征参数来表征某一时间段内信号或者某些频率成分在整个过程中随时间的关系。依据信号本身的特征构建出的特征参数称为“特征尺度”，能反映局部信号变换特征的时间间隔。常用的特征尺度参数有过零尺度参数和极值尺度参数。

(1) 过零尺度参数

对于任意信号 $x(t)$，过零点位置 t 值满足

$$x(t)=0 \tag{3.3.24}$$

过零尺度参数表示两个相邻的零点之间的时间跨度，只需找到两个连续过零点并计算其时间差值即可求得。方法虽然简单，但是当信号没有足够的过零点时，就无法确定其过零尺度参数。

(2) 极值尺度参数

对于任意信号 $x(t)$，过极值点位置 t 满足

$$\frac{\mathrm{d}x}{\mathrm{d}t}=0 \tag{3.3.25}$$

极值尺度参数表示两个相邻极值点(极大值、极小值点均可，类别无要求)之间的时间跨度，不论信号是否存在过零点，都能有效地找出信号的所有模态，能较真实地反映信号的特征尺度，适用性较强。

因此，EMD 方法中采用的是极值尺度参数来表示信号不同模态的特征。

2. 瞬时频率

传统的傅里叶变换依赖信号全局信息，利用傅里叶变换处理分析频率随时间推移不断变化的非线性、非平稳信号极度困难。对于非平稳信号，要考虑频率在时间范围内的变化情况，定义一个瞬时频率就非常必要。目前在学术界普遍公认的瞬时频率定义式是利用解析信号的瞬时相位求导得到瞬时频率。

对于任意在时间上连续的信号 $X(t)$，对其进行希尔伯特变换得到

$$Y(t)=\frac{1}{\pi}P\int_{-\infty}^{+\infty}\frac{X(t')}{t-t'}\mathrm{d}t' \tag{3.3.26}$$

式中，P 为柯西主值。

根据上式构造解析函数：

$$Z(t)=X(t)+\mathrm{i}Y(t)=\alpha(t)\mathrm{e}^{\mathrm{i}\theta(t)} \tag{3.3.27}$$

式中，$X(t)$和 $Y(t)$分别为信号的实部与虚部，$\alpha(t)$和 $\theta(t)$分别为信号瞬时的幅值与相位，有

$$\alpha(t)=\sqrt{x^2(t)+y^2(t)} \tag{3.3.28}$$

$$\theta(t)=\arctan\frac{y(t)}{x(t)} \tag{3.3.29}$$

瞬时频率 $w(t)$ 为瞬时相位求导，有

$$w(t)=\frac{\mathrm{d}\theta(t)}{\mathrm{d}(t)} \tag{3.3.30}$$

3. 本征模态函数

黄锷将本征模态函数用于非平稳信号的处理，利用 EMD 方法根据信号内部不同时间特征尺度将信号分解成若干单分量信号形式，相应的分量即本征模态函数（IMF 分量），本征模态函数可被瞬时频率描述并具有对应的物理意义，但 IMF 分量也需要满足以下两个条件：

（1）本征模态函数曲线在全局时间范围内的极值点数与过零点数相差不超过一个；

（2）在任意点，由局部极大值点构成的上包络线和局部极小值点构成的下包络线的平均值为零。

4. EMD 方法分解流程

EMD 算法是将信号按照频段从高到低地分解，不断迭代，筛选出各个模态分量，筛选过程按照一定的误差准则而停止，得到一组本征模态函数及一个残余分量，分解过程可表示为

$$x(t)=\sum_{i=1}^{L}\mathrm{IMF}^{(i)}(t)+r_L(t) \tag{3.3.31}$$

式中，$\{\mathrm{IMF}^{(i)}(t)\}(i=1,2,\cdots,L)$ 表示由 EMD 分解得到的本征模态函数，$r_L(t)$ 表示残余分量。

EMD 分解算法的具体步骤如下：

（1）确定信号 $x(t)$ 的全部极大值点和极小值点，利用三次样条插值函数，把所有极大值点拟合成原始信号的上包络线 $u_{\max}(t)$，所有极小值点拟合成原始信号的下包络线 $u_{\min}(t)$。

（2）计算上下包络线的均值 $m_1(t)$：

$$m_1(t)=\frac{u_{\max}^1(t)+u_{\min}^1(t)}{2} \tag{3.3.32}$$

（3）迭代计算选取 IMF 分量，将原始信号 $x(t)$ 减去 $m_1(t)$，差值为 $h_1(t)$，即

$$x(t)-m_1(t)=h_1(t) \tag{3.3.33}$$

将 $h_1(t)$ 代替原始信号，重新计算其上下包络线，重复迭代计算，即

$$m_2(t)=\frac{u_{\max}^2+u_{\min}^2}{2}$$

$$h_2(t)=h_1(t)-m_2(t)$$

$$\vdots$$

$$m_i(t)=\frac{u_{\max}^i+u_{\min}^i}{2} \tag{3.3.34}$$
$$h_i(t)=h_{i-1}(t)-m_i(t)$$

迭代筛选的终止条件为

$$\mathrm{SD}=\sum_{t=0}^{T}\left[\frac{|h_{i-1}^2(t)-h_i^2(t)|^2}{h_i^2(t)}\right]<\varepsilon \tag{3.3.35}$$

一般 ε 取 0.2～0.3。

(4) 获取本征模态分量，第 1 个 IMF 为

$$\mathrm{IMF}^{(1)}(t)=h_i(t) \tag{3.3.36}$$

第 1 个残余分量为 $r_1(t)$，有

$$r_1(t)=x(t)-\mathrm{IMF}^{(1)}(t) \tag{3.3.37}$$

(5) 重复步骤(3)和步骤(4)，直至残余分量 $r_i(t)$满足条件(为常量、单调函数或只含唯一极值点的函数)，全部分解结束。

EMD 算法分解流程如图 3.3 所示。

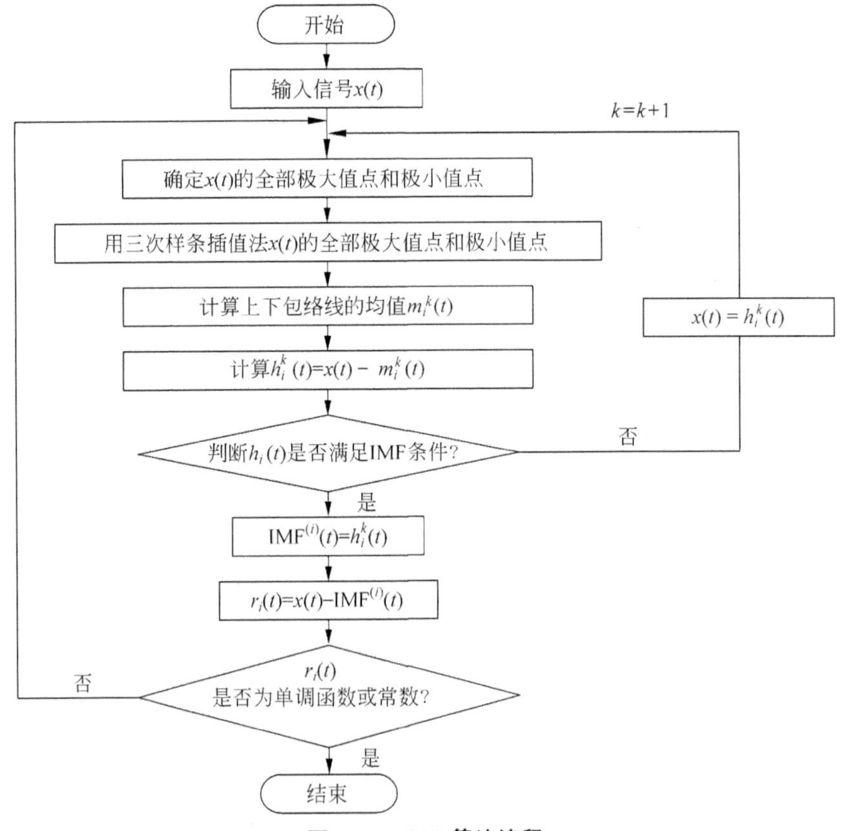

图 3.3　EMD 算法流程

3.4 特征选择方法

特征选择是故障诊断领域的重要研究内容，它通过选择原始特征集合中的重要特征构成特征子集，达到降低数据维数，同时保持或提高系统分类性能的目的。与特征提取不同，特征选择保留的是原始物理特征，因此，可以真正地降低存储需要、测量需求、计算开销等。

现有特征选择研究主要着眼于选择最优特征子集需要的两个主要步骤：特征子集搜索策略和特征子集性能评价准则。经典的特征子集搜索策略包括：顺序前向搜索、顺序后向搜索、顺序前向浮动搜索、顺序后向浮动搜索 4 种。特征子集性能评价准则有独立于分类器的评价方法、以分类器分类准确率评价的方法，以及将两者相结合的评价方法。特征选择方法依据其与分类器的关系及是否独立于后续的学习算法分为 Filter 方法、Wrapper 方法 2 类。Filter 方法根据每一个特征对分类贡献的大小定义其重要度，选择重要的特征构成特征子集，该方法独立于学习过程，时间效率较高，但是该方法需要一个阈值作为特征选择的停止准则。Filter 方法选择的特征子集的分类性能不仅与特征重要性计算方法，即特征排序准则有关，而且与特征搜索策略，以及特征选择过程的停止准则密切相关。Wrapper 方法依赖于学习过程，将训练样本分成训练子集和测试子集两部分。Wrapper 方法中的学习算法完全是一个“黑匣子”，仅以每一组特征子集训练所得分类器的分类准确率作为该组特征分类性能的度量。为选择出性能最好的特征子集，Wrapper 算法需要的计算量巨大，而且该方法选择的特征子集依赖于具体学习机；容易产生“过适应”问题，推广性能较差。另外，确定搜索策略以搜索所有可能的特征组合，评价学习机的性能以引导或停止搜索，以及选择具体的学习算法是 Wrapper 方法的关键[172]。

Filter 特征选择方法一般使用评价准则来增强特征与类的相关性，削减特征之间的相关性，可将评价函数分成 4 类：距离度量、信息度量、依赖性度量和一致性度量。

(1) 距离度量

距离度量通常也认为是分离性、差异性或者辨识能力的度量。最常用的一些重要距离测度有欧氏距离、S 阶闵可夫斯基测度、切比雪夫距离、平方距离等。在两类分类问题中，对于特征 X 和 Y，如果由 X 引起的两类条件概率差异性大于 Y，则 X 优于 Y。因为特征选择的目的是找到使两类尽可能分离的特征，如果差异性为 0，则 X 和 Y 是不可区分的。算法 Relief，ReliefF，分支定界和 BFF 等都是基于距离度量。准则函数要求满足单调性,也可通过引进近似单调的概念放松单调性的标准。

(2) 信息度量

信息度量通常采用信息增益或互信息衡量。信息增益定义为先验不确定性与期望的后验不确定性之间的差异,它能有效地选出关键特征,剔除无关特征。互信息描述的是两个随机变量之间相互依存关系的强弱。信息度量函数 $J(f)$在 Filter 特征选择方法中起着重要的作用,尽管有多种不同的形式,但目的都是使选择的特征子集与类别的相关性最大,子集中特征之间的相关性最小。常见的几个度量方法如下:

1) 最佳个体特征(best individual feature,BIF)

BIF 是一种最简单最直接的特征选择方法,其评价函数为

$$J(f)=I(C;f) \tag{3.4.1}$$

式中,$I(C;f)$为类别 C 与候选特征 f 之间的互信息,它的基本思想是对于每一个候选特征 f 计算评价函数 $J(f)$,并按评价函数值降序排列,取前 k 个作为选择的特征子集。这种方法简单快速,尤其适合高维数据,但是没有考虑到所选特征间的相关性,会带来较大的冗余。

2) 最大相关与最小冗余(maximal relevance and minimal redundancy,mRMR)

给定两个随机变量 x 和 y,其概率密度为 $p(x)$和 $p(y)$,联合概率密度为 $p(x,y)$,则 x 和 y 之间的互信息定义为

$$I(x,y)=\iint p(x,y)\ln\frac{p(x,y)}{p(x)p(y)}\mathrm{d}x\,\mathrm{d}y \tag{3.4.2}$$

最大相关和最小冗余的测度指标分别定义为

$$\max D(S,c),D=\frac{1}{|S|}\sum_{x_i\in S}I(x_i;c) \tag{3.4.3}$$

$$\min R(S),R=\frac{1}{|S|^2}\sum_{x_i,x_j\in S}I(x_i;x_j) \tag{3.4.4}$$

式中,S 和$|S|$分别为特征集合及其包含的特征数目;c 为目标类型;$I(x_i,c)$为特征 i 和目标类别 c 之间的互信息;$I(x_i,x_j)$为特征 i 和特征 j 之间的互信息;D 为特征集 S 中各特征 x_i 与类别 c 之间的互信息的均值,表示特征集与相应类别的相关性;R 为 S 中特征间互信息的大小,表示特征之间的冗余性。

特征选择的目标是期望所选特征子集的分类性能最高、同时特征维数尽量少,这就要求特征集与类别间的相关性最大、特征之间的冗余性最小。综合考虑上述两个测度指标,得到最大相关和最小冗余准则如下:

$$\max\Phi(D,R),\quad \Phi=D-R \tag{3.4.5}$$

在实际应用中，可以采用增量搜索算法来选取由 $\Phi(\cdot)$ 定义的近似最优特征[173]。

3）相关性快速过滤特征选择(fast correlation-based filter，FCBF)

FCBF 是基于相互关系度量给出的一种算法。对于线性随机变量，用相关系数分析特征与类别、特征间的相互关系。对于非线性随机变量，采用对称不确定性(SU)来度量。对于两个非线性随机变量 X 和 Y，它们的相互关系可表示为

$$\mathrm{SU}(X,Y)=2\left[\frac{\mathrm{IG}(X\mid Y)}{H(X)+H(Y)}\right] \tag{3.4.6}$$

式中，$H(X)$ 和 $H(Y)$ 为信息熵，$\mathrm{IG}(X|Y)$ 为信息增益。该算法的基本思想是根据定义的 C-相关(特征与类别的相互关系)和 F-相关(特征之间的相互关系)，从原始特征集合中去除 C-相关值小于给定阈值的特征，再对剩余的特征进行冗余分析。

(3) 依赖性度量

有许多统计相关系数，如皮尔森相关系数、概率误差、费希尔分数、线性可判定分析、最小平方回归误差、平方关联系数、t 检验和 F 统计量等被用来表达特征相对于类别可分离性间的重要程度。

(4) 一致性度量

给定两个样本，若特征值均相同，但所属类别不同，则称它们是“不一致的”，否则，是“一致的”。一致性准则用不一致率来度量，它不是最大化类的可分离性，而是试图保留原始特征的辨识能力，即找到与全集有同样区分类别能力的最小子集。它具有单调、快速、去除冗余和不相关特征、处理噪声等优点，能获得一个较小的特征子集。但其对噪声数据敏感，且只适合离散特征。典型算法有 Focus，LVF 等。

Filter 方法也存在很多问题。它并不能保证选择出一个优化特征子集，尤其是当特征和分类器息息相关时。即使能找到一个满足条件的优化子集，它的规模也会比较庞大，会包含明显的噪声特征。但是该方法的一个明显优势在于可以很快地排除大数量的非关键性的噪声特征，缩小优化特征子集搜索的规模，计算效率高，通用性好，可用作特征的预筛选器。

Wrapper 模型将特征选择算法作为学习算法的一个组成部分，是结合分类器寻求最佳特征集合的一种方法，直接使用分类性能作为特征重要性程度的评价标准。分类器的设计是也是特征选择放入的另一个关键。目前常用于故障诊断的分类器有神经网络和支持向量机等，神经网络分类器具有局部极小点、过学习、网络训练速度慢等缺陷，且过分依赖于先验知识和经验；支持向量机需要严格的核函数及其参数调整，核函数及其参数的选择对分类结果有很大的影响。该方法在速度上要比 Filter 方法慢，但是它选择的优化特征子集的规模比 Filter 方法小得多，非常利于关键特征的辨识，准确率较高，但泛化能力较差，时间复杂度较高。目前此类方法是特征选择研究领域的热点[174]。

3.5 基于流形学习的特征提取方法

特征选择是在构造的特征集中选择具有代表性的特征,有针对性地进行特征降维,减少特征冗余,而基于流形学习的特征提取是一类非线性维数约简方法,对于高维空间中具有非线性流形结构的数据集,流形学习算法可以很好地发现蕴含在数据集中的低维流形结构,实现特征降维,获取低维敏感特征。基于流形学习的非线性降维算法可分成2类:①全局方法。这类方法在降维时将流形上邻近的点映射到低维空间中的邻近点,同时保证将流形上距离远的点映射到低维空间中的远距离的点。典型的流行学习方法有:等距映射算法(ISOMAP)、最大方差展开(MVU)、t 分布随机近邻嵌入方法(t-SNE)等。②局部方法。这类方法只是将流形上近距离的点映射到低维空间中的邻近点。典型的流行学习方法有:局部线性嵌入(LLE)、拉普拉斯特征映射(LE)、局部切空间排列(LTSA)、局部保持投影(LPP)等。

流形是现代数学中的一个概念,是拓扑学、几何学、代数学等数学研究领域的结合。流形是欧氏空间的推广,数据集合在原始空间中的每一点的邻域,都与欧氏空间的一个区域同胚,因此流形可以表示为局部具有欧氏空间性质的拓扑空间,是欧氏空间的组合,其局部空间的维度决定了数据的本质流形维度。对流形最通俗的理解就是空间中的曲面和曲线,一维流形即曲线,二维流形即曲面。流形的数学定义为[175]

设 M 是一个豪斯多夫(Hausdorff)空间,若对于任意一点 $x\in M$,都存在 x 在 M 中的一个邻域 U 同胚于 m 维欧式 $\mathbf{R}^m$ 中的一个开集,则称 M 为一个"m 维流形",即 m 维拓扑流形是局部欧氏的豪斯多夫空间。

流形学习的定义首先由 Tenenbaum 提出[176],从微分拓扑角度对流形学习进行数学描述定义:给定高维数据集 $X=\{x_i\}_{i=1}^n$ 采样于某 D 维空间 $M\subset\mathbf{R}^D$,x_i 为采样样本,M 为嵌入在 D 维欧氏空间中的 d 维流形($D\geqslant d$)。数据从低维空间到高维空间 $\mathbf{R}^D$ 的一个光滑嵌入映射定义为 $f:\mathbf{M}\subset\mathbf{R}^D\to\mathbf{R}^d$,即 x_i 是由 d 维流形空间中的数据 $Y=(y_1,y_2,\cdots,y_n)$通过某个非线性变换 f 生成:$x_i=f(y_i)+\varepsilon_i$,$i=1,2,\cdots,n$。式中,ε 表示噪声。流形学习的目的就是要从观测数据 X 中重构映射函数 f 并计算出低维空间上的数据表示 Y。

本节介绍两种典型的流形学习方法:最大方差展开和局部线性嵌入方法,其余流形学习方法在后续章节也将有所应用。

3.5.1 最大方差展开

MVU 也称为"半正定嵌入算法",其基本思想是:保持局部近邻点之间的欧氏距离不变,同时使非近邻点的低维坐标展开得尽可能远。MVU 算法的目标函数为

$$\max\sum_{i,j=1}^{n}\|y_i-y_j\|^2, \tag{3.5.1}$$

$$\text{s. t. } \|y_i-y_j\|^2=\|x_i-x_j\|^2, x_i \text{ 和 } x_j \text{ 为近邻点}$$

$$\sum_{i=1}^{n}y_i=0$$

从该优化函数可以看出，MVU 算法是在局部等距约束下以样本低维映射的方差最大化为目的。式(3.5.1)是一个在二次等式约束条件下最大化平方函数的非凸优化问题。为了获得最优解，需要定义内积矩阵 $k_{ij}=y_i\cdot y_j$，使得式(3.5.1)的优化问题转化为一个半定规划问题(semidefinite programming, SDP)，有

$$\max\operatorname{tr}(\boldsymbol{K}) \tag{3.5.2}$$

$$\text{s. t. } K_{ii}-2K_{ij}+K_{jj}=\|x_i-x_j\|^2, x_i \text{ 和 } x_j \text{ 为近邻点},$$

$$\sum_{ij}K_{ij}=0,\quad \boldsymbol{K}\geqslant 0$$

MVU 算法的关键实际上是通过 SDP 学习一个 Gram 内积矩阵 $\boldsymbol{K}$，然后计算这个内积矩阵最大的 d 个特征值所对应的特征向量。对 $\boldsymbol{K}$ 进行奇异值分解，设 λ_α 是它的第 α 个元素，$\boldsymbol{V}_\alpha$ 是对应的特征向量，则内积矩阵 $\boldsymbol{K}$ 可表示为[177]

$$K_{ij}=\sum_{\alpha=1}^{n}\lambda_\alpha V_{\alpha i}V_{\alpha j} \tag{3.5.3}$$

由此，d 维数据 x_i 的 r 维嵌入 y_i 可表示为

$$x_i\rightarrow y_i=(\sqrt{\lambda_1}V_{1i},\sqrt{\lambda_2}V_{2i},\cdots,\sqrt{\lambda_r}V_{ri})^{\mathrm{T}} \tag{3.5.4}$$

3.5.2 局部线性嵌入

与 MVU 不同，LLE 是一种局部特性保持方法。LLE 的核心是保持降维前后近邻之间的局部线性结构不变。算法的主要思想是假定每个数据点与它的近邻点位于流形的一个线性或近似线性的局部邻域，在该邻域中的数据点可以由其近邻点来线性表示，在重建低维流形时，相应的内在低维空间中的数据点保持相同的局部近邻关系，即低维流形空间的每个数据点用其近邻点线性表示的权重与它们在高维观测空间中的线性表示权重相同，而各个局部邻域之间相互重叠的部分则描述了由局部线性到全局非线性的排列信息，这样就可以把高维输入数据映射到全局唯一的低维坐标系统[178]。

给定 m 维的样本矩阵 $\boldsymbol{X}=[x_1,x_2,\cdots,x_n]\subseteq\mathbf{R}^m$，$n$ 为样本数，通过 LLE 将这 n 个样本映射到低维子空间 $\boldsymbol{Y}=[y_1,y_2,\cdots,y_n]\subseteq\mathbf{R}^d$ $(d<m)$。

LLE 的基本步骤：

(1) 选择邻域

计算每个点 x_i 与其余样本点之间的欧氏距离，找出最近的 k 个样本点，构造一个邻域图，距离表达式为

$$d(x_i, x_j) = \| x_i - x_j \| \tag{3.5.5}$$

(2) 计算重构权值矩阵 $\boldsymbol{W}$

对于每个样本点 x_i 与它的邻域集 $\{x_j, j \in J_i\}$，LLE 需要计算它与邻域点之间的重构权值 w_{ij}。若 x_j 不是 x_i 的近邻点，则使 $w_{ij}=0$，那么重构权值矩阵 $\boldsymbol{W}$ 的选取通过在最小二乘意义下极小化每个数据点的重构误差来实现，即

$$\varepsilon(w) = \min \sum_{i=1}^{n} \| x_i - \sum_{j=1}^{n} w_{ij} x_j \|^2 \tag{3.5.6}$$

式中，w_{ij} 反映了样本点 x_j 对 x_i 的重构贡献大小，为了使重构权值相对样本的平移、旋转和缩放保持不变，对所有的样本点 x_i，加入约束条件 $\sum_{j=1}^{k} w_{ij} = 1$。由权值矩阵 $\boldsymbol{W}$ 为 $n \times n$ 维，将式(3.5.6)变换为

$$\varepsilon(\boldsymbol{W}) = \min \sum_{i=1}^{n} \| x_i - \boldsymbol{X}\boldsymbol{W}_i^{\mathrm{T}} \|^2 \tag{3.5.7}$$

令 $\boldsymbol{M}=(\boldsymbol{I}-\boldsymbol{W}^{\mathrm{T}})^{\mathrm{T}}(\boldsymbol{I}-\boldsymbol{W}^{\mathrm{T}})$，$\boldsymbol{I}$ 为 $N \times N$ 的单位矩阵，有

$$\varepsilon(\boldsymbol{W}) = \min\{\mathrm{tr}(\boldsymbol{XMX}^{\mathrm{T}})\} \tag{3.5.8}$$

式中，tr(·)为矩阵的迹。

(3) 获得低维嵌入 $\boldsymbol{Y}$

将所有的高维数据映射到低维空间时，LLE 要求输出数据在低维空间中保持原有的拓扑结构不变。为此构造一个损失函数，映射应使得该损失函数最小，有

$$\varepsilon(\boldsymbol{Y}) = \sum_{i=1}^{n} \left\| y_i - \sum_{j=1}^{n} w_{ij} y_j \right\|^2 \tag{3.5.9}$$

式中，y_i 是 x_i 的低维表示，$\boldsymbol{Y}=(y_1, y_2, \cdots, y_n)^{\mathrm{T}}$。为了消除平移、旋转自由度及尺度因子，LLE 算法需要对输出数据给予约束：$\sum_{i=1}^{n} y_i = 0$ 及 $\boldsymbol{YY}^{\mathrm{T}}=\boldsymbol{I}_{d\times d}$，式(3.5.9)可写成

$$\varepsilon(\boldsymbol{Y}) = \sum_{i=1}^{n} \| \boldsymbol{Y}\boldsymbol{I}_i - \boldsymbol{Y}\boldsymbol{W}_i^{\mathrm{T}} \|^2 = \sum_{i=1}^{n} \| \boldsymbol{Y}(\boldsymbol{I}_i - \boldsymbol{W}_i^{\mathrm{T}}) \|^2 = \mathrm{tr}(\boldsymbol{YMY}^{\mathrm{T}}) \tag{3.5.10}$$

式中，$\boldsymbol{M}=(\boldsymbol{I}-\boldsymbol{W}^{\mathrm{T}})^{\mathrm{T}}(\boldsymbol{I}-\boldsymbol{W}^{\mathrm{T}})$，元素 $M_{ij}=\delta_{ij}-w_{ij}-w_{ji}+\sum_{k} w_{ki}w_{kj}$，求解矩阵 $\boldsymbol{M}$ 最小的 $d+1$ 个特征值所对应的特征向量 $y_1, y_2, \cdots, y^{d+1}$，则高维数据对应的低维嵌入为

$$x_i \rightarrow y_i = (y_i^2, \cdots, y_i^{d+1})^{\mathrm{T}} \tag{3.5.11}$$

即 $\boldsymbol{Y}=(y^2, \cdots, y^{r+1})$ 为 $n \times r$ 矩阵。

3.6 基于深度学习的特征提取方法

深度学习作为机器学习领域的一种新兴方法，以其强大的自动特征提取能力在图像、语音识别等领域取得了辉煌的成果。相比传统的故障诊断方法，深度学习具有强大的特征提取能力，能从大量数据中自动提取特征，减少了对专家故障诊断经验和信号处理技术的依赖，降低了传统方法中由人工参与导致特征提取和故障诊断的不确定性，通过建立深层模型，能够很好地表征信号与健康状况之间复杂的映射关系，非常适合大数据背景下多样性、非线性、高维健康监测数据诊断的分析需求。因此，将深度学习应用到故障诊断领域，具有一定的时效性、实用性和通用性。随着深度学习的广泛应用，涌现出了许多创新性的网络结构，本节将对部分经典深度学习方法的基本原理进行介绍，包括深度自动编码器、深度信念网络、循环神经网络和长短记忆神经网络。

3.6.1 深度自动编码器

非监督特征学习方法可以从无标签数据中自动提取数据内在的特征，在标签数据少且难以获取的情况下，这种方法具有较大优势，可大大降低神经网络训练对标签数据的要求。自动编码器（auto-encoders，AE）作为一种典型的非监督特征学习模型，是对称的三层神经网络，其结构如图 3.4 所示。它通过隐层对输入数据进行编码，然后由隐层重构输入数据，使重构误差最小，获得最佳的数据隐层表达。

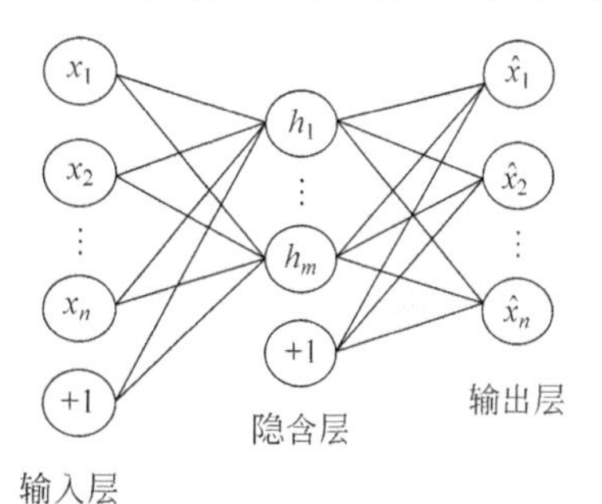

图 3.4 自动编码器的结构

即令自动编码网络的输入层 x_i 和输出层 $\hat{x}_i$ 的关系如下：

$$\hat{x}_i \approx x_i \tag{3.6.1}$$

自动编码网络包括编码和解码两个过程，其中，编码为输入层到隐藏层的表达，有

$$h = g_{\theta_1}(x) = f(w_1 x + b_1) \tag{3.6.2}$$

式中，w_1 和 b_1 分别为输入层到隐含层的权重和偏置，$\theta_1 = \{w_1, b_1\}$。

隐含层到输出层为解码过程，也是对输入数据的重构，有

$$\hat{x} = g_{\theta_2}(h) = f(w_2 h + b_2) \tag{3.6.3}$$

式中，w_2 和 b_2 分别为输入层到隐含层的权重和偏置，$\theta_2 = \{w_2, b_2\}$。

自动编码的目标就是优化模型的参数 $\theta=\{w_1,b_1,w_2,b_2\}$，使输出与输入的重构误差最小，损失函数用 $L(x,\hat{x})$ 表示。

当 g_{θ_2} 为恒等函数时，可采用均方误差作为损失函数，有

$$L(x,\hat{x})=\frac{1}{n}\sum_{i=1}^{n}\left(\frac{1}{2}\|\hat{x}_i-x_i\|^2\right) \tag{3.6.4}$$

当 g_{θ_2} 为 sigmoid 函数（此时输入 $x_i\in[0,1]$）时，损失函数可取交叉熵函数，有

$$L(x,\hat{x})=-\sum_{i=1}^{n}[x_i\log(\hat{x}_i)+(1-x_i)\log(1-\hat{x}_i)] \tag{3.6.5}$$

深度自动编码器将单个的自动编码器堆积起来，形成堆栈自动编码器。具体的训练过程为：首先，用输入数据训练第一个 AE，获得这个 AE 的权值和输入的一阶特征表示，即隐含层特征；然后，将这些一阶特征作为输入，训练第二个 AE，从而获得第二层的权值参数和二阶的特征表示。以此类推，对后面的每一个 AE 都使用相同的训练方法，将前一个 AE 学习到的隐含层特征当作下一个 AE 的输入，此过程能够训练得到原始输入数据的特征表示。需要注意的是，在训练堆栈自动编码器的过程中，在训练每一层 AE 参数时，应该保持其他各层的参数不变。最终，在上文描述的预训练过程完成之后，再通过有监督的算法微调整个网络的参数，使整个网络更加优良。

为使自动编码器学习到有用的特征，通常采用稀疏自动编码器(sparse auto-encoder，SAE)或者去噪自动编码器(denoising auto-encoder，DAE)来改善原始自动编码器的性能，使之在特定的约束条件下学习健壮性更好的数据和有效的特征，表达的数据更具实际意义。

(1) 稀疏自动编码器

稀疏自动编码器在 AE 的基础上增加了稀疏性限制条件，限制每次得到的特征表示节点尽量稀疏，即隐藏层的节点中大部分被抑制，小部分被激活（如果激活函数采用的是 sigmoid 函数，当神经元的输出接近 1 时为激活，接近 0 时为稀疏；如果采用 tanh 函数，当神经元的输出接近 1 时为激活，接近 −1 时为稀疏），自动编码器在稀疏约束条件下能学习到相对稀疏简明的数据特征，更好地对输入数据进行表达。

以图 3.4 的自动编码器为例，假设 $a_j(x)$ 代表隐含层第 j 个激活单元，在正向传播过程中，激活函数采用 sigmoid 函数，则对于输入 x，隐含层的激活单元可以表示为 $a=\mathrm{sigmoid}(wx+d)$，参数 w 和 d 分别为权重和偏置，隐层第 j 个单元的平均激活量可以表示为

$$\rho_j=\frac{1}{n}\sum_{i=1}^{n}[a_j(x(i))] \tag{3.6.6}$$

式中，n 为训练样本总数。为使大多数隐含层神经元“不活跃”，平均激活量需保持在较小值的水平，引入稀疏参数 ρ，使其近似等于零。为达到稀疏效果，在自动编码器的损失函数中加入额外惩罚项 ρ_j，使其不能偏离稀疏参数 ρ。在自动编码器代价函数中引入稀疏惩罚项可以很好地对隐层神经元的激活数量进行控制，选择Kullback-Leibler 散度（KL 散度）实现惩罚效果，损失函数中的惩罚项 P 记为

$$P=\sum_{j=1}^{S_2}\mathrm{KL}(\rho\parallel\rho_j) \tag{3.6.7}$$

式中，KL 散度可表示为

$$\mathrm{KL}(\rho\parallel\rho_j)=\rho\log\frac{\rho}{\rho_j}+(1-\rho)\log\frac{1-\rho}{1-\rho_j} \tag{3.6.8}$$

KL 散度用来测量两个分布之间的差异。当 $\rho_j=\rho$ 时，$\mathrm{KL}(\rho\parallel\rho_j)=0$，并且随着 ρ 和 ρ_j 的差异增大而单调递增。

在自动编码器的原始损失函数中加入正则化项，对权重进行约束，使其不能过大且尽可能小，以提高神经网络的泛化能力。结合 $L2$ 正则化和稀疏性限制，稀疏自动编码器的损失函数为

$$J_{\text{sparse}}=L(x,\hat{x})+\lambda\sum_{l=1}^{m_l-1}\sum_{i=1}^{S_l}\sum_{j=1}^{S_{l+1}}(w_{ij}^2(l))+\beta\sum_{j=1}^{S_2}KL(\rho\parallel\rho_j) \tag{3.6.9}$$

式中，m_l 为神经网络的总层数，l 为层数，S_l 为第 l 层的神经元的数量，λ 为权重衰减系数，β 为控制稀疏性惩罚项的权重系数。

通过计算平均激活量可以得到代价函数中的惩罚项，通过优化稀疏代价函数可以得到有效的隐层稀疏表达。这样在自动编码器训练的过程中加入稀疏编码算法就可以构建出稀疏自动编码器，对于非监督的特征学习十分有效[179]。

(2) 去噪自动编码器

去噪自动编码器基于自动编码器，将包含一些统计特性的噪声添加到了输入信号。Vincent[180]提出对原始输入进行“破坏”，用隐藏层对输入数据进行自动编码，保存输入信号包含的信息，再由噪声统计特性，利用解码器从没有受到干扰的信号中估计出受干扰信号的原本形式，输出原始信号的分布参数，不仅学习到原始数据的特征，还能学习到被“破坏”后的退化特征，这极大地改善了自动编码器的过拟合问题与泛化能力。

去噪自动编码器的结构与 AE 类似，如图 3.5 所示。

在原始输入 x 中加入一定量的“破坏性”噪声，得到含噪声的数据 x'，满足 $x'\sim q_D(x'|x)$。式中，q_D 是一种噪声分布形式。编码器的输入为原始数据破坏后得到的数据 x'，通过编码器函数 $f_\theta(\cdot)$映射到隐含层，有

$$y=f_\theta(x')=f(wx'+b) \tag{3.6.10}$$

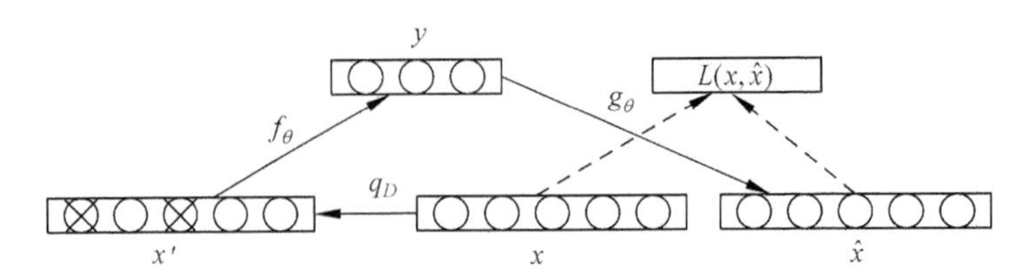

图 3.5 去噪自动编码器的结构

式中，f 表示非线性映射函数，$\theta=\{w,b\}$ 为神经元间权值和偏置的集合，对隐含层进行解码，得到重构输出：

$$z=g_{\theta'}(y)=f(w'y+b') \tag{3.6.11}$$

式中，$\theta'=\{w',b'\}$。

每一个输入都将产生一个隐含层映射 y_i 和重构输出 z_i，通过随机梯度下降算法一步步优化编码器代价函数，最小化输入 x 和输出 z 的误差，有

$$L(x,z)=\|x-z\|^2 \tag{3.6.12}$$

$$\begin{aligned}\theta^* &=\underset{\theta,\theta'}{\operatorname{argmin}}\frac{1}{n}\sum_{i=1}^{n}L(x_i,z_i)\\ &=\underset{\theta,\theta'}{\operatorname{argmin}}\frac{1}{n}\sum_{i=1}^{n}L(x_i,g_{\theta'}(f_\theta(x'_i)))\end{aligned} \tag{3.6.13}$$

定义联合分布函数：

$$q^0(\boldsymbol{X},\boldsymbol{X}',\boldsymbol{Y})=q^0(\boldsymbol{X})q_D(\boldsymbol{X}'\mid\boldsymbol{X})\delta_{f_\theta}(\boldsymbol{X}')(\boldsymbol{Y}) \tag{3.6.14}$$

式中，$q^0(\boldsymbol{X},\boldsymbol{X}',\boldsymbol{Y})$为根据 n 组输入数据确定的经验分布，θ 为 x'和 y 之间的关系，采用梯度下降法优化代价函数，有

$$\theta^*=\underset{\theta,\theta'}{\operatorname{argmin}}E_{q^0_{(x,x')}}L[(x,g_{\theta'}(f_\theta(x')))] \tag{3.6.15}$$

3.6.2 深度信念网络

深度信念网络(deep belief network，DBN)是双向深度网络中的典型模型之一，也是目前研究和应用最广的深度学习网络结构之一，是由多个逐层无监督训练受限玻尔兹曼机(restricted Boltzmann machines，RBM)堆叠成的多层感知器神经网络，采用低层表示原始数据信息，采用高层表示数据的特征与属性信息，在训练过程中从低层到高层逐层抽象表示，从而达到深度挖掘数据本质特征的目的。

(1) DBN 网络结构

经典的 DBN 网络结构是由若干个 RBM 和一层 BP 组成的一种深层神经网络，经典网络结构如图 3.6 所示。由可视层 v 和隐含层 h 组成一个 RBM 网络，层与层之间通过权值 W 连接，但层内神经元之间并无连接。可视层用于接收输入数

据，隐含层用于提取特征。可视层 v 为初始输入数据，和隐含层 h_1 组成 RBM1；将隐含层 h_1 作为可视层 v_2，和隐含层 h_2 组成 RBM2；由此类推，可组成 RBM3，直至第 N 个 RBM。这种无监督的学习法可以高效地训练全部网络结构，该过程可以被看作一种将输入数据不断抽象化的特征提取过程，每一层的输出都是输入数据的另一种特征表示方式。DBN 最后一层使用 BP 网络，通过监督学习对整个网络模型进行微调，从而调整每一层 RBM 的参数。原始数据的细节使用 DBN 网络的低层来表示，数据的特征、属性和类别用高层表示，由低层至高层逐步抽象表示，即可完成对原始数据本质特征的深度挖掘。

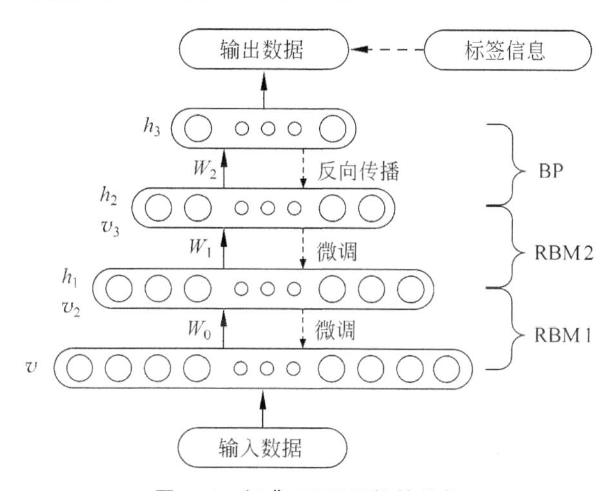

图 3.6　经典 DBN 网络的结构

DBN 网络的训练过程主要分为两步：

1）无监督预训练。单独训练每一个 RBM 网络，为保证特征参数映射到不同空间时都能较多保留有效的特征信息，让每个 RBM 的输入为上一个 RBM 的输出，按此规律重复预训练 n 个 RBM 网络。

2）有监督调优。DBN 网络的最后一层是通过接收 RBM 的输出特征向量作为其输入特征向量，从而有监督地训练分类器或回归器的 BP 网络。每一个 RBM 网络只保证自身层内的权值最优，并不能确保整个 DBN 的特征向量映射效果最优，因此需要通过自上向下的误差逆向传播来微调整个 DBN 网络。

传统 BP 网络在训练过程中会出现因为随机初始化权值参数而陷入局部最优并导致训练时间过长的缺点，而 DBN 无监督预训练过程相当于对一个深层 BP 网络的权值参数进行初始化，这样就完美地解决了上述传统 BP 网络中存在的缺陷[181]。

(2) 受限玻尔兹曼机

RBM 是一种随机生成的神经网络，是玻尔兹曼机(BM)的变形结构，其本质是最大化由 RBM 生成的符合条件的样本概率。BM 是由杰弗里·辛顿于 1986 年提出的一种根植于统计力学的概率神经网络模型，是一种全连接的对称反馈神经网络，包括隐含层 h 和可视层 v，它的可见层和隐藏层神经单元构成一个二分图，如图 3.7 所示。BM 是第一个隐层节点可训练模型，能够从复杂的数学模型中学习隐藏的规则，具有强大的无监督学习能力。但是训练耗时长，无法准确地计算 BM 所表示的分布。为了改善这一情况，Smolensky 结合马尔可夫模型，层与层之间仍有权值相连，但取消了层内互联的结构，使各层内的节点间相互独立，将 BM 变形为 RBM，结构如图 3.8 所示。

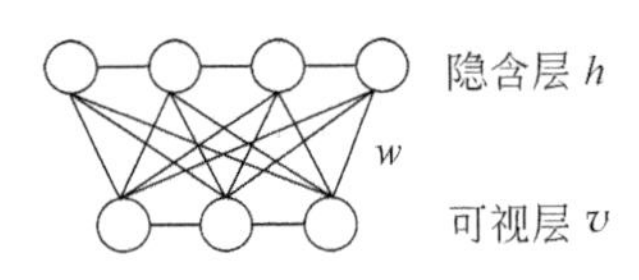

图 3.7 BM 结构

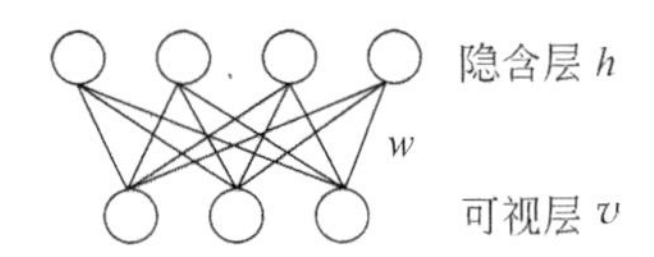

图 3.8 RBM 结构

1) RBM 模型

经典的 RBM 模型，隐层节点和显层节点均服从伯努利分布，被称为"伯努利 RBM"，其能量函数定义为

$$E(v,h;\theta)=-\sum_{i=1}^{v}\sum_{j=1}^{H}w_{ij}v_jh_j-\sum_{i=1}^{V}v_ia_i-\sum_{j=1}^{H}h_jb_j \tag{3.6.16}$$

式中，受限玻尔兹曼机的网络模型参数集合为 $\theta=\{w,a,b\}$，w_{ij} 为可见层神经元与隐含层神经元之间的权重，a_i 表示可见层中神经元的偏置，b_j 为隐含层中神经元的偏置，i 和 j 分别为第 i 层可见层和第 j 层隐含层。

定义可视层节点和隐含层节点的综合概率：

$$\begin{aligned}P(v,h;\theta)&=\frac{1}{Z(\theta)}\exp(-E(v,h;\theta))\\&=\frac{1}{Z(\theta)}\prod_{ij}\mathrm{e}^{w_{ij}v_ih_j}\prod_{i}\mathrm{e}^{a_iv_i}\prod_{j}\mathrm{e}^{b_jh_j}\end{aligned} \tag{3.6.17}$$

式中，$Z(\theta)=\sum_{v,h}\exp(-E(v,h\mid\theta))$，可视层与隐含层的条件概率为

$$P(v\mid h;\theta)=\frac{P(v,h;\theta)}{P(h;\theta)}=\prod_{i}P(v_i\mid h;\theta) \tag{3.6.18}$$

$$P(h\mid v;\theta)=\frac{P(v,h;\theta)}{P(v;\theta)}=\prod_{j}P(h_i\mid v;\theta) \tag{3.6.19}$$

因层内节点之间均不连接，一旦得知可视层节点状态便可推导出隐含层节点状态，反之相同。所以当隐含层节点或可视层节点被激活，即取值为 1 时，激活函数若采用 Sigmoid 函数 $\sigma(x)=\dfrac{1}{1+\exp(-x)}$，就可进一步推导出：

$$P(h_j=1 \mid v;\theta)=\sigma\left(b_j+\sum_i w_{ij}v_i\right)=\frac{1}{\left[1+\exp\left(-b_j-\sum_i w_{ij}v_i\right)\right]} \tag{3.6.20}$$

$$P(v_i=1 \mid h;\theta)=\sigma\left(a_i+\sum_j w_{ij}h_j\right)=\frac{1}{\left[1+\exp\left(-a_i-\sum_j w_{ij}h_j\right)\right]} \tag{3.6.21}$$

另外一种受限玻尔兹曼机为高斯-伯努利 RBM，它将显层节点分布由伯努利分布拓展为高斯分布，具有更强的建模能力，其能量函数为

$$E(v,h;\theta)=-\sum_{i=1}^{v}\sum_{j=1}^{H}w_{ij}h_j\frac{v_i}{\sigma_i}+\sum_{i=1}^{V}\frac{(v_i-a_i)^2}{2\sigma_i^2}-\sum_{j=1}^{H}h_jb_j \tag{3.6.22}$$

同理，高斯-伯努利 RBM 的可视层与隐含层的条件概率为

$$p(v_i=1 \mid h;\theta)=N\left(\sigma_i\sum_{j=1}h_jw_{ij}+a_i,\sigma_i^2\right) \tag{3.6.23}$$

$$p(h_j=1 \mid v;\theta)=N\left(\sum_i\frac{v_i}{\sigma_i}w_{ij}+b_j\right) \tag{3.6.24}$$

式中，$N(\cdot)$为高斯分布形式的函数。

2) RBM 训练

对 RBM 模型进行训练的目的是得到最优的参数 θ，实际上就是求解马尔可夫模型的最大似然估计，有

$$\theta^*=\operatorname{argmax}\sum_v \ln p(v \mid \theta) \tag{3.6.25}$$

采用梯度下降法，以迭代的形式进行优化。为了便于计算，将梯度下降法替换为对比散度算法，为了达到和梯度下降算法相近的效果，该算法使用了吉布斯采样(Gibbs sampling)。对式(3.6.17)两侧取对数，计算输入样本的梯度，V_t 为输入数据，有

$$\ln p(v_t \mid \theta)=\ln\sum_h \exp(-E(v_t,h \mid \theta))-\ln\sum_{v,h}\exp(-E(v,h \mid \theta)) \tag{3.6.26}$$

将上式两端对 θ 求导，得出关于输入数据 V_t 的梯度：

$$\frac{\partial \ln p(v_t \mid \theta)}{\partial\theta}=-\mathrm{IE}_{\text{data}}\left[\frac{\partial E(v_t,h \mid \theta)}{\partial\theta}\right]+\mathrm{IE}_{\text{model}}\left[\frac{\partial E(v,h \mid \theta)}{\partial\theta}\right] \tag{3.6.27}$$

将已求得的条件概率函数代入计算，就得到了 RBM 的每个输入数据 V_t 的梯度，有

$$\frac{\partial \ln p(v_t \mid \theta)}{\partial w_{ij}} = \mathrm{IE}_{\mathrm{data}}[v_t h^{\mathrm{T}}] - \mathrm{IE}_{\mathrm{model}}[v h^{\mathrm{T}}] \tag{3.6.28}$$

$$\frac{\partial \ln p(v_t \mid \theta)}{\partial w_{ij}} = \mathrm{IE}_{\mathrm{data}}[v_t h^{\mathrm{T}}] - \mathrm{IE}_{\mathrm{model}}[v] \tag{3.6.29}$$

$$\frac{\partial \ln p(v_t \mid \theta)}{\partial b_j} = \mathrm{IE}_{\mathrm{data}}[h] - \mathrm{IE}_{\mathrm{model}}[h] \tag{3.6.30}$$

式中，$\mathrm{IE}_{\mathrm{model}}[\cdot]$是对模型参数 θ 的期望，$\mathrm{IE}_{\mathrm{data}}[\cdot]$是对输入数据 V_t 的期望。

在实际计算中，上述期望的计算复杂度较高，一般用一次吉布斯采样替代，之后再以随机梯度下降法计算每个批次输入数据的平均梯度，进而调整模型参数，有

$$\nabla \ln p(v \mid h) = \frac{1}{|v_b|} \sum_{v_t \in v_b} \frac{\partial \ln p(v_t \mid \theta)}{\partial \theta} \tag{3.6.31}$$

$$\theta \leftarrow \theta + \eta \nabla \ln p(v \mid \theta) \tag{3.6.32}$$

式中，$|v_b|$为每批次处理的输入数据的数目，η 为模型的学习率[182]。

3.6.3 卷积神经网络

卷积神经网络是受哺乳动物大脑皮层处理信息机制的启发而设计的一种多层神经网络。Wiesel 和 Hubel 在 19 世纪 60 年代研究猫脑视觉皮层时发现视觉皮层中有结构复杂的细胞，而这些细胞只处理一部分图像区域，所以把这样的细胞称作“感受野”。空间中每个像素点都和周围的像素点有着紧密的联系，但距离远的像素点关联性可能较小，每个“感受野”只能接收一小部分的信号，通常认为这一小部分的像素是有关联的。在局部连接中，局部的像素信息被作为输入，将神经元接收到的所有局部信息整合在一起就得到了全局信息。相较于传统神经网络，卷积神经网络各层的神经元并不都是采用全连接的方式，该网络一般由输入层、卷积层、池化层、全连接层和输出层构成。其中，卷积层通过卷积核对输入进行卷积计算，且在一次计算过程中卷积核的权值固定，减少了权值数量，实现数据特征的提取。池化层通过池化作用将数据特征图减小，降低了隐含层的复杂度，达到泛化特征的目的，可提高训练速度。全连接层是上一层中的所有神经元都连接在下一层各个隐藏的节点之上。典型神经网络结构如图 3.9 所示。

(1) 卷积层

卷积层是卷积神经网络中最重要的部分，与全连接层不同，它具有局部连接和权值共享的特点。卷积核是一组待学习更新的权值，通过与图像的局部做卷积运算(即局部区域对应位置加权求和)得到该层的特征图，每个卷积核都可以看成学

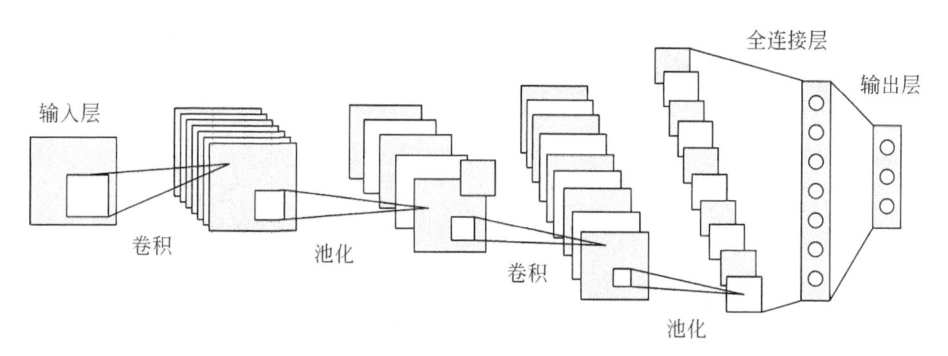

图 3.9 典型卷积神经网络的结构

习图像的一种特征。卷积核最大的特点是权值共享,即同一个卷积核会以一定步长对输入数据(特征)遍历一次。权值共享减少了卷积层的网络参数,既避免了网络过拟合,又提高了网络训练速度。在实际运算中,卷积操作是通过卷积计算来完成的,其数学表达式为

$$X_j^l = f\left(\sum_{i \in M_j} X_i^{l-1} \cdot w_{ij}^l + b_j^l\right) \tag{3.6.33}$$

式中,X_j^l 为第 l 层第 j 个元素,M_j 为 $l-1$ 层特征图的第 j 个卷积区域,X_i^{l-1} 为其中的元素,w_{ij}^l 为对应卷积核的权重矩阵,b_j^l 为偏置项; $f(\cdot)$为激活函数,常见的几种非线性激活函数有双曲正切函数,Sigmoid 函数,ReLU 函数等。

1) 双曲正切函数

双曲正切函数可以把输入值变换到区间[-1,1]之间。该函数对中间部分的信号敏感,对两侧部分的信号不敏感,并且也有输出界限,其数学表达式为

$$f(x) = \tanh(x) = \frac{1 - \mathrm{e}^{-2x}}{1 + \mathrm{e}^{-2x}} \tag{3.6.34}$$

2) Sigmoid 函数

Sigmoid 函数是最早应用在神经网络中的激活函数之一,可以把输入值映射到[0,1]之间,并且 Sigmoid 函数有对中间部分的信号较敏感,而对两侧部分的信号不敏感的特点,输出也有界限,在区间内单调连续,其数学表达式为

$$f(x) = \frac{1}{1 + \mathrm{e}^{x}} \tag{3.6.35}$$

Sigmoid 函数和双曲正切函数在输入绝对值比较大的时候,函数输出值基本恒定,导数值接近零。这样在利用误差反向传播更新权值和偏置的过程中,随着网络层数的增加,误差无法传播到,神经网络训练不均衡,存在梯度消失的现象。

3) ReLU 函数

ReLU 函数是非饱和激活函数,在输入值大于 0 时导数恒等于 1,在输入值小

于 1 时导数恒等于 0,克服了梯度消失现象,使得网络更加稀疏。ReLU 在反向传播求误差梯度时,具有收敛快的优点,其数学表达式为

$$\mathrm{ReLU}(x)=\max(x,0) \tag{3.6.36}$$

(2) 池化层

池化层常接在卷积层后面,对特征图进行降维,同时在一定程度上保持特征尺度的不变性,其主要作用是防止泛化特征参量过拟合,提高训练网络的速度和识别准确度。池化层具有平移不变性,通过降低特征面分辨率得到空间不变形的特征,同时池化层还有二次特征提取的作用。常用的池化方法有:最大值池化(max pooling)、平均值池化(mean pooling)等。最大值池化是指将指定区域内的最大值作为采样输出,平均值池化是指通过计算区域内平均值作为采样的输出。池化层一般只进行降维操作,没有参数,不需要进行权值更新。

(3) 全连接层

全连接层位于深度神经网络的最后一层,将根据网络提取的特征进行分类识别,具体做法是将最后一个池化层扁平化为一维特征向量作为输入,输出层和输入层之间采用全连接的方式,最后一层是分类统计输入特征和状态标签之间的概率。卷积层、池化层和激活层操作可视为将原始数据映射到隐藏特征空间中,而全连接就是把"分布式特征"映射到样本标记空间。全连接层的输出计算表达式为

$$y^l=f(w^l x^{l-1}+b^l) \tag{3.6.37}$$

式中,l 为网络层的序号,y^l 为全连接层的输出,x^{l-1} 是展开的一维特征向量,w^l 为权重系数,b^l 为偏置项。$f(\cdot)$为激活函数,应用于分类识别的任务,通常采用 Softmax 函数,其表达式为

$$\mathrm{Softmax}(y_j)=\frac{\mathrm{e}^{y_j}}{\sum_{k=1}^{K}\mathrm{e}^{y_k}},\quad j=1,2,\cdots,K \tag{3.6.38}$$

(4) 反向参数更新

CNN 的训练目标是最小化网络的损失函数,因此选择一个合适的损失函数十分重要。常见的损失函数有均方误差函数、交叉熵函数、负对数似然函数等。其中,用于分类识别时,交叉熵函数可取得较好的效果,其表达式为

$$E=-\frac{1}{n}\sum_{k=1}^{n}[y_k\ln t_k+(1-y_k)\ln(1-t_k)] \tag{3.6.39}$$

式中,n 为故障的样本数,t 为预测值,y 为真实值。在训练过程中,可采用梯度下降法更新卷积神经网络的参数 w 和 b,即对损失函数求一阶偏导数,有

$$w'=w-\eta\frac{\partial E}{\partial w} \tag{3.6.40}$$

$$b' = b - \eta \frac{\partial E}{\partial b} \tag{3.6.41}$$

式中，w'和b'为更新后的权重和偏置；η 为学习速率参数，用来控制网络参数更新的步长[183]。

3.6.4 长短时记忆神经网络

传统神经网络没有记忆功能，它在对装备每一刻出现的状态进行判断时不会用到之前已经出现的特征信息，如果能结合历史信息，将会使诊断更加准确。循环神经网络(recurrent neural network，RNN)是一种能够通过指向自身的环来记住这些信息的神经网络结构，具有可循环反馈环，能传递当前时刻处理的信息给下一时刻使用，允许信息保留一段时间。其网络层之间既有反馈链接又有前馈连接，可以达到记忆的目的，具有适应时变特性的能力，能直接反映动态过程的特性。

RNN 中的一个代表性的模型是长短时记忆网络(long short term memory neural network，LSTM)，RNN 随着循环进行发生的梯度爆炸或者梯度弥散使模型只能记忆信息序列中的短距离信息，LSTM 的特殊结构则让 LSTM 网络拥有了记忆长距离信息的能力，这种网络结构能够有效处理带有时间序列特性的数据，能记住长期或者短期的数据特征，并学习如何利用长期或者短期的数据特征对要预测的数据进行影响。

LSTM 神经元的内部工作原理如图 3.10 所示，LSTM 包含一个独立存在的记忆单元，它沿着时间轴方向贯穿 LSTM 展开计算的整个过程，其目的在于将计算过程中历史数据的有效信息保留下来。同时 LSTM 增加了 3 个控制门对记忆单元的信息流进行控制，分别是遗忘门(forget gate)、输入门(input gate)和输出门(output gate)。当记忆单元经过新的时刻的神经单元时，遗忘门会与记忆单元进行点乘计算，删除记忆单元中的无效的历史信息；之后输入门对当前时刻的输入和上一个时刻的状态值构成的混合输入进行输入筛选控制，将有效信息通过相加的方式添加到记忆单元中；最后输出门再对记忆单元的值进行输出控制，筛选出一部分信息作为隐藏层的输出，该输出可以被用于下一层的神经网络作为输入，同时也可以作为下一个时刻的 LSTM 神经单元的状态值输入[184]。

LSTM 的隐含层单元结构如图 3.11 所示。其中，x_t 为当前样本的输入向量；h_{t-1}，h_t 分别为上一样本和当前样本的隐层输出；f_t，o_t 分别为遗忘门、输出门的输出；输入门包括 i_t 和 c_t 两部分。LSTM 的隐层细胞单元结构 C_t 类似于具有信息传递功能的设备，其状态在一条水平线上转化，即样本信息在水平线上传递并保持不变，这是 LSTM 的核心结构，也是其长期记忆功能的关键。

与大部分神经网络算法一样，LSTM 网络算法分为信息前向传播和误差反向传播两部分。对于 LSTM 单个记忆模块，前向传播算法推导过程如下[185]：

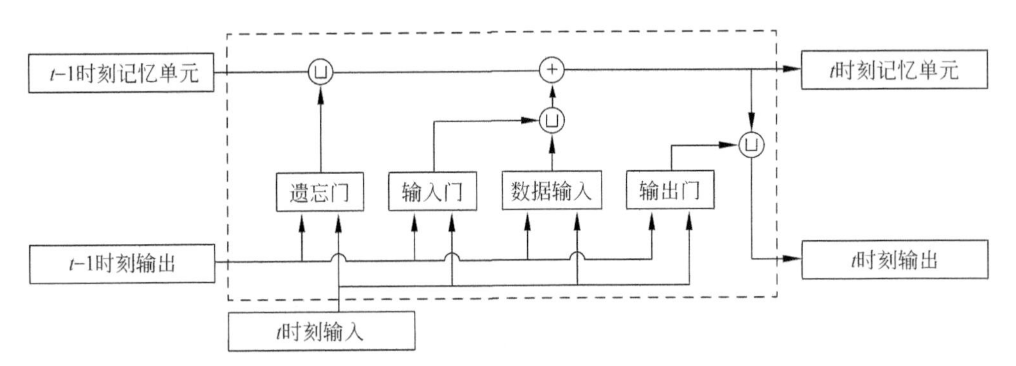

图 3.10 LSTM 网络结构

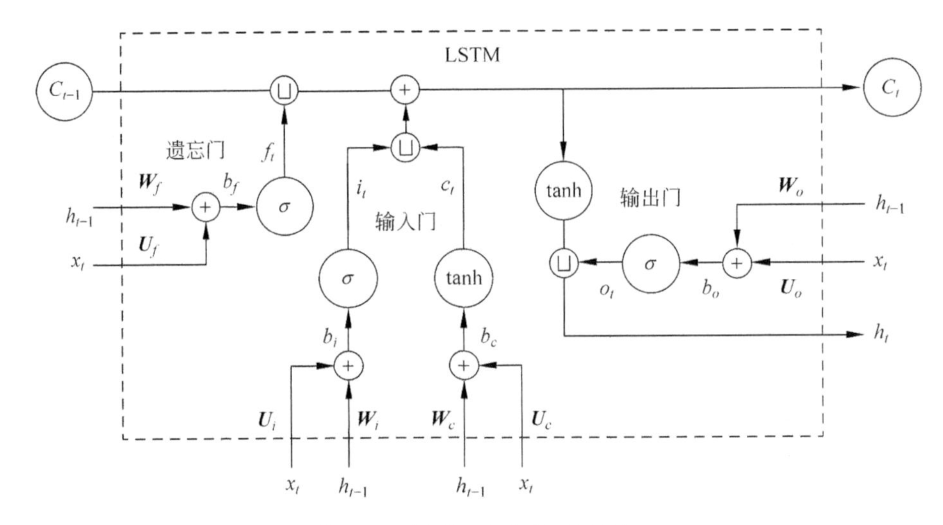

图 3.11 LSTM 隐含层单元结构

(1) 遗忘门首先会读取上一样本的隐层输出信息 h_{t-1} 和当前样本的输入 x_t，然后输出一个特定的数值作为细胞状态 C_{t-1} 的一部分，若 $f_t=0$ 表示完全遗忘上一样本信息，$f_t=1$ 则表示完全保留信息，有

$$f_t=\sigma(\boldsymbol{W}_f h_{t-1}+\boldsymbol{U}_f x_t+b_f) \tag{3.6.42}$$

(2) 输入门处理当前样本的信息输入，主要由两部分组成，第一部分使用了 Sigmoid 激活函数，输出为 i_t，第二部分使用了双曲正切激活函数，输出为 c_t，两者的结果在之后会相乘，再更新细胞状态，有

$$i_t=\sigma(\boldsymbol{W}_i h_{t-1}+\boldsymbol{U}_i x_t+b_i) \tag{3.6.43}$$

$$c_t=\tanh(\boldsymbol{W}_c h_{t-1}+\boldsymbol{U}_c x_t+b_c) \tag{3.6.44}$$

(3) 细胞状态的更新是遗忘门和输入门共同作用的结果，同样由两部分组成，第一部分是 C_{t-1} 和遗忘门输出 f_t 的乘积，第二部分是输入门的 i_t 和 c_t 的乘积，有

$$C_t = C_{t-1} \mathrm{e} f_t + i_t \mathrm{e} c_t \tag{3.6.45}$$

(4) 确定输出信息。隐藏状态的更新由两部分组成，第一部分是 o_t，它由上一序列的隐藏状态 h_{t-1} 和本序列数据 x_t，以及 Sigmoid 激活函数得到，第二部分 h_t 由隐藏状态 C_t 和双曲正切激活函数组成：

$$o_t = \sigma(\boldsymbol{W}_o h_{t-1} + \boldsymbol{U}_o x_t + b_o) \tag{3.6.46}$$

$$h_t = o_t \mathrm{e} \tanh(C_t) \tag{3.6.47}$$

式中，$\boldsymbol{W}_f$，$\boldsymbol{U}_f$，$\boldsymbol{W}_i$，$\boldsymbol{U}_i$，$\boldsymbol{W}_c$，$\boldsymbol{U}_c$，$\boldsymbol{W}_o$，$\boldsymbol{U}_o$ 分别为各个门结构对应的权值矩阵，b_f，b_c，b_i，b_o 均为偏置量。

LSTM 反向传播与 BP 神经网络类似，为了减小反向传播误差，计算所有参数基于损失函数的偏导数是关键。首先反向计算误差项，根据误差项计算相应的每个权重的梯度，然后采用经典的梯度下降法迭代更新所有参数，直到误差满足需求。与 BP 神经网络不同的是，LSTM 反向传播的方向包括时间和网络层级两部分。

第4章 CHAPTER 4 基于Teager能量谱多尺度信号分解的故障诊断方法

4.1 引言

滚动轴承作为旋转机械设备的重要部件，受运转时间及环境的影响，其内圈、外圈和滚动体会出现点蚀、裂纹等磨损现象，一些局部损伤点与其接触的元件在轴承旋转作用下会产生周期性冲击信号。由于背景噪声的影响，准确提取振动信号中的微弱冲击特征是旋转机械故障诊断研究的关键问题之一。

近年来，小波分析、循环平稳滤波、经验模态分解、粒子群算法等非线性信号处理技术在轴承早期非平稳故障特征提取方面取得了许多有价值的研究成果。其中，集合经验模态分解(ensemble empirical mode decomposition，EEMD)作为一种多尺度信号分析方法，能减弱信号自适应分解端点效应、模态混叠的问题，已广泛应用于机械故障诊断领域，虽然 EEMD 方法对减弱模态混叠现象有一定优势，但 IMF 分量中故障特征成分容易受到噪声成分的影响，在强噪声背景下，仅采用 EEMD 方法难以准确提取轴承微弱故障特征。对于此，可结合最小熵解卷积(minimum entropy deconvolution，MED)方法对振动信号进行降噪处理，增强冲击特征，再利用 Teager 能量算子解调分析，提取其微弱的故障特征，达到提高故障诊断准确性的效果。

4.2 集成经验模态分解

4.2.1 EEMD 基本原理

EMD 是自适应信号分解方法，无须设定基函数即可将信号进行多尺度分解，适用于分析和处理非平稳信号。但 EMD 方法存在端点效应和模态混叠的问题，影响在不同尺度上信号特性的表征。

(1) 端点效应：在进行信号分解的过程中，会用到三次样条插值的方法对原始信号的极大值和极小值进行拟合，并构造上下包络线。当信号两端的数据不是极值点时，若将其假设为极值点进行处理，会引起样条曲线的变形，导致端点效应；若不进行处理，随着分解的进行会影响其他分量。

(2) 模态混叠：在同一个本征模函数中出现了不同尺度的信号，或者同一尺度的信号出现在不同的本征模函数中的情况就是模态混叠问题。模态混叠不仅能使本征模函数失去物理意义，而且会导致经验模态算法不稳定，任何干扰都可能产生新的本征模函数。

针对EMD存在的问题，黄锷等人提出了EEMD，该方法的主要思路为：给原始信号加上一定的白噪声信号，如果附加的白噪声信号在整个时频空间内均匀分布，那么这个时频空间就会被滤波器组分割成不同尺度的成分。当把均匀分布的白噪声信号附加到原始信号时，不同尺度的信号区域与白噪声的合适尺度将自动映射关联。在这个过程中，每次独立筛选都可能产生非常嘈杂的结果，由于产生的噪声是不同高度的，随着测试次数的增加，若将足够多次筛选计算的结果进行全体平均，并将均值作为最后的结果，附加的噪声会慢慢被消除，而唯一保留且稳固存在的是原始信号本身。

EEMD分解的流程如图4.1所示，具体步骤如下：

(1) 设定执行EMD方法的总体平均次数M，将幅值为k的白噪声$n_i(t)$加入原始振动信号中，得到新信号$x_i(t)$，即

$$x_i(t)=x(t)+n_i(t) \qquad (4.2.1)$$

(2) $i=1,2,\cdots,M$，对新信号$x_i(t)$进行EMD分解，得到j个IMF分量和一个残余分量，记为$c_{i,j}(t)$和$r_i(t)$，$j=1,2,\cdots,N$，N为分解得到的IMF数量，有

$$x_i(t)=\sum_{j=1}^{N}c_{i,j}(t)+r_i(t) \qquad (4.2.2)$$

(3) 若$i<M$，重复步骤(1)和步骤(2)M次，获得M组本征模函数IMF，对所有IMF计算平均值，消除加入白噪声的影响，得到EEMD分解的IMF分量$y_j(t)$，有

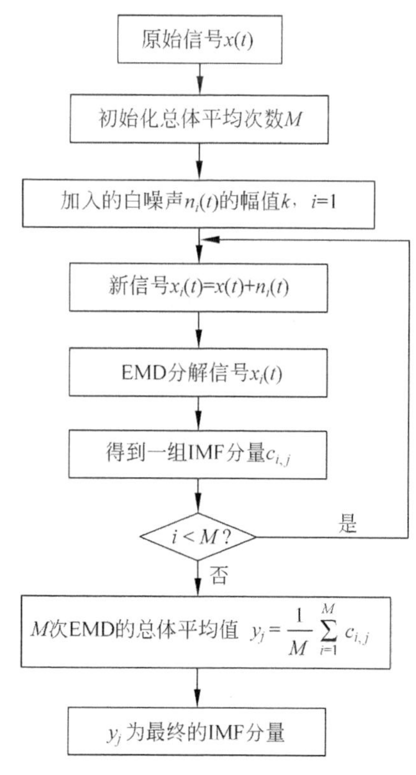

图4.1　EEMD分解流程图

$$y_j(t)=\frac{1}{M}\sum_{j=1}^{M}c_{i,j}(t) \tag{4.2.3}$$

4.2.2 本征模函数的选择

EEMD 方法需要确定两个参数，即加入的白噪声幅值标准差比值系数 k 和算法执行 EMD 的总次数 M。加入白噪声引起的分解误差 e 与 k，M 的关系如下：

$$e=\frac{k}{\sqrt{M}} \tag{4.2.4}$$

Wu 在文献[186]中验证了当 $e\leqslant 0.01$ 时，残留噪声引起的分解误差已经非常小，一般情况下取 $e=0.01$ 即可。对于 k 和 M 的取值，若 k 较小，EEMD 去除模态混叠效果不佳；若 k 较大，加入白噪声过强，容易产生虚假模态分量；增大 M 虽然能提高分解精度，但也导致计算耗时较长。可以根据能量标准差选择合适的白噪声，有

$$k=\frac{1}{4}\cdot\frac{e_h}{e_0} \tag{4.2.5}$$

式中，e_h 为信号中高频成分的幅值标准差，选择 EMD 分解得到的第一个 IMF 分量作为原始信号高频成分；e_0 为原信号幅值标准差。取 $e=0.01$，由式(4.2.5)确定 k 后，依据式(4.2.4)，自适应获取参数 M。

EEMD 方法将振动信号自适应分解为从高频到低频的一系列 IMF 分量，在这些本征模函数分量中包含了具有故障成分的 IMF 分量、噪声 IMF 分量和虚假 IMF 分量。如何对 IMF 分量进行筛选是影响重构效果的关键环节，更会影响整个诊断方法的有效性，然而目前并没有一个通用的标准和准则，有的学者依据人工经验进行选择，有的也提出了采用互相关系数或者峭度、能量的方法进行选择，减少人为因素的干扰。

相关系数准则：相关系数是反映两个时序信号之间相互关系密切程度的统计指标，由于 EMD 分解算法中拟合、插值等运算的误差，端点振荡而得到的 IMF 可能存在虚假分量，而虚假成分与原信号的相关性差，也即相关系数越接近 1，该 IMF 分量与原始信号的相关性越好，也越有效。因此，可将 IMF 分量与原始信号的相关系数作为真伪 IMF 分量判断的准则。为避免消除幅值较小而又是真实的 IMF 分量，将各 IMF 分量与原始信号进行归一化处理，并设置统一阈值筛选 IMF 分量。相关系数 r_j 和阈值 α 为

$$r_j=\frac{E\{[x(t)-\mu_x]\cdot[\mathrm{IMF}(j)-\mu_{\mathrm{IMF}(j)}]\}}{\sigma_x\sigma_{\mathrm{IMF}(j)}} \tag{4.2.6}$$

$$\alpha=\left(\frac{1}{N}\sum_{j=1}^{N}(r_j-\bar{r})^2\right)^{\frac{1}{2}} \tag{4.2.7}$$

式中，μ_x 和 σ_x 为原始信号幅值均值和标准差，$\mu_{\mathrm{IMF}(j)}$ 和 $\sigma_{\mathrm{IMF}(j)}$ 为第 j 个 IMF 分量的均值和标准差，N 为 IMF 分量的数量。

峭度准则：峭度是一个无量纲参数，对信号中的冲击成分非常敏感，峭度值 K 定义为

$$K=\frac{E(x(t)-\mu)^4}{\sigma^4} \tag{4.2.8}$$

式中，μ 和 σ 分别为信号的均值和标准差。依据工程经验，轴承、齿轮等旋转部件在正常运转时，其振动信号近似服从正态分布，峭度值约等于 3，若大于 3，说明信号中存在较多的冲击成分。因此，为提取传动部件的故障特征，可选择 IMF 的峭度值大于 3 的分量进行重构。

4.2.3 IMF 分量阈值去噪

将信号进行 EEMD 分解后，对 IMF 分量进行筛选，在获取包含敏感特征分量的基础上，能在一定程度上去除噪声分量。然而，如果筛选后的各 IMF 分量中噪声占主要成分，将难以准确提取微弱故障特征。可采用小波阈值方法进一步降噪，对各 IMF 分量进行处理，能有效提高信噪比，有利于进行故障诊断。

为区分信号中的有用成分与噪声成分，利用自相关函数进行判断。信号的自相关函数表示信号与自身在不同时间点的相似程度，如式(4.2.9)，经归一化处理如式(4.2.10)：

$$R_x(m)=E[x(t)\cdot x(t+m)] \tag{4.2.9}$$

$$I_x(m)=\frac{R_x(m)}{R_x(0)} \tag{4.2.10}$$

图 4.2 为一般信号与随机噪声的自相关函数。其中，图 4.2(a)中的原信号是 30Hz 和 45Hz 正余弦信号的叠加，相关性较强；图 4.2(b)中的原信号是随机噪声，相关性弱。由此可知，在时间差为 0 处，相关函数值最大，但随着时间差的增加，弱相关信号这一函数值迅速衰减为 0，而强相关信号逐渐衰减。故采用自相关函数反应筛选后的 IMF 分量中噪声成分占比程度，对噪声占主要成分的 IMF 分量进行小波阈值方法进一步去噪。

小波阈值构造函数有硬阈值和软阈值方程，结合二者构造阈值函数为

$$\mathrm{IMF}_j(i)=\begin{cases}(1-\alpha)\mathrm{IMF}_j(i)+\alpha\cdot\mathrm{sgn}(\mathrm{IMF}_j(i))\cdot(|\mathrm{IMF}_j(i)|-\lambda_j) & |\mathrm{IMF}_j(i)|\geqslant\lambda_j \\ 0 & |\mathrm{IMF}_j(i)|<\lambda_j\end{cases} \tag{4.2.11}$$

式中，α 取(0,1)之间的数，本书中取 0.5；$\lambda_j=\sigma_j\cdot\sqrt{2\ln N}$，$\sigma_j$ 是第 j 个 IMF 分量

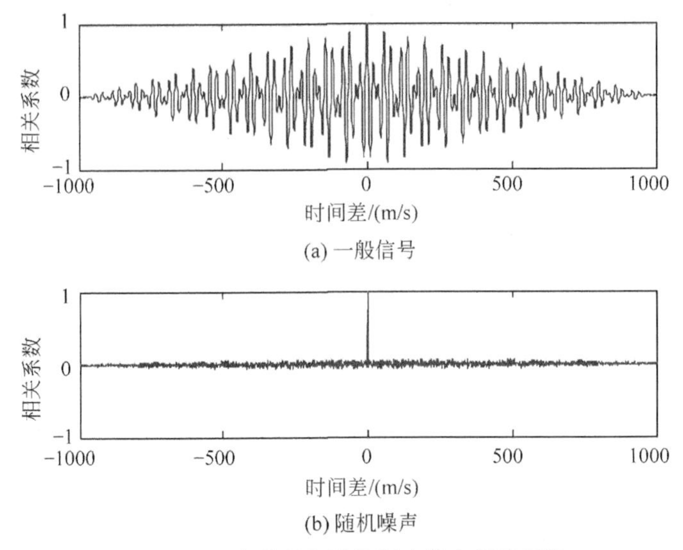

图 4.2 一般信号与随机噪声的自相关函数

的标准差。依据各 IMF 的自相关函数，采用式(4.2.11)，重构信号为

$$x'(t)=\sum_{j=1}^{M}\mathrm{IMF}'_j+\sum_{j=M+1}^{K}\mathrm{IMF}_j \tag{4.2.12}$$

式中，M 个 IMF 进行阈值去噪，与余下的分量重构为降噪后的信号。

4.3 最小熵解卷积

4.3.1 基本概念

熵的概念最早来源于热力学和统计物理学领域，熵具体表征了分子的混乱程度，其目的是为了描述宏观过程的不可逆性。香农(Shannon)首次将熵的概念引入信息理论，采用香农熵作为定量地衡量系统中包含的信息量和事物状态转化过程中信息传递量的指标。香农熵越大，系统中的信息越混乱，香农熵越小，系统中的结构性信息越多，秩序性越好。卷积也就是在已知输入信号为 $s(t)$，线性系统为 $h(t)$ 的情况下计算输出 $y(t)$ 的过程，而解卷积是卷积的逆变换，在已知线性系统为 $h(t)$ 和输出 $y(t)$ 的情况下，求解输入信号 $s(t)$ 的过程。

最小熵解卷积(MED)的概念是由 Ralph Wiggins 提出并应用到地震波的处理中的，利用最小熵准则来求解卷积问题，又经 Sawalhis 等[187]将其运用到滚动轴承故障诊断中。

假设故障轴承的振动信号模型为

$$d(t)=h(t)x(t)+n(t) \tag{4.3.1}$$

式中,$d(t)$是传感器测量得到的振动信号,$h(t)$是传递函数,$x(t)$是轴承故障处冲击性信号,$n(t)$是噪声信号。由于$x(t)$是冲击性信号,可认为其结构性信息较多,秩序性较好,熵值较小,当与$h(t)$进行卷积后,输出信号的复杂度增加,结构性特征会减小,熵值也相应地增加。解卷积的实质是设定一个合适的L阶的逆滤波器$f(l)$,使$d(t)$经逆滤波器$f(l)$滤波后,输出信号$y(t)$能最大限度地还原输入信号$x(t)$,其数学表达式为

$$y(t)=\sum_{l=1}^{L} f(l)d(t-l) \tag{4.3.2}$$

式中,$t=1,2,\cdots,N$;L为逆滤波器$f(l)$的长度。

4.3.2 实现方法

使用最小熵解卷积方法的目的是筛选出一组最佳的滤波器系数,使经过逆滤波器的输出信号$y(t)$的峭度最大化、熵值最小,突出信号中的冲击特性,并且接近输入信号$x(t)$,以输出信号的熵最小作为判别条件,故称为“最小熵解卷积”。

最小熵解卷积方法的实现主要采用基于高阶累积量的方法,包括:目标函数法(objective function method, OFM)和特征向量法(eigenvector algorithm, EVA)。其中,目标函数法应用较广,通常以k阶累积量作为目标函数,其数学表达式为

$$O_k(f(l))=\frac{\sum_{i=1}^{N} y^k(i)}{\left[\sum_{i=1}^{N} y^k(i)\right]^{k/2}} \tag{4.3.3}$$

为使目标函数的值最大,可对目标函数求导,并使其等于0。阶数k的取值要求大于2,一般取$k=4$,有

$$\frac{\partial(O_4(f(l)))}{\partial(f(l))}=0 \tag{4.3.4}$$

由式(4.3.2)可得

$$\frac{\partial y(t)}{\partial f(l)}=d(t-l) \tag{4.3.5}$$

因此,可以得到

$$\underbrace{\left[\sum_{t=1}^{N} y^2(t)\Big/\sum_{t=1}^{N} y^4(t)\right]\sum_{t=1}^{N} y^3(t)d(t-l)}_{b}=\underbrace{\sum_{p=1}^{L} f(p)}_{f}\underbrace{\sum_{k=1}^{N} d(t-i)d(t-p)}_{A} \tag{4.3.6}$$

式(4.3.6)用矩阵形式表示为

$$\boldsymbol{f}=\boldsymbol{A}^{-1}\boldsymbol{b} \tag{4.3.7}$$

其中,$\boldsymbol{b}$ 是逆滤波器输入信号 $d(t)$ 和输出信号 $y(t)$ 之间的互相关矩阵,$\boldsymbol{A}$ 是逆滤波器输入信号 $d(t)$ 的托普利兹自相关矩阵,$\boldsymbol{f}$ 是逆滤波器的滤波系数。

最小熵解卷积方法的实现是筛选出一组最佳的滤波器系数,求解步骤如下[188]:

(1) 计算托普利兹自相关矩阵 $\boldsymbol{A}$,对滤波器系数 $\boldsymbol{f}^{(0)}$ 进行初始化,一般设置为时延滤波器,即[0,1,0,…,0];

(2) 由逆滤波器输入信号 $d(l)$ 和滤波器系数 $\boldsymbol{f}^{(t)}$ 计算输出信号 $y^{(t)}$。其中,t 为循环次数,依据式(4.3.6),计算 $\boldsymbol{b}^{(t+1)}$,由 $\boldsymbol{f}^{(t+1)}=\boldsymbol{A}^{-1}\boldsymbol{b}^{(t+1)}$ 更新滤波器系数;

(3) 计算循环误差:

$$\begin{cases}\text{error}=E\left[\dfrac{f^{(t)}-\mu f^{(t-1)}}{\mu f^{(t-1)}}\right]\\ u=\dfrac{(E(f^{(t-1)}))^2}{(E(f^{(t)})^2)^{1/2}}\end{cases} \tag{4.3.8}$$

(4) 若循环误差大于设置的误差阈值,则返回步骤(2),循环计算直到误差小于设定的阈值,得到最小熵解卷积滤波器的参数 $\boldsymbol{f}^{(e)}$;

(5) 根据式(4.3.2),利用已知信号 $d(t)$ 和滤波器的参数 $\boldsymbol{f}^{(e)}$,可计算得到 $y^{(e)}$,$y^{(e)}$ 可视为输入信号 $x(t)$ 的近似。

通过以上分析可知,影响最小熵解卷积性能的因素主要是滤波器系数、迭代次数和收敛误差阀值。由式(4.3.1)可知,利用最小熵解卷积方法对机械传动部件的振动信号进行处理,在实现故障冲击特征成分增强的同时,也滤去了背景噪声,提高了信噪比。

4.4 Teager 能量算子解调

解调分析是机械故障诊断中一种常用的并能准确定位故障部位的信号分析方法。希尔伯特(Hilbert)解调方法是目前在机械故障诊断中最常用的解调方法,由于希尔伯特变换算法中存在不可避免的加窗效应,以至于解调结果产生了非瞬时响应特性,从而使解调误差增大。相反,能量算子解调法则具有瞬时响应特性,其与希尔伯特变换解调法相比具有计算量小、解调精度高等诸多优势,非常适合运用到机械故障信号的解调分析中。

4.4.1 能量算子

(1) 连续能量算子

Teager 能量算子是 Teager 等人[189]在研究非线性语音建模时提出的一个用于分析并跟踪窄带信号能量的数学算子。Teager 能量算子具有重要物理意义：能输出并追踪产生信号所需的总能量。下面用一个由单个振子(质量为 m)和单个弹簧(刚度为 k)组成的单自由度线性无阻尼系统的振动来说明 Teager 能量算子的物理意义。

依据牛顿运动定律可知振子的振动微分方程：

$$m\ddot{x}(t)+kx(t)=0 \tag{4.4.1}$$

式中，$x(t)$为振子相对于平衡位置的位移，$\ddot{x}(t)$为加速度，该方程的解为

$$x(t)=A\cos(\omega t+\theta) \tag{4.4.2}$$

即振子的振动为简谐振动。$x(t)$的一阶和二阶微分，即速度和加速度分别为

$$\dot{x}(t)=-A\omega\sin(\omega t+\theta) \tag{4.4.3}$$

$$\ddot{x}(t)=-A\omega^2\cos(\omega t+\theta) \tag{4.4.4}$$

式中，A 为振动幅值，$\omega=\sqrt{k/m}$ 为固有角频率，θ 为初始相位。在任意时刻，该振动系统的机械能为弹簧中的势能和振子的动能之和，即

$$E=\frac{1}{2}k[x(t)]^2+\frac{1}{2}m[\dot{x}(t)]^2 \tag{4.4.5}$$

将式(4.4.2)和式(4.4.3)代入式(4.4.5)，得到机械能 E，

$$E=\frac{1}{2}mA^2\omega^2 \tag{4.4.6}$$

连续信号 $x(t)$的 Teager 能量算子定义为

$$\begin{aligned}\Psi_c[x(t)]&=\left(\frac{\mathrm{d}x(t)}{\mathrm{d}t}\right)^2-x(t)\cdot\left(\frac{\mathrm{d}^2x(t)}{\mathrm{d}t^2}\right)\\&=[\dot{x}(t)]^2-x(t)\cdot\ddot{x}(t)\end{aligned} \tag{4.4.7}$$

将式(4.4.3)和式(4.4.4)代入式(4.4.7)，有

$$\begin{aligned}\Psi_c[x(t)]&=(-A\sin(\omega t+\theta))^2-A\cos(\omega t+\theta)\cdot[-A\omega^2\cos(\omega t+\theta)]\\&=A^2\omega^2[\sin^2(\omega t+\theta)+\cos^2(\omega t+\theta)]\\&=A^2\omega^2\end{aligned} \tag{4.4.8}$$

由式(4.4.6)和式(4.4.8)可知，系统机械能是能量算子 Ψ 的$\frac{m}{2}$倍，因此，能量算子可以反映信号瞬时能量的特点[190]。

(2) 离散能量算子[191]

假设离散信号的表达式为

$$x_n = A\cos(\Omega n + \phi) \tag{4.4.9}$$

式中,A 为振幅,Ω 为数字频率,ϕ 为初始相位,另外 $\Omega=\frac{2\pi f}{F_s}$,$f$ 为信号频率,F_s 为采样频率。

对于离散时间信号,用 $x(n)$代替 $x(t)$,并应用差分代替微分。根据差分的不同定义,可以用向后差分代替微分,可以用向前差分代替微分,也可以用对称差分代替微分。

$\dot{x}(t)$和 $\ddot{x}(t)$的向后差分可以分别表示为

$$\dot{x}(t) \rightarrow x(n) - x(n-1) \tag{4.4.10}$$

$$\ddot{x}(t) \rightarrow x(n) - 2x(n-1) + x(n-2) \tag{4.4.11}$$

将式(4.4.10)和式(4.4.11)代入式(4.4.7),对于离散时间信号,Teager 能量算子向后差分的离散形式为

$$\Psi_d(x(n)) = x^2(n-1) - x(n)x(n-2) \tag{4.4.12}$$

$\dot{x}(t)$和 $\ddot{x}(t)$的向前差分可以分别表示为

$$\dot{x}(t) \rightarrow x(n+1) - x(n) \tag{4.4.13}$$

$$\ddot{x}(t) \rightarrow x(n+2) - 2x(n+1) + x(n) \tag{4.4.14}$$

将式(4.4.13)和式(4.4.14)代入式(4.4.7),对于离散时间信号而言,Teager 能量算子向前差分的离散形式为

$$\Psi_d(x(n)) = x^2(n+1) - x(n)x(n+2) \tag{4.4.15}$$

比较式(4.4.12)和式(4.4.15),分别移动一个采样点,Teager 能量算子的离散形式为

$$\Psi_d(x(n)) = x^2(n) - x(n-1)x(n+1) \tag{4.4.16}$$

4.4.2 能量算子解调

Teager 能量算子能够有效分离并检测单分量调幅以及调频信号的调幅和调频信息,其原理如下,设有调幅调频信号 $x(t)$为

$$x(t) = a(t)\cos[\varphi(t)] = a(t)\cos\left(\Omega_c t + \Omega_m \int_0^t q(u)\mathrm{d}u + \theta\right) \tag{4.4.17}$$

式中:Ω_c 为载波频率;$a(t)$为缓变幅度信号,且最高频率为 $\Omega_a(\Omega_a=\Omega_c)$;$q(t)$为标准化的频率调制信号,最高频率为 $\Omega_q(\Omega_q=\Omega_c)$,且$|q(t)|\leqslant 1$。

对式(4.4.17)分别计算一阶和二阶导数,有

$$\begin{cases}\dot{x}(t)=\dfrac{\mathrm{d}[a(t)]}{\mathrm{d}t}\cos[\varphi(t)]+a(t)\sin[\varphi(t)]\dfrac{\mathrm{d}[\varphi(t)]}{\mathrm{d}t}\\ \ddot{x}(t)=\dfrac{\mathrm{d}^2[a(t)]}{\mathrm{d}t}\cos[\varphi(t)]+2\dfrac{\mathrm{d}[a(t)]}{\mathrm{d}t}\sin[\varphi(t)]\dfrac{\mathrm{d}[\varphi(t)]}{\mathrm{d}t}+\\ \qquad\dfrac{\mathrm{d}^2[\varphi(t)]}{\mathrm{d}t}a(t)\sin[\varphi(t)]+a(t)\dfrac{\mathrm{d}[\varphi(t)]}{\mathrm{d}t}\cos[\varphi(t)]\end{cases}\tag{4.4.18}$$

将式(4.4.18)代入式(4.4.7)，得到

$$\Psi_c[x(t)]=\underbrace{\left[a(t)\frac{\mathrm{d}[\varphi(t)]}{\mathrm{d}t}\right]^2}_{D(t)}\underbrace{+a^2(t)\frac{\mathrm{d}^2[\varphi(t)]}{\mathrm{d}t}\frac{\sin[2\varphi(t)]}{2}+\cos^2[\varphi(t)]\Psi_c[a(t)]}_{E(t)}\tag{4.4.19}$$

式中，$\frac{\mathrm{d}[\varphi(t)]}{\mathrm{d}t}=\Omega_i(t)=\Omega_c+\Omega_m q(t)$为瞬时频率，$\frac{\mathrm{d}^2[\varphi(t)]}{\mathrm{d}t}=\Omega_m\frac{\mathrm{d}[q(t)]}{\mathrm{d}t}$为频率变化率。由于$\Omega_a=\Omega_c$，$\Omega_q=\Omega_c$，则式中$E(t)=D(t)$，故此时有

$$\Psi_c[x(t)]\approx\left[a(t)\frac{\mathrm{d}[\varphi(t)]}{\mathrm{d}t}\right]^2=[a(t)\Omega_i(t)]^2\tag{4.4.20}$$

$$\Psi_c[\dot{x}(t)]\approx[a(t)]^2\left(\frac{\mathrm{d}[\varphi(t)]}{\mathrm{d}t}\right)^4=[a(t)]^2[\Omega_i(t)]^4\tag{4.4.21}$$

由式(4.4.20)和式(4.4.21)可得

$$\begin{cases}|a(t)|=\dfrac{\Psi_c[x(t)]}{\sqrt{\Psi_c[\dot{x}(t)]}}\\ \Omega_i(t)=\dfrac{\sqrt{\Psi_c[\dot{x}(t)]}}{\sqrt{\Psi_c[x(t)]}}\end{cases}\tag{4.4.22}$$

上式表明，可以从能量算子对$x(t)$和$\dot{x}(t)$的作用结果中，解调出信号$x(t)$的瞬时幅值(即包络)$a(t)$和瞬时频率$\Omega_i(t)$。对于离散Teager能量算子，其解调原理如下：假设离散时间信号$x(n)$是对式(4.4.17)所示的连续时间信号$x(t)$的采样(采样周期为T_s)，则

$$x(n)=a(n)\cos[\varphi(n)]=a(n)\cos\left[\omega_c n+\omega_m\int_0^n q(k)\mathrm{d}k+\theta\right]\tag{4.4.23}$$

式中，$\omega_c=\Omega_c T_s$，$\omega_m=\Omega_m T_s$。定义时变瞬时数字频率$\omega(n)$：

$$\omega(n)=\frac{\mathrm{d}[\varphi(n)]}{\mathrm{d}n}=\omega_c+\omega_m q(n)\tag{4.4.24}$$

用与连续时间信号类似的推导，可得

$$\Psi_d[x(n)]\approx a^2(n)\sin^2[\omega(n)]\tag{4.4.25}$$

故有

$$
\begin{cases}
\omega(n) \approx \arccos\left[1-\dfrac{\Psi_d[x(n)-x(n-1)]}{2\Psi_d[x(n)]}\right] \\
|a(n)| \approx \sqrt{\dfrac{\Psi_d[x(n)]}{1-\cos^2[\omega(n)]}} = \sqrt{\dfrac{\Psi_d[x(n)]}{1-\left(1-\dfrac{\Psi_d[x(n)-x(n-1)]}{2\Psi_d[x(n)]}\right)^2}}
\end{cases}
\tag{4.4.26}
$$

可见，对于长度为 N 的信号 $x(n)$，能量算子解调的计算量约为 $4N$ 次实数乘，相当于 N 次复数乘。然而，对 $x(n)$ 进行希尔伯特解调，则需要 $N\log_2 N$ 次复数乘，因此能量算子解调的计算量大约只有希尔伯特解调法的 $1/\log_2 N$。

4.5 基于多尺度信号分析的故障诊断

4.5.1 诊断流程

为提取机械传动部件振动信号中隐藏的微弱故障特征，采用 MED，EEMD 和 Teager 能量算子对振动信号进行处理。以滚动轴承为例，对轴承故障进行诊断，提取滚动轴承微弱故障特征步骤如下。

(1) 对原信号采用 MED 去噪，增强信号冲击特征；

(2) 利用 EEMD 分解，采用相关系数准则剔除虚假 IMF 分量；

(3) 依据各 IMF 的自相关函数，相应地选择部分 IMF 分量进行小波阈值去噪处理；

(4) 重构信号后采用 Teager 能量算子提取滚动轴承故障特征频率进行故障的判定。

基于多尺度信号分析的滚动轴承故障诊断流程如图 4.3 所示。

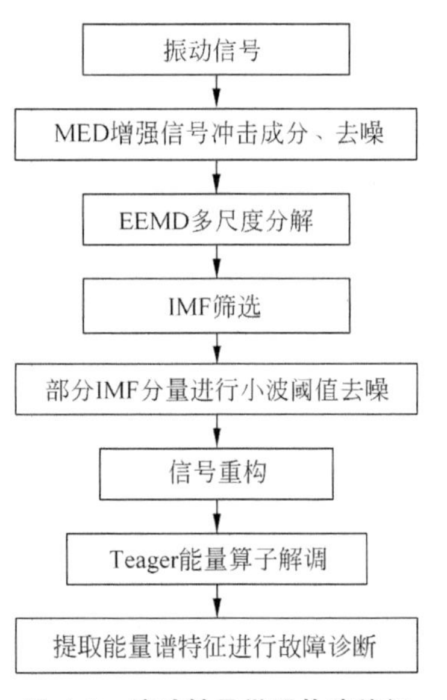

图 4.3 滚动轴承微弱故障特征提取流程

4.5.2 实验与分析

(1) 仿真信号分析

当滚动轴承出现故障时，其振动信号一般为调制信号。构造仿真信号模拟滚动轴承故障，如式(4.5.1)所示。

$$x(t)=[1+\cos(2\pi f_{r1}t)+\cos(2\pi f_{r2}t)\cdot 0.8\cos(2\pi f_{n}t)+n(t)] \tag{4.5.1}$$

式中，载波频率 $f_n=180\text{Hz}$；两个调制频率 $f_{r1}=50\text{Hz}$，$f_{r2}=30\text{Hz}$；$n(t)$为随机白噪声；采样频率 $f_s=2000\text{Hz}$，采样点数为1000。通过向 $x(t)$中添加信噪比为-2dB的高斯白噪声模拟滚动轴承故障振动信号。

原始仿真信号时域如图4.4所示，信号杂乱无规律，周期性不明显。

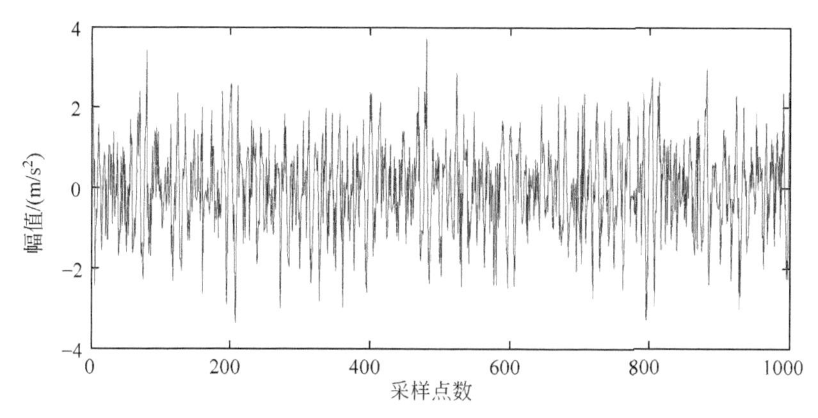

图4.4 仿真信号时域图

经本章提出的改进EEMD方法(参数 $k=0.08$，$M=64$)去噪的重构信号时域如图4.5所示，信号冲击特征明显，周期性强。

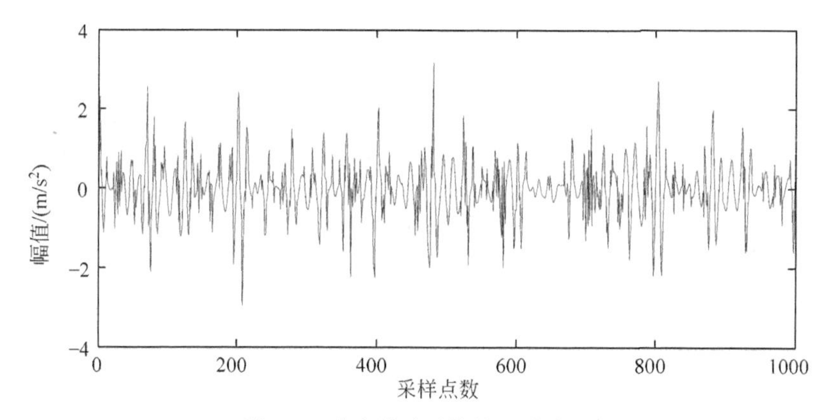

图4.5 本章算法重构信号时域图

为获取滚动轴承故障特征频率，利用Teager能量算子解调，信号由经典EEMD分解后的能量谱如图4.6所示，图中只出现了调制频率 $f_{r1}=50\text{Hz}$ 和2倍载波频率 $2f_n=360\text{Hz}$，调制频率 f_{r2} 淹没在噪声中。

经本章改进的EEMD分解后的能量谱如图4.7所示，出现了调制频率 $f_{r1}=50\text{Hz}$，$f_{r2}=30\text{Hz}$，2倍载波频率 $2f_n=360\text{Hz}$，以及载波频率的边频310Hz，330Hz，390Hz，410Hz等。

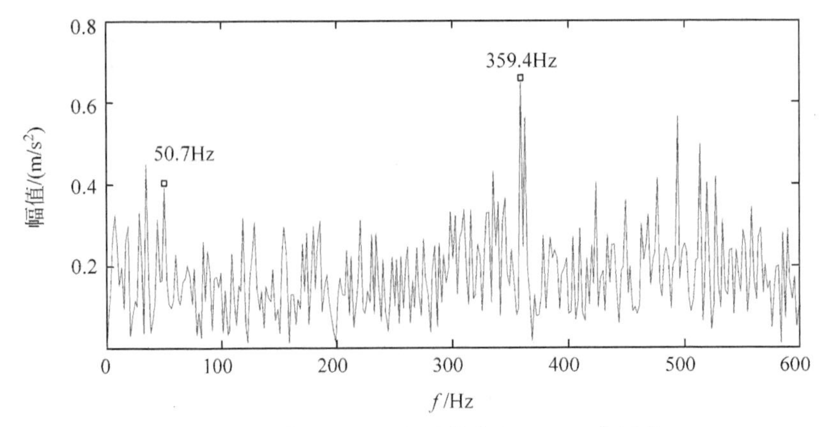

图 4.6　经典 EEMD 分解重构信号 Teager 能量谱

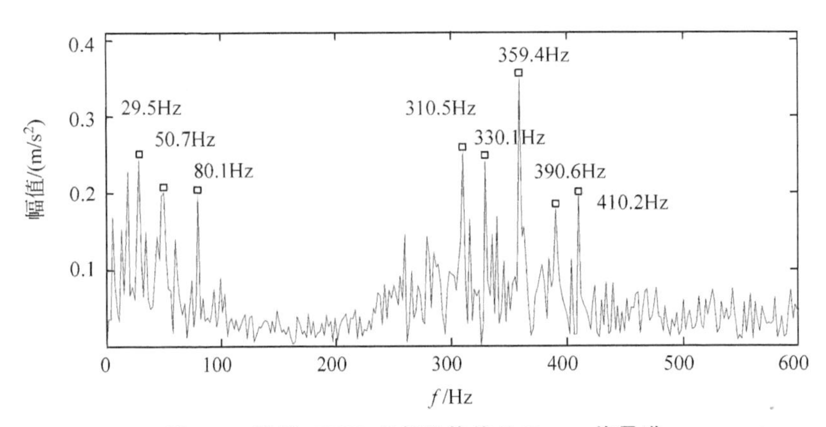

图 4.7　改进 EEMD 分解重构信号 Teager 能量谱

表 4.1　去噪效果对比

信噪比	经典 EEMD 方法	改进 EEMD 方法
SNR_i/dB	−2	−2
SNR_o/dB	1.40	3.08

如表 4.1 所示，原信号信噪比为−2dB，由经典 EEMD 重构信号后的信噪比为 1.40dB，采用改进的 EEMD 后的信噪比提高为 3.08dB。显然，在强噪声下，采用本章提出的改进的 EEMD 信号去噪及提取微弱故障特征的效果优于一般 EEMD。

(2) 实例信号分析

采用凯斯西储大学的滚动轴承故障诊断平台实验数据来验证本章提出的诊断算法。实验采用 SKF6250 深沟球轴承，用电火花分别在轴承内圈和外圈制造点蚀等故障。电机转速为 1750r/min(转频 f_r=29.2Hz)，采样频率 f_s=12kHz。依据轴承参数，计算理论内圈故障特征频率 f_n=157.9Hz，外圈故障特征频率 f_w=

104.6Hz。采集轴承驱动端2048个数据进行分析。

1）内圈故障分析

当轴承内圈出现裂纹、点蚀等故障时，滚动体通过一次会产生一次冲击振动，由于分布在故障点的载荷密度随内圈旋转而周期性变化，振动信号会出现以转动轴频率为调制频率的调制现象。因此，在内圈故障信号Teager能量谱中应包含轴转频、故障频率、倍频，以及以故障频率为中心、轴转频为边带的调制频率。

图4.8是内圈故障信号时域，信号表现出了周期性和冲击特征，但信号中噪声成分较多。采用经典EEMD重构信号，峭度值为5.67；采用本章改进的EEMD（参数取值$k=0.12$，$M=144$），经剔除虚假IMF分量余下前4个IMF分量。依据各IMF分量的相关函数得知前2个IMF分量中噪声占主要成分，对其进行小波阈值去噪，如图4.9所示。与剩下的2个IMF分量重构后信号的时域如图4.10所示，峭度值为33.01，信号冲击特征明显增强，抑制了信号中的噪声。

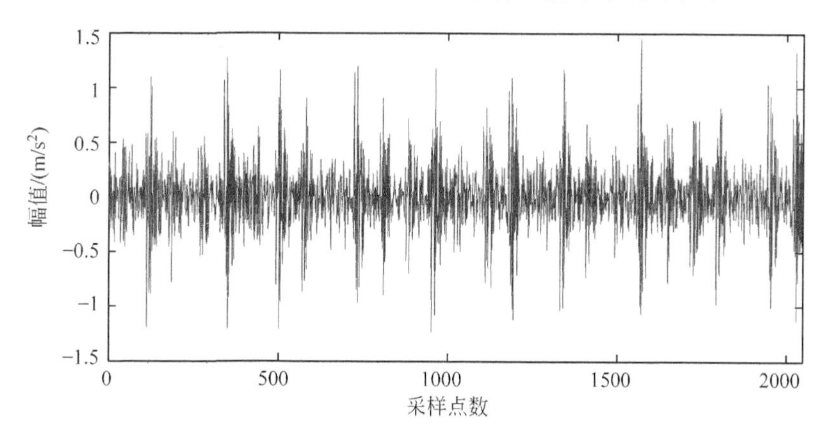

图4.8　内圈故障信号时域

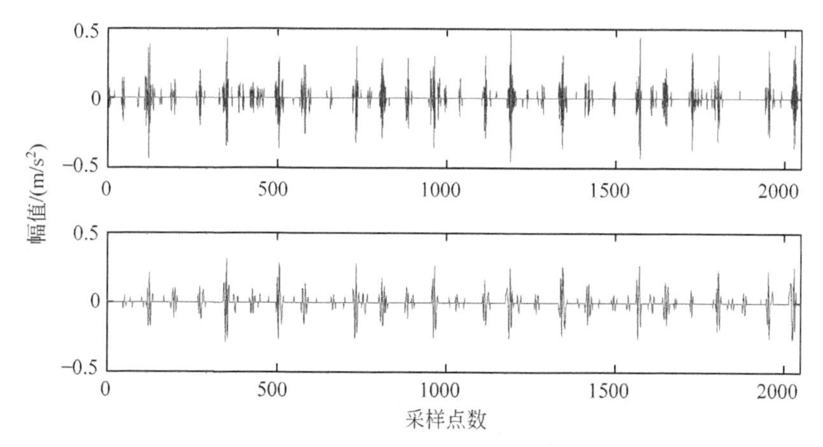

图4.9　小波阈值去噪后前2阶IMF分量

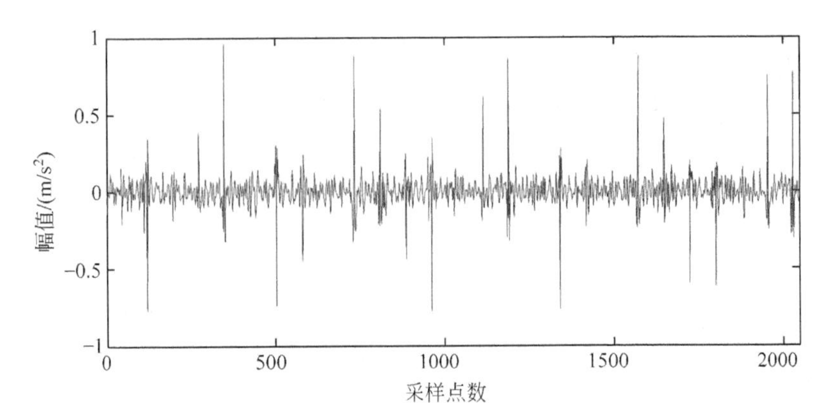

图 4.10 改进的 EEMD 算法重构信号

对重构后的信号进行 Teager 能量算子解调，采用 EEMD 分解后的信号能量谱如图 4.11 所示，出现了 29.3Hz 及其 2 倍频，158.2Hz 及其 2～4 倍频，与轴转频 29.2Hz 及理论上的内圈故障频率 157.9Hz 非常接近，但边频带不明显。采用本章改进的 EEMD 方法分解重构后的信号能量谱如图 4.12 所示，能清晰地看到轴转频及其 2 倍频，故障特征频率及其 2～9 倍频(316.4Hz，474.6Hz，627Hz，785.2Hz 等)，另外，故障频率倍频的轴转频调制边带也很突出，如 7 倍频 1102Hz 两侧出现了 1043Hz 和 1160Hz 的峰值，间隔 58Hz，正好对应于 2 倍轴转频。本书算法对信号峭度值、噪声抑制与故障频率及谐波成分的提取效果明显优于单一的 EEMD 方法。

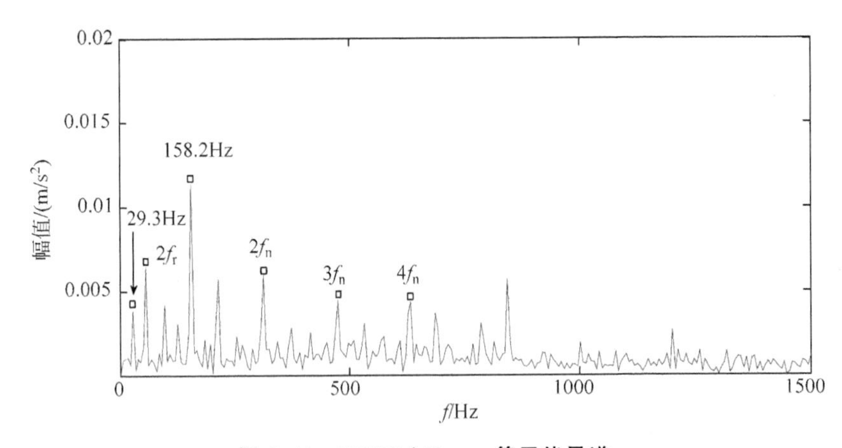

图 4.11 EEMD+Teager 算子能量谱

2) 外圈故障分析

图 4.13 是外圈故障的时域信号，信号中噪声成分较多。采用经典 EEMD 重构信号，峭度值为 3.93；采用改进 EEMD(参数取值 $k=0.07$，$M=49$)去噪后的信

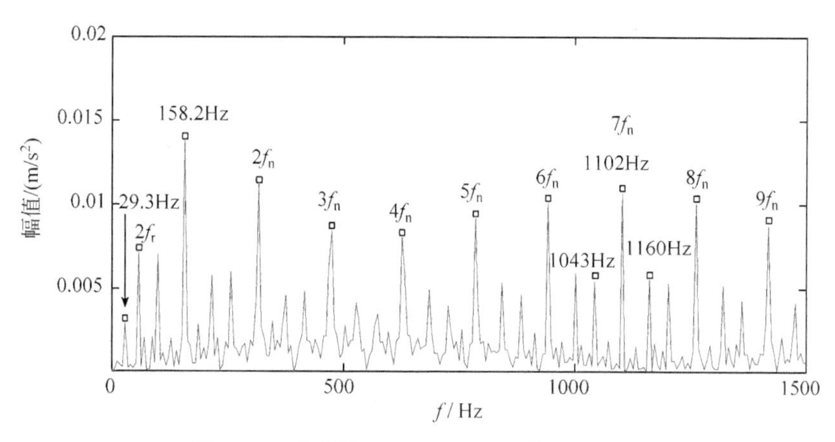

图 4.12　改进的 EEMD＋Teager 算子能量谱

号如图 4.14 所示，峭度值为 38.46，信号冲击特征和周期性明显增强，抑制了信号中的噪声，提高了信噪比。

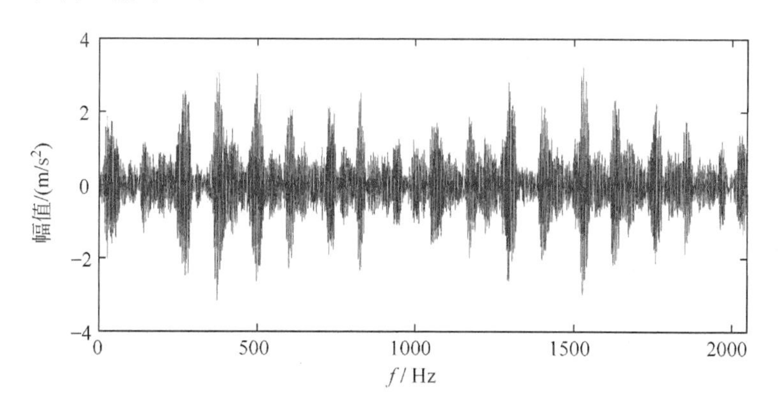

图 4.13　外圈故障信号时域

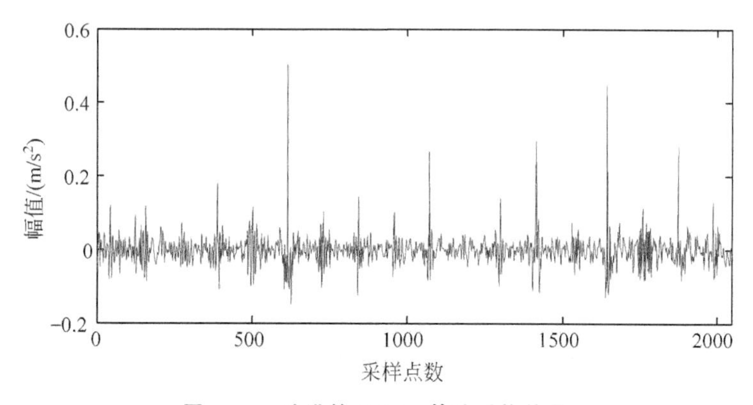

图 4.14　改进的 EEMD 算法重构信号

采用经典 EEMD 方法后信号的 Teager 能量谱如图 4.15 所示，只出现了轴转频 29.3Hz，没有倍频、故障频率 105.5Hz 及其 2～3 倍频。采用改进的 EEMD 重构后的信号能量谱如图 4.16 所示，出现了轴转频及其 2 倍频、故障频率及其 2～14 倍频(210.9Hz，316.4Hz，421.9Hz，527.3Hz，627Hz 等)。故障频率倍频连续且非常突出，由此也能判定滚动轴承外圈存在故障，从而也验证了改进的 EEMD 在实测信号中应用的准确性。

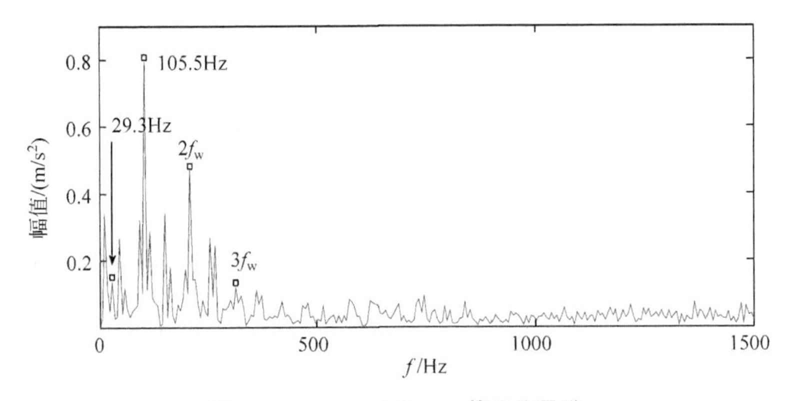

图 4.15 EEMD+Teager 算子能量谱

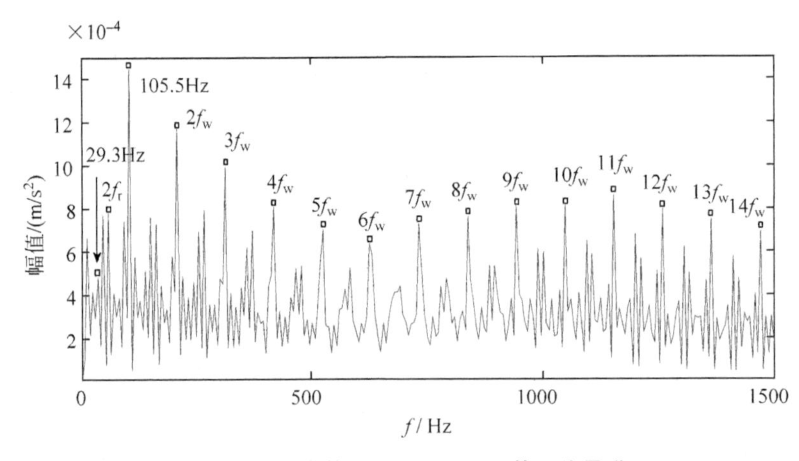

图 4.16 改进的 EEMD+Teager 算子能量谱

3) 强噪声背景下的内圈故障分析

在内圈故障信号中加入强噪声，如图 4.17 所示，信号噪声成分较多。经改进算法对强噪声下的内圈故障信号进行降噪，重构信号时域如图 4.18 所示，信号冲击特征和周期性明显增强，抑制了信号中的噪声，提高了信噪比。

采用 EEMD 的信号的 Teager 能量谱如图 4.19 所示，频谱图中存在的故障频

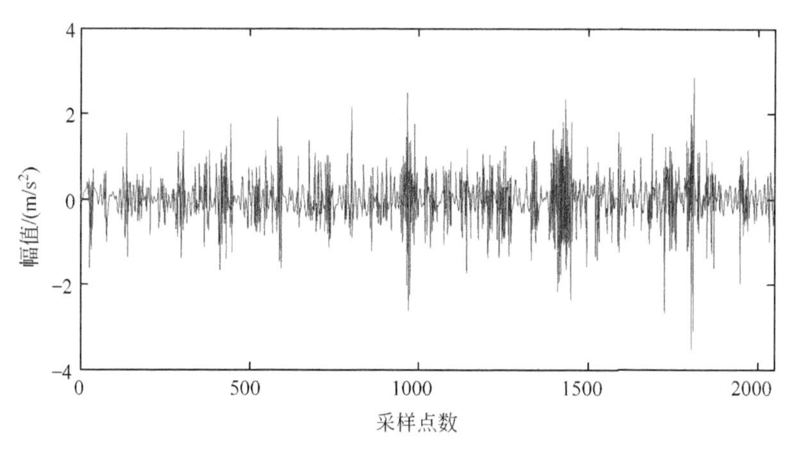

图 4.17 强噪声下内圈故障信号时域

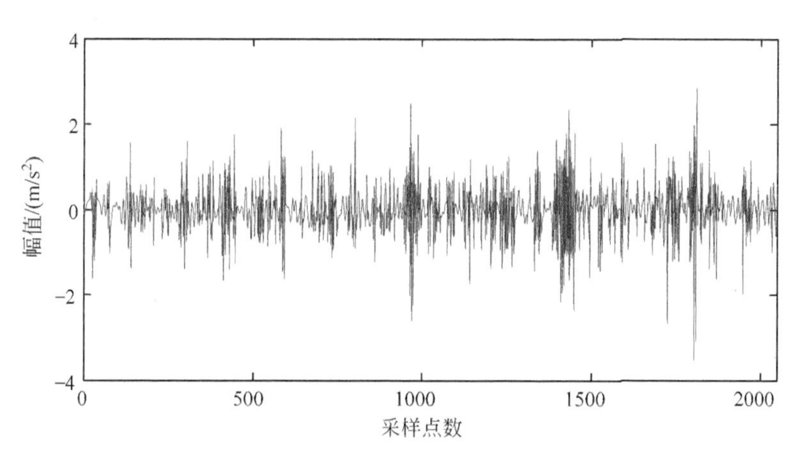

图 4.18 改进的 EEMD 算法重构信号

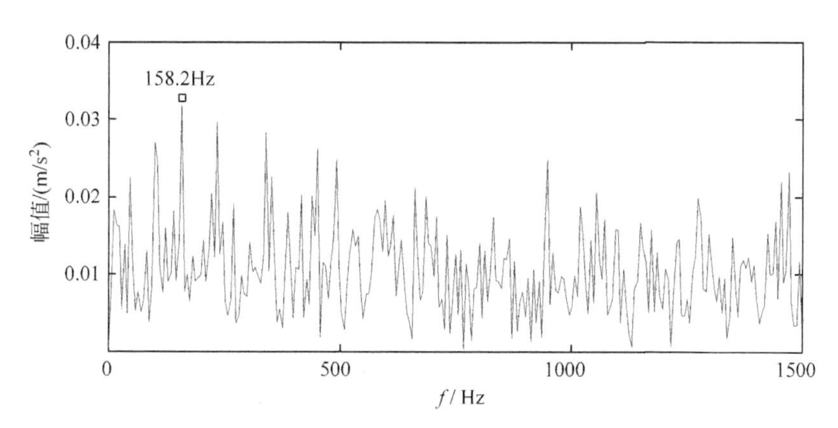

图 4.19 EEMD+Teager 算子能量谱

率为158.2Hz。采用改进的EEMD重构后的信号能量谱如图4.20所示，信号噪声相对较小，频谱中存在轴转频及其2倍频、故障频率及其2～6倍频。另外，故障频率倍频的轴转频调制边频带也很突出，如6倍频两侧出现了727Hz和844Hz的峰值，各间隔58Hz，对应于2倍轴转频，由此能判定在强噪声背景下滚动轴承内圈存在故障，也验证了本章所提方法的准确性。

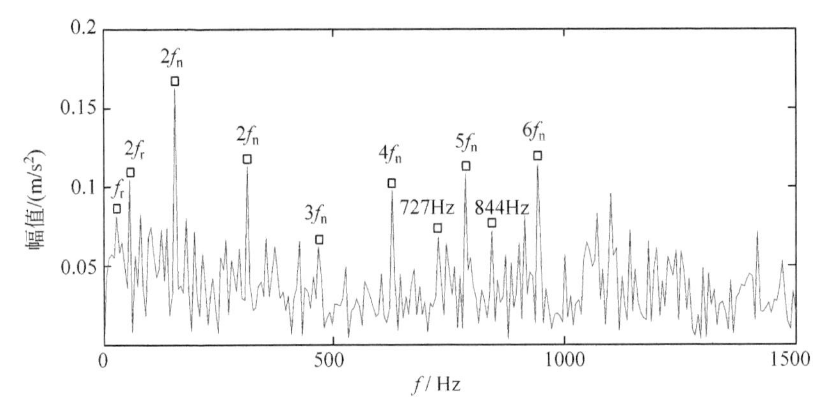

图4.20　改进的EEMD+Teager算子能量谱

第5章 CHAPTER 5 基于双树复小波包主流形重构的故障诊断方法

5.1 引言

机械传动部件若存在裂纹、磨损、断齿等故障，在振动信号的时域图中会表现出冲击性，在频谱图中也会出现典型的频率特征，如轴承内圈、外圈、滚动体的故障特征频率，齿轮的啮合频率两侧存在边频带等。通过提取振动信号中的特征频率，即能诊断传动部件是否出现损伤。因此，本章基于谱分析法进行传动部件的故障诊断。由于机电装备结构的复杂性及受外界环境的影响，利用加速度传感器采集到的振动信号含有噪声，并具有非线性、非平稳性的特点。若噪声较强，即使传动部件出现故障，时域图中的冲击性特征也不明显，而频谱或者功率谱图中特征频率也会被噪声淹没，导致传动部件的早期损伤难以被发现，随着机电装备的长时间运行，传动部件损伤程度将会恶化。

信号中的噪声和有用成分在空间中的分布特性不同，噪声随机分布在整个空间，有用成分可视为主流形，利用流形学习方法提取信号的主流形，分离噪声和有用信号，实现信号的去噪。本章将流形学习的方法引入振动信号降噪，提出了一种双树复小波包主流形重构的去噪和诊断方法，利用双树复小波包多尺度分解的优势构建高维子频带空间，再采用 t 分布随机近邻嵌入算法挖掘高维子频带空间的低维流形，实现非平稳信号的去噪，通过提取去噪后信号的频谱特征，应用于机械传动部件的故障诊断。

5.2 双树复小波包变换

5.2.1 双树复小波包变换基本原理

双树复小波包变换(dual-tree complex wavelet packet transform，DTCWPT)是一种多尺度信号分解算法，其克服了传统小波包变换存在的不足，减弱了频率混叠,具有近似平移不变性和完全重构性,在保留双树复小波变换优良特性的同时,对没有细分的高频部分进一步分解,提高了信号在整个频段的频率分辨率。双树复小波包变换结构可分为实部树和虚部树,分别由两个并行且使用不同低通和高通滤波器的离散小波包变换组成。双树复小波包分解与重构的示意图如图 5.1 所示,DTCWPT 分解的小波包系数可表示为

$$\begin{cases} a_{j,2n}^{\mathrm{Re}}(k)=\sum\limits_{k\in Z}a_{j-1,n}^{\mathrm{Re}}(m)h_0(m-2k) \\ a_{j,2n+1}^{\mathrm{Re}}(k)=\sum\limits_{k\in Z}a_{j-1,n}^{\mathrm{Re}}(m)h_1(m-2k) \end{cases} \tag{5.2.1}$$

$$\begin{cases} a_{j,2n}^{\mathrm{Im}}(k)=\sum\limits_{k\in Z}a_{j-1,n}^{\mathrm{Im}}(n)g_0(n-2k) \\ a_{j,2n+1}^{\mathrm{Im}}(k)=\sum\limits_{k\in Z}a_{j-1,n}^{\mathrm{Im}}(n)g_1(n-2k) \end{cases} \tag{5.2.2}$$

式中,h_0 和 h_1 分别是实部树小波包变换低通和高通滤波器,g_0 和 g_1 分别是虚部树小波包变换低通和高通滤波器,k 为平移系数,$a_{j,n}^{\mathrm{Re}}$ 和 $a_{j,n}^{\mathrm{Im}}$ 分别是第 j 层分解尺度第 n 个实部树小波包系数和虚部树小波包系数。

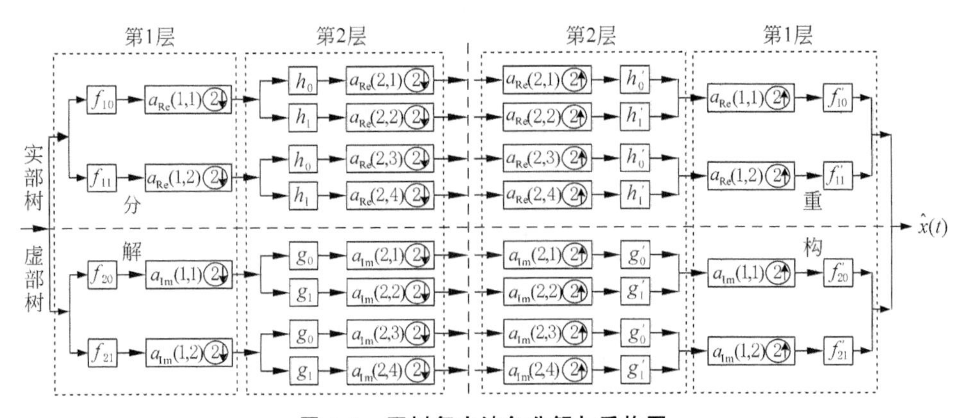

图 5.1 双树复小波包分解与重构图

对多尺度分解得到的双树复小波包系数进行单支重构,重构信号长度与原始信号相同,重构方法是分解的逆过程,有

$$\begin{cases} a_{j-1,n}^{\mathrm{Re}}(k)=\sum\limits_{k\in Z}a_{j,2n}^{\mathrm{Re}}(m)\tilde{h}_0(2m-k)+\sum\limits_{k\in Z}a_{j,2n}^{\mathrm{Re}}(m)\tilde{h}_1(2m-k) \\ a_{j-1,n}^{\mathrm{Im}}(k)=\sum\limits_{k\in Z}a_{j,2n}^{\mathrm{Im}}(n)\tilde{g}_0(2n-k)+\sum\limits_{k\in Z}a_{j,2n}^{\mathrm{Im}}(n)\tilde{g}_1(2n-k) \end{cases} \tag{5.2.3}$$

式中,$\tilde{h}_0$ 和 $\tilde{h}_1$ 分别是实部树小波包重构滤波器,$\tilde{g}_0$ 和 $\tilde{g}_1$ 分别是虚部树小波包重构滤波器。

5.2.2 双树复小波包变换频带错位与重叠缺陷分析

1. 频带错位缺陷

双树复小波包变换由两个并行的离散小波包变换组成,同离散小波包变换一样,在分解时,存在隔点采样过程;在重构小波包系数时,存在隔点插零过程。隔点采样和隔点插零两个过程都会产生频率折叠[192],而折叠的方向正好相反,也就是重构过程中小波包系数的频率折叠纠正了分解过程中的频率折叠,通过隔点采样和隔点插零获得的小波包系数能精确地重构原始信号,但频率折叠也导致了小波包变换频带的错位,频带频率不是由低到高的顺序排列。双树复小波包变换频带错位原因分析如下:

设原始信号的采样频率是 f_s,双树复小波包最高分解层数为 J。每一层小波分解作一次隔点采样,采样频率就减少一半,即第 $j(j=1,2,\cdots,J)$层的采样频率为 $f_s/2^j$。为方便分析,假设信号中的最大频率 f_{max} 满足 $f_s/4<f_{max}\leqslant f_s/2$。当 $j=1$ 时,理论上信号被分解到 $A_{10}=[0,f_s/2^2]$和 $A_{11}=[f_s/2^2,f_s/2]$两个频带。继续进行小波包分解,当 $j=2$ 时,分解产生四个子频带 A_{20},A_{21},A_{22},A_{23}。假设高频子带 A_{11} 中有两个频率 f_{m1} 和 $f_{n1}(f_{m1}<f_{n1})$,理论上将 f_{m1} 分解到低频 A_{22} 子带,f_{n1} 被分解到高频子带 A_{23} 上,由于采样频率为 $f_s/2$,不满足采样定理,在高频子带 A_{11} 上经隔点采样,将产生频率折叠,A_{11} 中的频率成分将以 $f_s/2^{j+1}(j=2)$为对称中心产生虚假频率分解到 A_{22} 和 A_{23} 中。假设(f_{n0},f_{m0},$f_s/2^3$,f_{m1},f_{n1})中 f_{n0},f_{m0} 分别与 f_{m1},f_{n1} 关于 $f_s/2^3$ 对称,由于 $f_{n0}<f_{m0}$,A_{11} 经隔点采样后在低频子带 A_{22} 中产生虚假频率 f_{n0},在高频子带 A_{23} 中产生虚假频率 f_{m0},由此就产生了频带错位。因为采用隔点插零的单子带重构算法对频带 A_{22} 和 A_{23} 的小波系数分别进行重构,频率折叠会使低频子带 A_{22} 中依据虚假频率 f_{n0} 恢复频率 f_{n1}、高频子带 A_{23} 中依据虚假频率 f_{m0} 恢复频率 f_{m1},而 $f_{n1}>f_{m1}$。继续进行小波包分解,$j=3,\cdots,J$,与小波包在 $j=2$ 层分解过程类似,第 j 层高频子带继续分解至第 $j+1$ 层,产生的子带存在频带错位。

2. 频带重叠缺陷

双树复小波包变换继承了复小波变换的优势,在一定程度上抑制了频率混叠。由于小波滤波器的非理想频率特性,双树复小波包变换分解得到的频带不会绝对地正交,存在频带能量泄漏,各频带频率成分含有相邻频带的部分频率,造成频带重叠。频带重叠会使频带内的较强信号干扰相邻频带内的微弱故障信号,影响微弱故障特征的提取。

Kingsbury 提出的 Q-shift 滤波器[193]具有良好的对称性,能减少重构波形的失真，适合构造双树滤波器。假设采样频率 $f_s=800\text{Hz}$，Q-shift 滤波器在分解尺度为 1 层上的频谱特性如图 5.2 所示。图中 h_0 表示低通滤波器，h_1 表示高通滤波器，低通部分和高通部分在 200Hz 交界处并不截止，而是互有延伸，这也导致了双树复小波包变换存在一定程度的频带重叠。

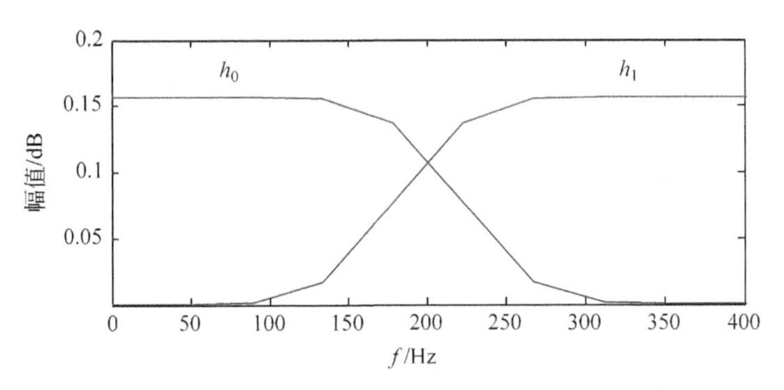

图 5.2 Q-shift 滤波器频率特性

5.2.3 双树复小包变换缺陷的改进

1. 算法缺陷的改进

由 5.2.2 节可知，消除频带错位的方法在于交换各层高频子带分解产生的两节点频带的顺序。算法描述如下：

将第 M 层的频带序号 $k(k=0,1,\cdots,2^M-1)$ 表示成二进制数 $k=(k_{M-1},k_{M-2},\cdots,k_0)_\text{B}$，其中 $k=\sum_{i=0}^{M-1}k_i2^i$，k_i 取值 0 或 1。设 $g(k)$ 是与 k 相对应的格雷码(Gray code)[194]，定义如下：

$$\begin{cases}g_i=k_i\oplus k_{i+1}\\ g_{M-1}=k_{M-1}\\ g(k)=(g_{M-1},g_{M-2},\cdots,g_1,g_0)_\text{B}\end{cases}\tag{5.2.4}$$

式中，"$\oplus$"表示异或加法，M 为分解的最大层数。将 $g(k)$ 由二进制数转换为十进制数 $l(l\in(0,1,\cdots,2^M-1))$，$l$ 为双树复小波包消除频带错位后的频带序号。

设采样频率为 f_s，第 $j(j=1,2,\cdots,J)$ 尺度上第 $n(n=0,1,\cdots,2^j-1)$ 个小波包节点为 P_j^n，分解得到低频子带 P_{j+1}^{2n} 和高频子带 P_{j+1}^{2n+1}，其理想频率范围分别为 $[2nf_s/2^{j+2},(2n+1)f_s/2^{j+2}]$ 和 $[(2n+1)f_s/2^{j+2},(2n+2)f_s/2^{j+2}]$，双树复小波包变换在频带 P_{j+1}^{2n} 和 P_{j+1}^{2n+1} 上的单子带重构小波包系数分别为 a_{j+1}^{2n} 和 d_{j+1}^{2n+1}。本节设计了切比雪夫 Ⅰ 型低通、带通和高通滤波器对分解的频带进行滤

波，消除理想通带之外的频率成分。

切比雪夫Ⅰ型滤波器是在通带频率响应幅度等波纹波动的滤波器，通过递推算法而不是卷积算法进行滤波，比其他类型滤波器的滤波速度快[195]。切比雪夫Ⅰ型滤波器的主要参数有：滤波阶数 N，通带最大衰减 r_p，阻带最小衰减 r_s，通带截止频率左边界 f_{t1}、右边界 f_{t2}，阻带截止频率左边界 f_{z1}、右边界 f_{z2}。其中 $f_{t1},f_{t2},f_{z1},f_{z2}$ 由各频带理想频率范围的左、右边界确定。低通滤波器包含参数 f_{t1},f_{z1}；高通滤波器包含参数 f_{t2},f_{z2}；带通滤波器包含参数 $f_{t1},f_{t2},f_{z1},f_{z2}$。通带最大衰减 r_p 和阻带最小衰减 r_s 分别取经验值 0.1dB 和 20dB；滤波阶数 N 由阻带的边界条件确定，有

$$N \geqslant \frac{\operatorname{arcosh}(\operatorname{sqrt}((10^{0.1r_s}-1)/(10^{0.1r_p}-1)))}{\operatorname{arcosh}(\Omega_r)} \tag{5.2.5}$$

式中，$\Omega_r=\Omega_s/\Omega_p$。对于切比雪夫Ⅰ型低通滤波器，$\Omega_p=f_{t1}$，$\Omega_s=f_{z1}$；对于高通滤波器，$\Omega_p=f_{t2}$，$\Omega_s=f_{z2}$；对于带通滤波器，存在 $\Omega_r=\min(\Omega_{r1},\Omega_{r2})$，$\Omega_{r1}=(f_{z1}^2-f_{t1}f_{t2})/[f_{z1}\cdot(f_{t1}-f_{t2})]$，$\Omega_{r2}=(f_{z2}^2-f_{t1}f_{t2})/[f_{z2}\cdot(f_{t1}-f_{t2})]$。

消除双树复小波包变换频带重叠的方法：

步骤1：对 2^{j+1} 尺度上频带的重构小波包系数 a_{j+1}^{2n} 和 d_{j+1}^{2n+1} 进行傅里叶变换。

步骤2：由傅里叶变换得到的频带，对小波节点 $n=0$ 的频带采用切比雪夫Ⅰ型低通滤波器进行滤波，对节点 $n=2^j-1$ 的频带采用切比雪夫Ⅰ型高通滤波器进行滤波，对节点 $n=[1,\cdots,2^j-2]$ 的频带采用切比雪夫Ⅰ型带通滤波器进行滤波。

步骤3：对滤波后的各频带进行逆向傅里叶变换，即得到消除频带重叠的小波包系数。

2. 实验与分析

为了验证本节提出的改进双树复小波包分解方法消除频带错位和重叠缺陷的效果，并与文献[196]中双树复小波包和离散小波包分解(discrete wavelet packet decomposition，DWPT)的结果进行对比，构造仿真信号 $x(t)$，其表达式为

$$x(t)=\sin(110\pi t)+\sin(260\pi t)+\sin(580\pi t)+\sin(640\pi t) \tag{5.2.6}$$

设定采样频率为 800Hz，采样点数为 512，采用 DWPT，DTCWPT 和本节提出的改进双树复小波包分解方法，分别将仿真信号进行 2 层分解得到 4 个频带，依据由低到高的频率顺序给 4 个频带依次编号 a21，a22，a23，a24。

图 5.3 是离散小波包分解(db3 小波)的波形和频谱，在频带 a23 和 a24 中分别出现了 280Hz 和 310Hz 的虚假频率，并且频率重叠严重。图 5.4 是双树复小波包分解的各子带波形和频谱，频率重叠现象得到了抑制，频带 a23 和频带 a24 的顺序

处存在错位。图 5.5 是改进双树复小波包分解的波形和频谱，通过对各层高频子带节点分解的两子节点对应的频带顺序进行交换，可以看出频带错位被消除，证明设计切比雪夫Ⅰ型低通、高通及带通滤波器，基本可以消除频带重叠。

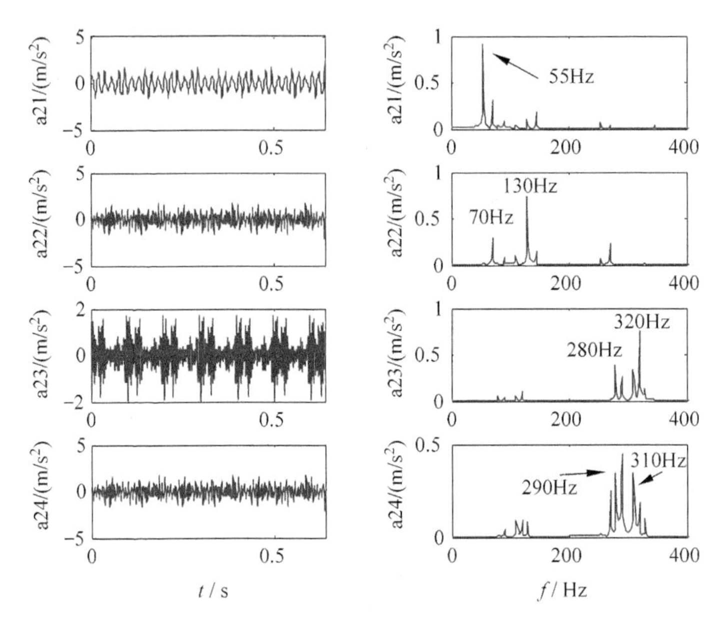

图 5.3　离散小波包分解的时域波形及频谱

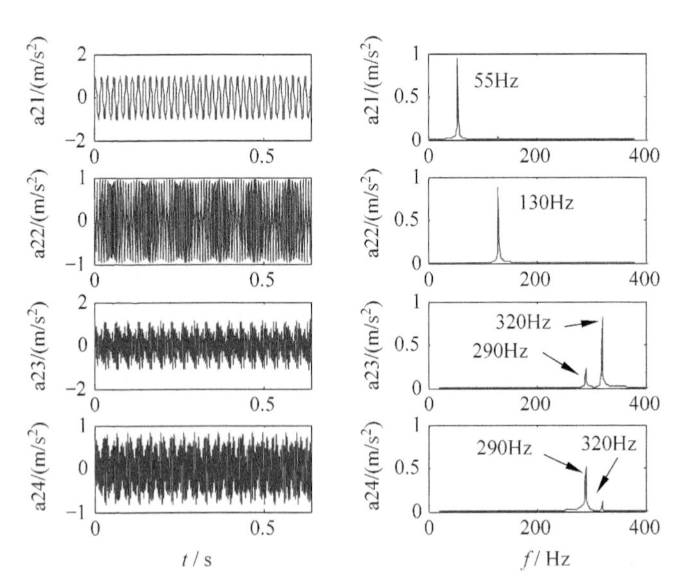

图 5.4　双树复小波包分解的时域波形和频谱

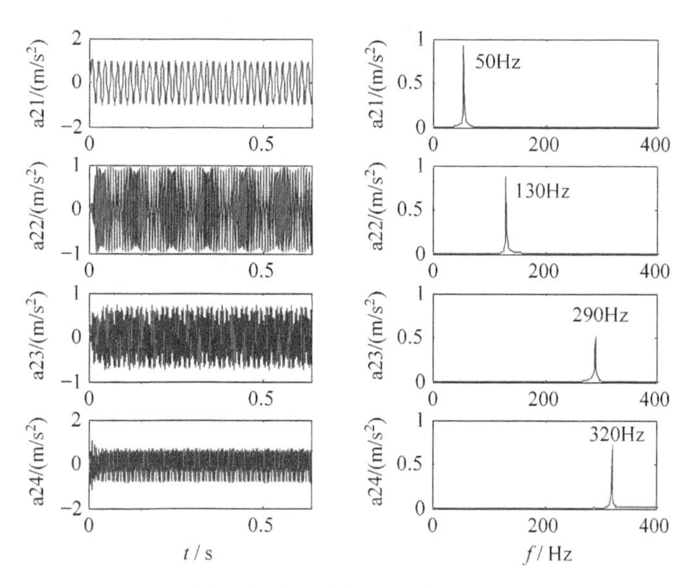

图 5.5 改进双树复小波包分解的时域波形及频谱

5.3 基于双树复小波包主流形重构的去噪方法

5.3.1 阈值量化处理

Donoho 和 Johnstone[197]提出了经典的硬阈值和软阈值去噪算法，其基本思想是小波基具有紧支性，信号的能量集中在少数大的小波系数上，而噪声分解后的小波系数相对很小，利用设定的阈值去除值小的小波系数。硬、软阈值函数都存在不足：硬阈值函数在阈值临界点处不连续，易导致间断与振荡现象；软阈值函数虽然在信号去噪后连续，但是幅值与原信号存在较大偏差，并且两种函数都将小波系数小于阈值的部分置为 0，在去除噪声的同时，也消除了信号中的部分有用成分。

本节在改进软、硬阈值函数的基础上，提出了一种新的阈值函数，其数学表达式为

$$w(u,\lambda,k,m,n,P)=\begin{cases}\dfrac{(|u|-k)\cdot \operatorname{sgn}(u)}{1+\mathrm{e}^{-m(|u|-\lambda)}}, & |u|\geqslant\lambda\\ \left(\dfrac{|u|^{n+1}}{\lambda^{n}}-\dfrac{k}{P^{\left(1-\sin\left(\frac{\pi}{2}\cdot\frac{|u|}{\lambda}\right)\right)}}\right)\Big/2, & |u|<\lambda\end{cases} \tag{5.3.1}$$

式中，λ 为阈值；u 为小波包系数；m，n，P 取正整数；k 取正数；根据阈值对小波包系数进行量化处理，重新估计小波包系数。

为使阈值函数为连续函数，在阈值处可导即可，即

$$\left.\frac{\partial\left(\frac{(|u|-k)\operatorname{sgn}(u)}{1+\mathrm{e}^{-m(|u|-\lambda)}}\right)}{\partial u}\right|_{u=\lambda^{+}}=\left.\frac{\partial\left(\left(\frac{|u|^{n+1}}{\lambda^{n}}-\frac{k}{P^{\left(1-\sin\left(\frac{\pi}{2}\frac{|u|}{\lambda}\right)\right)}}\right)/2\right)}{\partial u}\right|_{u=\lambda^{-}} \tag{5.3.2}$$

由式(5.3.2)可得，$m(\lambda-k)=2n$。其中，参数 n 由 m，λ 和 k 确定，k 的取值为 $0<k<\lambda$，P 取较大的整数值，本节中 P 取 100。

阈值 λ 的大小估计为

$$\lambda=\sigma\sqrt{2\log N} \tag{5.3.3}$$

式中，N 为信号长度；$\sigma=\mathrm{median}(|u|)/0.6745$，$\mathrm{median}(|u|)$ 为 $u_i\,(i=1,2,\cdots,N)$ 取值的中值。

图 5.6 是新阈值函数与经典硬、软阈值函数的示意图。当 m 取较小值时，k 取较大值，新阈值函数趋近于软阈值函数；当 m 取较大值时，k 取较小值，新阈值函数趋近于硬阈值函数。

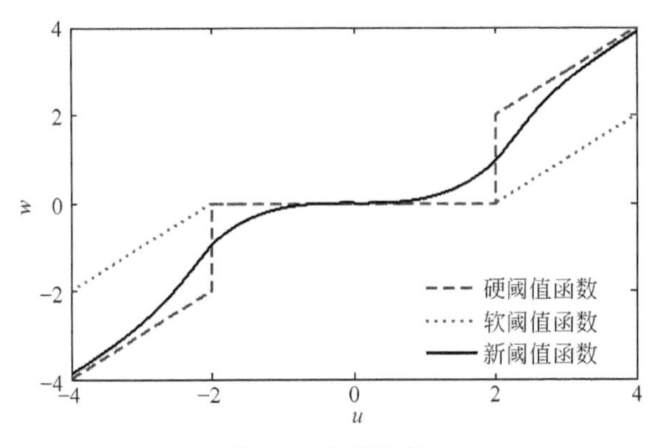

图 5.6 阈值函数

5.3.2 双树复小波包阈值去噪准则

将双树复小波包的实部树和虚部树进行小波包分解，形成小波包基，将信号投影到小波包基上能得到小波包系数，选择一组最佳小波包基能使信号分解具有最强的规律性，可为信号的去噪处理提供一个较好的分解与重构途径。香农熵是反映信号规律性的特征量，熵值越小，信号的规律性越强。利用香农熵，Coifman 等[198]提出了搜索最佳小波包基的方法：以小波包系数的香农熵为代价函数，采取

自底向上的最佳基搜索算法，选择一组使代价函数最小的小波包基。通过搜索使小波包系数香农熵最小的最佳树节点，即可确定最佳小波包基。将信号进行 M 层 DTCWPT 分解，实部树共包含 $2^{M+1}-1$ 个节点，自上向下、自左至右，节点序号依次标记为$(1,2,\cdots,2^{M+1}-1)$，以 M 取 3 为例，实部树节点分布如图 5.7 所示。利用各尺度节点小波包系数香农熵，搜索实部树和虚部树最佳树节点。

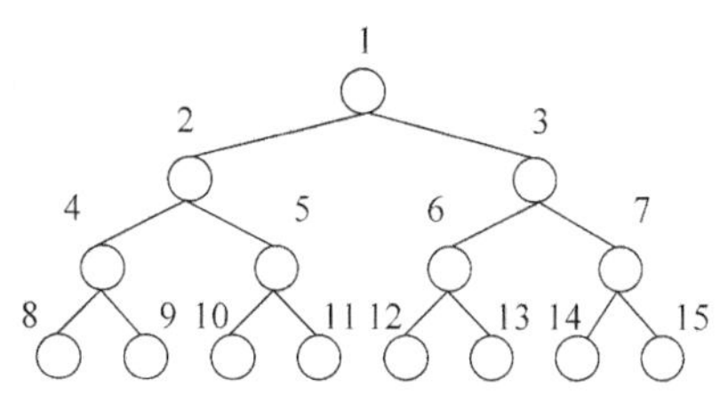

图 5.7 实部树节点分布

为尽量减小去噪后信号的失真程度，利用峭度、排列熵和能量构建双树复小波包阈值去噪准则，只选择部分最佳树节点进行去噪处理。其中，峭度反映了信号中的冲击性特征，如果振动信号峭度大于 3，通常认为信号中周期性冲击较强，含有较多的有用信息。排列熵是一种检测时间序列随机性和动力学突变的方法，能够定量评估信号中含有的噪声程度。能量特征可以反映多尺度子频带信号与原始信号的相关程度。将含噪声的信号进行 DTCWPT 分解，计算最佳实部树和最佳虚部树，以最佳实部树为例，最佳虚部树的去噪处理方法与实部树一致。去噪准则如下：

步骤 1：对最佳实部树节点小波包系数进行单支重构，计算各树节点信号峭度，选择出峭度大于 3 的所有节点。

步骤 2：在步骤 1 得到的节点中，选择出排列熵值最小的节点，并选择能量占所有节点能量比值次大的节点。

步骤 3：保留步骤 2 中选择出的两个树节点小波包系数不变，对余下最佳实部树节点小波包系数进行阈值量化处理。

5.3.3 t 分布随机近邻嵌入算法

t 分布随机近邻嵌入是由 Maaten 和 Hinton 提出的一种流形学习方法，解决了随机近邻嵌入方法中存在的不对称和数据“扎堆”问题。t-SNE 方法的基本思想是：通过小的点对距离来构建相似性点间的特性，通过大的点对距离来构建非相似性点间的特性，将高维空间点对映射到低维空间，保持点对间相似性及非相似性不变。t-SNE 方法利用联合概率分布替代欧氏距离来度量点对间的相似性，并将最小化 K-L 散度作为算法的目标函数，以得到维数约简后低维空间中样本的分布[199]。K-L 散度表达式如下：

$$C=\sum \mathrm{KL}(P \| Q)=\sum_{i} \sum_{j} p_{ij} \ln \frac{p_{ij}}{q_{ij}} \tag{5.3.4}$$

式中，p_{ij} 为高维空间样本分布的联合概率，表示样本 x_i 和 x_j 互为近邻的概率；q_{ij} 为低维空间样本分布的联合概率，表示数据点 y_i 和 y_j 互为近邻的概率。p_{ij}，q_{ij} 的表达式分别为

$$p_{ij}=\frac{\exp(-\|x_i-x_j\|^2/2\sigma^2)}{\sum\limits_{k\neq l}\exp(-\|x_k-x_l\|^2/2\sigma^2)} \tag{5.3.5}$$

$$q_{ij}=\frac{(1+\|y_i-y_j\|^2)^{-1}}{\sum\limits_{k\neq l}(1+\|y_k-y_l\|^2)^{-1}} \tag{5.3.6}$$

式中，σ 为以高维空间样本点 x_i 为中心的高斯方差。利用人为经验选择复杂度因子，再以二进制搜索方法可计算 σ。

复杂度因子(perplexity)的定义为

$$\mathrm{Perp}(P)=2^{H(P)} \tag{5.3.7}$$

式中，$H(P)=-\sum p_{ij}\log_2 p_{ij}$。

对高维空间样本进行非线性降维，t-SNE 利用随机梯度下降方法优化迭代，梯度计算式为

$$\frac{\delta C}{\delta y_i}=4\sum_j(p_{ij}-q_{ij})(y_i-y_j)(1+\|y_i-y_j\|^2)^{-1} \tag{5.3.8}$$

迭代计算公式为

$$\gamma^{(t)}=\gamma^{(t-1)}+\eta\frac{\delta C}{\delta\gamma}+\alpha(t)(\gamma^{(t-1)}-\gamma^{(t-2)}) \tag{5.3.9}$$

式中，t 为迭代次数，η 为学习率，$\alpha(t)$表示动量因子，$\gamma^{(t)}$是高维空间样本进行非线性降维后得到的低维样本数据。本章中进行 t-SNE 维数约简的参数取值为：$t=200$，$\eta=500$，$\alpha(t)=0.8$。

5.3.4 主流形重构

高维空间样本集 $X=\{x_1,x_2,\cdots,x_N\}\in\mathbf{R}^n$，经 t-SNE 维数约简，在低维空间中表示为 $Y=\{y_1,y_2,\cdots,y_N\}\in\mathbf{R}^m$。式中，$n$ 表示高维空间样本维数，m 为低维流形本征维数，$m<n$，本征维数 m 可由样本分布特性采用极大似然估计计算。

主流形重构可表示为

$$x_i=f(y_i)+\varepsilon_i \tag{5.3.10}$$

式中，ε_i 为噪声，$f(y_i)$为非线性映射函数。

主流形重构是依据低维空间的数据 y_i，重构对应的高维空间数据 x_i，即估计高维空间的主流形 $f(y_i)$。谱回归分析法可以用来计算高维空间向低维映射的投影矩阵[200]，本章将其用于估计主流形。将低维主流形重构至原高维空间，其数学

表达式为

$$\boldsymbol{F}=((YY^{\mathrm{T}})^{-1}YX^{\mathrm{T}})^{\mathrm{T}}Y \tag{5.3.11}$$

5.3.5　基于双树复小波包主流形重构的去噪流程

基于双树复小波包主流形重构的去噪方法步骤如下。

步骤1：对含噪声信号进行DTCWPT分解，将信号分解到多尺度时频空间。

步骤2：利用各尺度小波包系数香农熵搜索实部树与虚部树的最佳小波包基。

步骤3：利用DTCWPT阈值去噪准则，分别保留实、虚部树最佳小波包基上两个节点的小波包系数不变，采用新阈值函数对余下节点的小波包系数进行阈值量化处理。

步骤4：对DTCWPT实部树、虚部树最佳小波包基上所有节点的小波包系数进行单支重构，获得单支重构信号。

步骤5：将所有单支重构信号按列排成一个矩阵，组成高维特征空间。

步骤6：利用t-SNE对步骤5中构建的高维特征进行降维处理，本征维数由最大似然估计计算，获取高维特征的低维流形表达。

步骤7：采用新阈值函数对低维特征空间中的元素进行阈值量化处理。

步骤8：利用谱回归分析法重构含噪信号的主流形，将噪声和有用信号进行分离。

步骤9：将获取的含噪信号的主流形表达重构至一维信号，得到去噪后的信号。

5.4　基于双树复小波包主流形重构的故障诊断

5.4.1　故障诊断流程

基于双树复小波包主流形重构的故障诊断方法如图5.8所示。首先，利用本章提出的双树复小波包主流形重构的去噪方法对振动信号进行去噪处理；然后，对去噪后信号进行频谱分析，提取频谱图中的特征频率峰值，与传动部件的典型特征频率进行比对，完成传动部件的故障诊断。

5.4.2　实验与分析

1. 仿真信号分析

为验证本章提出的基于双树复小波包主流形重构去噪方法的效果，通过构建一组滚动轴承故障状态的仿真信号进行去噪分析，其仿真信号表达式为

$$x(t)=x_0\mathrm{e}^{-2\pi f_{\mathrm{n}}\xi t}\sin(2\pi f_{\mathrm{n}}\sqrt{1-\xi^2}\,t) \tag{5.4.1}$$

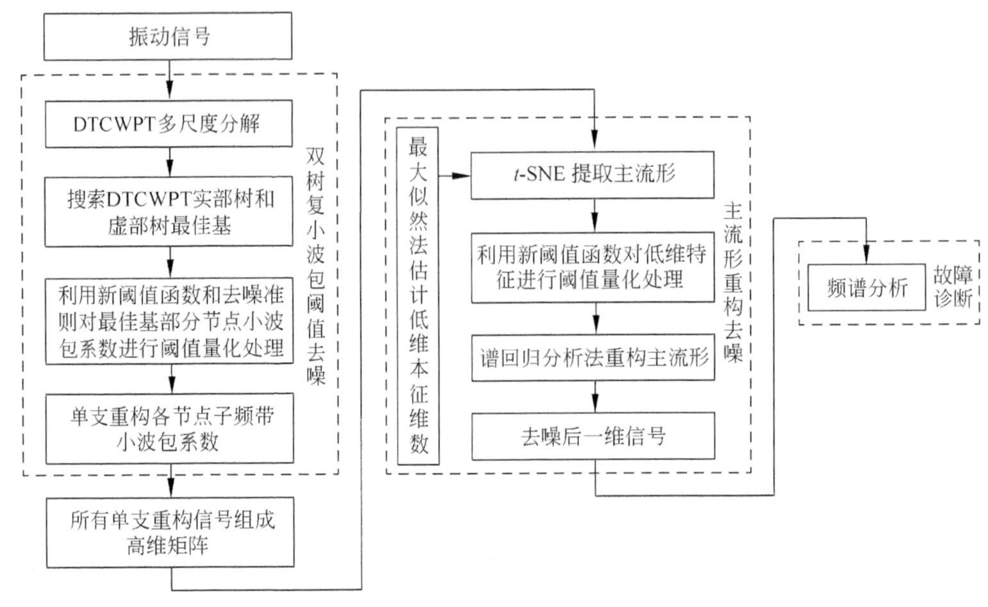

图 5.8 基于双树复小波包主流形重构的故障诊断方法流程

式中，ξ 为阻尼系数，f_n 为固有频率，x_0 为位移常数。取 $\xi=0.05$，$f_n=500$，$x_0=2$，设定冲击信号周期为 0.055s，采样点数为 2000，采样频率为 10kHz。对仿真信号添加噪声，使信噪比为−2dB，仿真信号和含噪声仿真信号时域波形如图 5.9 和图 5.10(a)所示。

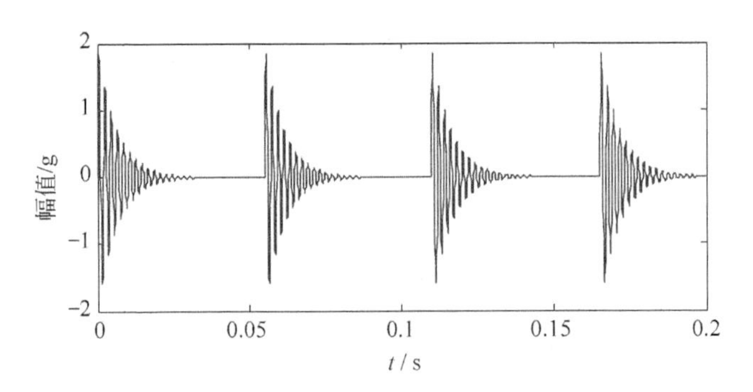

图 5.9 仿真信号时域波形

将本章方法分别与基于相空间重构和 LTSA 的去噪方法[43]（方法 1）、基于小波包分解矩阵和 LTSA 的去噪方法[201]（方法 2）、基于小波包分解相空间重构和 LTSA 的去噪方法[33]（方法 3），以及本章提出的双树复小波包新阈值去噪方法（方法 4）进行对比分析。

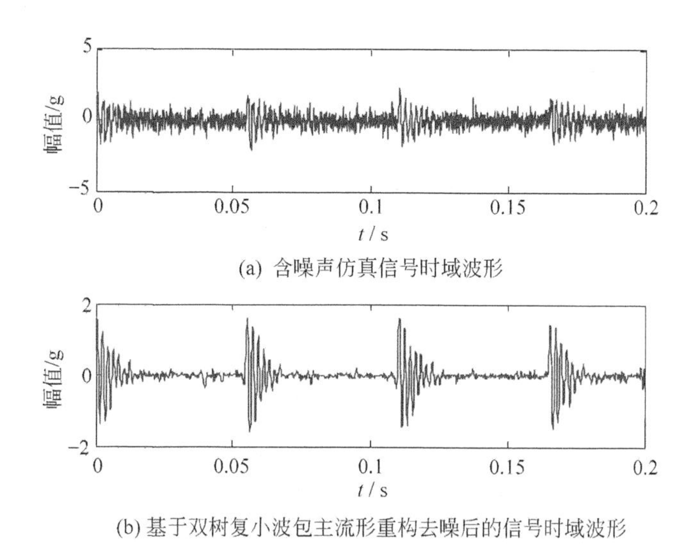

(a) 含噪声仿真信号时域波形

(b) 基于双树复小波包主流形重构去噪后的信号时域波形

图 5.10　基于双树复小波包主流形重构去噪后的信号时域波形

将含噪声仿真信号进行 3 层 DTCWPT 分解，计算得到最佳实部树节点为(8,9,10,11,12,13,14,15)，最佳虚部树节点为(8,9,10,11,6,14,15)，利用阈值去噪准则得到实部树和虚部树都保留第 8 节点和第 9 节点小波包系数不变，阈值函数中参数的值选择为 $m=2$，$k=0.2$。方法 2 和方法 3 选择 db8 小波包基对含噪信号进行 3 层小波包分解。利用 LTSA 进行维数约简的本征维数都采用极大似然估计法计算。

采用本章方法去噪后的信号时域如图 5.10(b)所示，信号幅值特征较好地得到了保持，噪声成分也较少。图 5.11(a)为利用方法 1 去噪后的效果，信号中噪声强度较低，但幅值特征与原始信号相比有所衰减；图 5.11(b)为利用方法 2 去噪后的效果，信号中的冲击特征很明显，但去噪后的信号与原始信号相比失真度较大。图 5.12(a)为利用方法 3 去噪后的效果，较好地保持了原始信号的幅值特征，但去噪信号中还存在部分噪声；图 5.12(b)为利用方法 4 去噪后的效果，信号中的冲击特征很明显，也能较好地保持信号幅值特征，但去噪信号中还存在较多的噪声成分。

采用信噪比(signal to noise ratio，SNR)、均方误差(mean square error，MSE)和波形相似系数(normalized correlation coefficient，NCC)这 3 种指标评价各方法的去噪效果。如表 5.1 所示，对比其他 4 种去噪方法，采用本章提出方法的去噪信噪比最高、均方误差最小、波形相似系数最大，去噪效果最佳。

(1) 信噪比，计算式为

$$\mathrm{SNR}=10\lg\left(\sum_{i=1}^{N}S_i^2\Big/\sum_{i=1}^{N}(S_i-S'_i)^2\right)\tag{5.4.2}$$

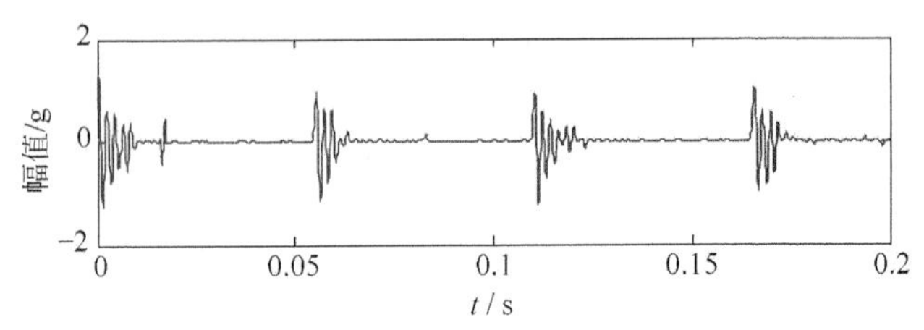

(a) 基于相空间重构和LTSA去噪后的信号时域波形

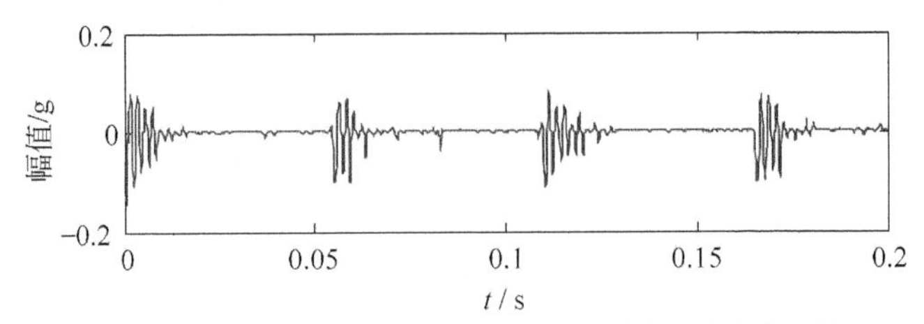

(b) 基于小波包矩阵和LTSA去噪后的信号时域波形

图 5.11 基于方法 1 和方法 2 去噪后的信号时域波形

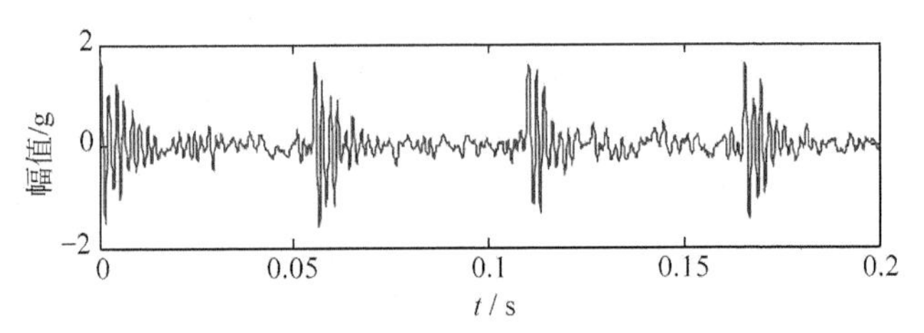

(a) 基于小波包相空间重构和LTSA去噪后的信号时域波形

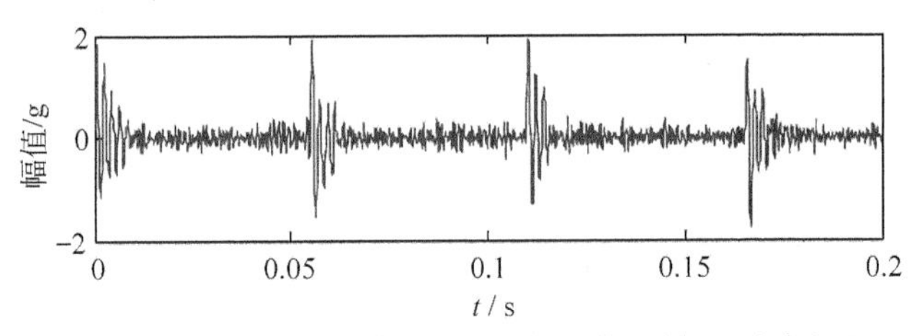

(b) 基于双树复小波包阈值去噪后的信号时域波形

图 5.12 基于方法 3 和方法 4 去噪后的信号时域波形

(2) 均方误差，计算式为

$$\mathrm{MSE}=\sum_{i=1}^{N}(S_i-S'_i)^2/N \tag{5.4.3}$$

(3) 波形相似系数，计算式为

$$\mathrm{NCC}=\sum_{i=1}^{N}S_iS'_i\Bigg/\sqrt{\left(\sum_{i=1}^{N}S_i^2\right)\left(\sqrt{\sum_{i=1}^{N}S'^2_i}\right)} \tag{5.4.4}$$

表 5.1 各种方法对含噪声信号的去噪指标

去噪方法	双树复小波包主流形重构的去噪方法	方法 1	方法 2	方法 3	方法 4
SNR	20.4266	16.5754	2.7397	15.5074	13.4427
MSE	0.0027	0.0036	0.0076	0.0037	0.0041
NCC	0.9441	0.9076	0.6911	0.9002	0.8615

2. 实例 1 分析

为了验证本章提出的双树复小波包主流形重构故障诊断方法的效果，采用 IMS 轴承疲劳寿命实验数据[202-203]，选择其中的轴承 1 出现外圈故障的数据，实验台简图如图 5.13 所示。主轴转速为 2000r/min，采样频率为 20kHz，主轴上装有 4 个同型号的轴承，各轴承处布置了传感器，轴承尺寸参数：滚动体为 16 个，滚动体直径为 0.331in(1in=25.4mm(准确值))，轴承节径为 2.815in，接触角为 15.17°。实验中每隔 10 分钟采集一次振动数据，共采集 984 组数据后，疲劳实验结束。本节选择轴承早期外圈故障状态下的数据，截取第 696 组样本中的 2048 个数据进行分析。

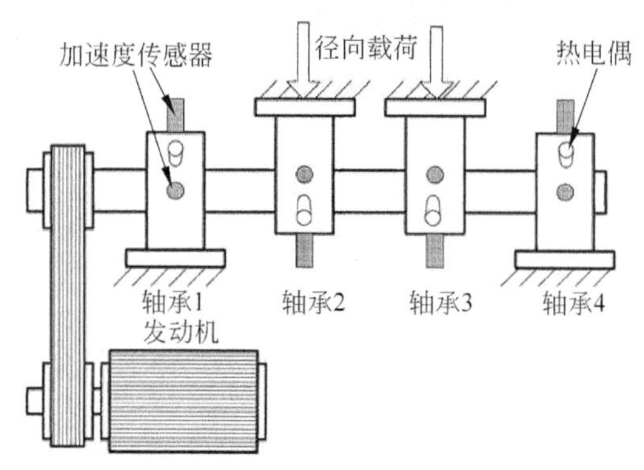

图 5.13 轴承实验台

实验中测得轴承外圈故障的振动信号如图 5.14 所示，时域图中存在冲击成分，信号中噪声成分较多。将故障信号进行 3 层 DTCWPT 分解，计算得到最佳实部树节点为(8,9,10,11,12,13,14,15),最佳虚部树节点为(8,9,10,11,12,13,14,15),利用阈值去噪准则得到实部树和虚部树都保留第10节点和第11节点小波包系数不变,阈值函数中参数的值选择为 $m=2,k=0.2$。方法2和方法3选择db8小波包基对含噪信号进行3层小波包分解。

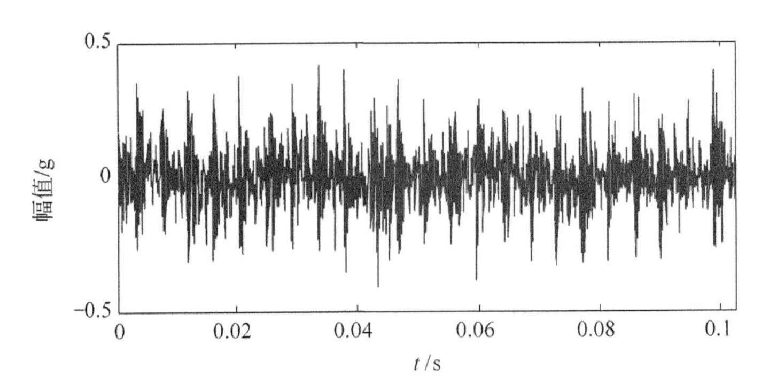

图 5.14 外圈故障振动信号时域图

采用本章方法去噪和故障诊断的效果如图5.15所示,去噪后信号中的周期性冲击特征非常明显,噪声也得到了消除,经包络解调,在包络谱中存在外圈故障特征频率的1～7倍频。图5.16为采用方法1和方法2进行去噪诊断的结果,图5.16(a)中解调出了故障特征频率的1～5倍频,接近本章提出方法的去噪效果。图5.16(b)中只获取故障特征频率的1～2倍频,说明方法2在去除噪声成分的同时也较大限度地去除了有用信号成分。

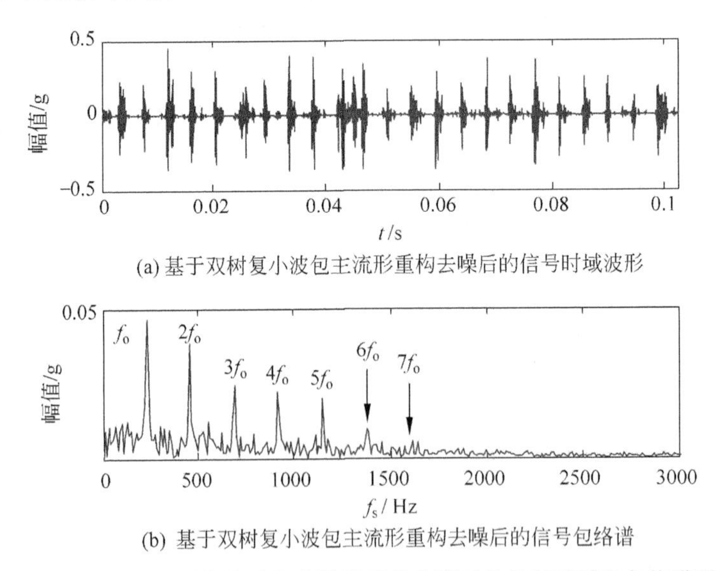

(a) 基于双树复小波包主流形重构去噪后的信号时域波形

(b) 基于双树复小波包主流形重构去噪后的信号包络谱

图 5.15 基于双树复小波包主流形重构去噪后的信号时域和包络谱图

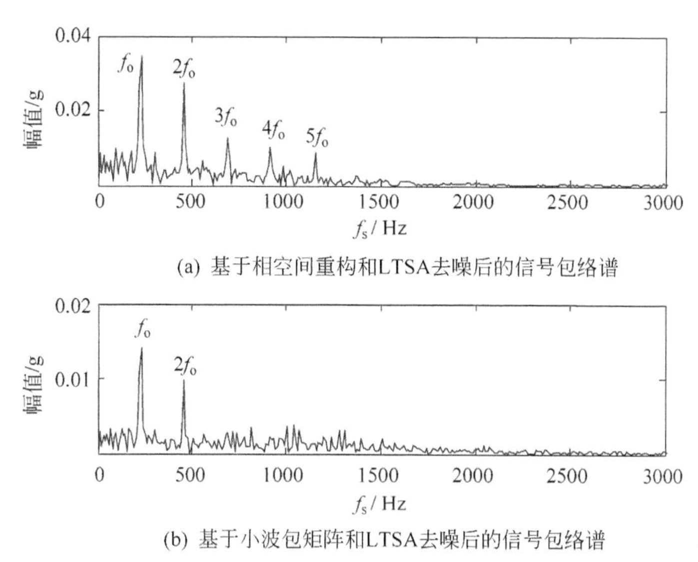

(a) 基于相空间重构和LTSA去噪后的信号包络谱

(b) 基于小波包矩阵和LTSA去噪后的信号包络谱

图 5.16　基于方法 1 和方法 2 去噪后的信号包络谱图

如图 5.17 所示，采用方法 3 和方法 4 对信号进行去噪后，分别能解调出故障特征频率的 1～5 倍频和 1～4 倍频，但图 5.17(a)中存在较多的干扰信号。通过对比分析可知，采用本章提出的双树复小波包主流形重构去噪方法进行去噪后，信号包络谱中故障特征频率倍频最多，各倍频幅值都大于其他 4 种方法，能诊断出轴承外圈故障。

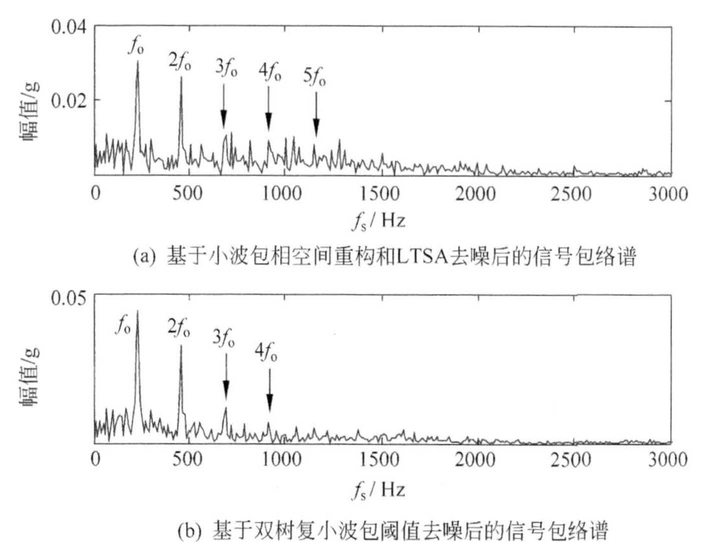

(a) 基于小波包相空间重构和LTSA去噪后的信号包络谱

(b) 基于双树复小波包阈值去噪后的信号包络谱

图 5.17　基于方法 3 和方法 4 去噪后的信号包络谱图

3. 实例2分析

采用轴承滚动体故障数据验证本章提出的故障诊断方法。实例数据来自凯斯西储大学滚动轴承故障实验[204]。轴承类型为6203-2RS JEM SKF深沟球轴承，采用电火花加工对滚动体设置单点损伤，损伤直径为0.007in，深度为0.011in，轴转速为1750r/min，采样频率为12kHz。通过计算，滚动体理论故障特征频率为116Hz。截取4800个采样点。

滚动体故障信号时域图如图5.18所示，故障信号中存在冲击成分，并且信号中噪声成分较多。将故障信号进行3层DTCWPT分解，计算得到最佳实部树节点为(8,9,10,11,12,13,14,15)，最佳虚部树节点为(8,9,10,11,12,13,14,15)，利用阈值去噪准则得到实部树和虚部树都保留第14节点和第15节点小波包系数不变，阈值函数中参数的值选择为$m=2,k=0.2$。方法2和方法3选择db8小波包基对含噪信号进行3层小波包分解。

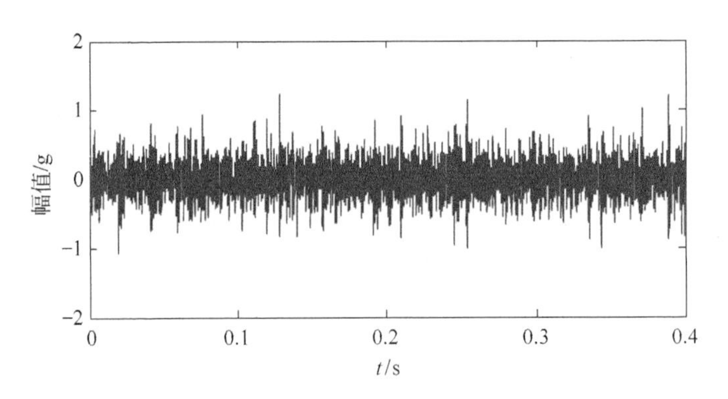

图5.18 滚动体故障信号时域图

采用本章方法去噪和诊断的效果如图5.19所示，去噪后信号中周期性冲击特征非常明显，较大限度地消除了噪声，在包络谱中存在滚动体故障特征频率的1～4倍频。图5.20为分别采用方法1和方法2进行诊断的结果，两种方法都只解调得到滚动体故障特征频率的1～3倍频，并且故障特征频率及其倍频的幅值较小，主要因为这两种方法在去除噪声成分的同时也去除了有用的信号成分。如图5.21所示，采用方法3和方法4对信号进行去噪后，能分别解调出滚动体故障特征频率的1～3倍频和1～2倍频，比图5.19(b)、图5.21(a)中的故障特征频率及其倍频的幅值小，并且还存在较多的干扰信号。通过对比分析可知，采用本章提出的双树复小波包主流形重构的去噪方法进行去噪的效果最佳，并能诊断出轴承滚动体的故障。

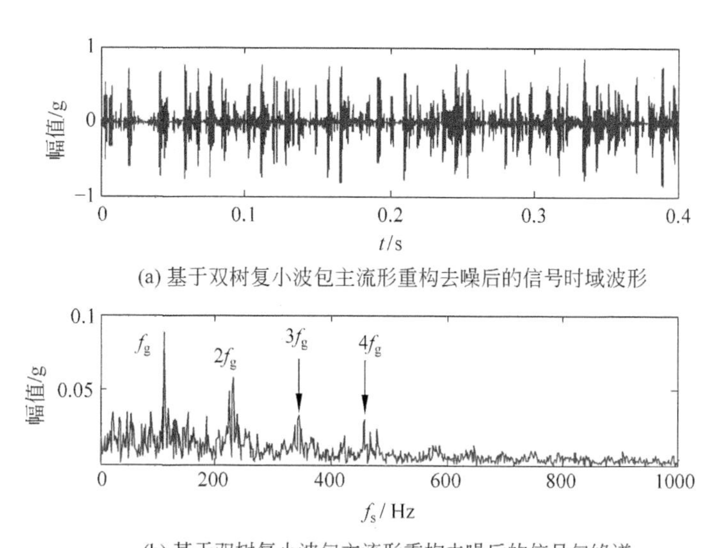

图 5.19 基于双树复小波包主流形重构去噪后的信号时域和包络谱图

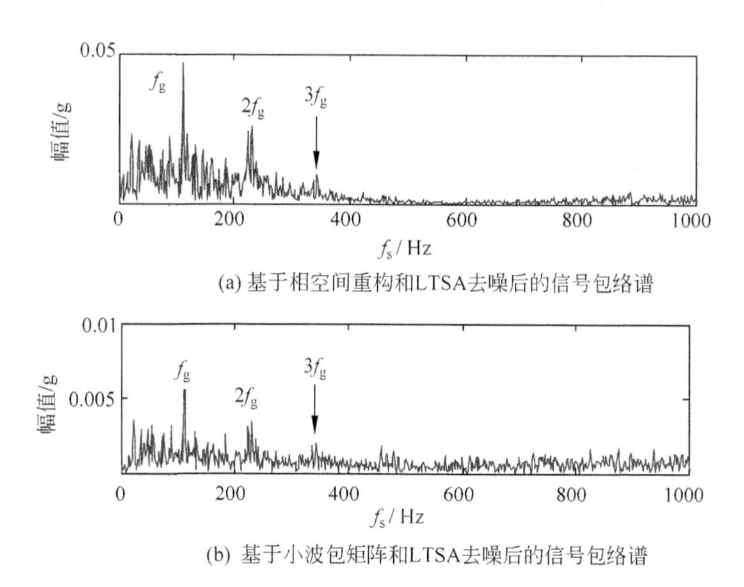

图 5.20 基于方法 1 和方法 2 去噪后的信号包络谱图

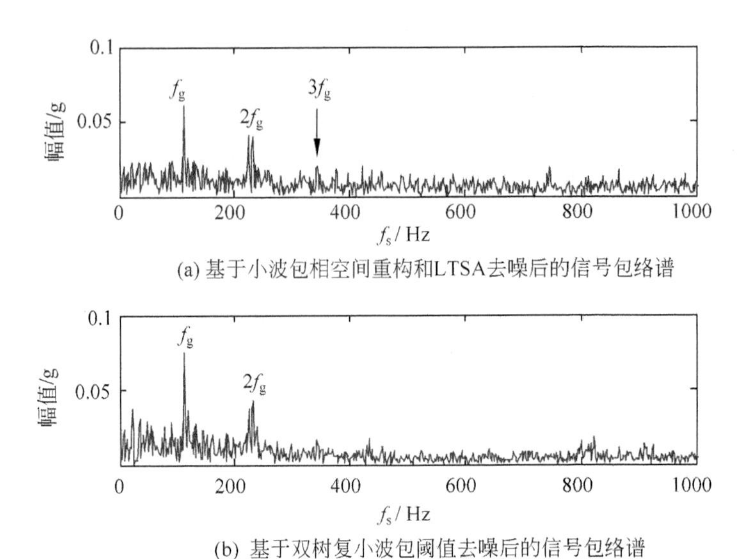

图 5.21　基于方法 3 和方法 4 去噪后的信号包络谱图

第6章 CHAPTER 6 基于自适应流形学习的故障诊断方法

6.1 引言

第5章研究的是基于谱分析的故障诊断方法，当机械传动部件出现复合故障时，振动信号成分较复杂，仅利用频谱特征进行诊断存在局限性，易出现漏诊，而智能诊断方法通过训练模型，能较好地区分不同类型及不同损伤程度的故障，诊断结果更加可靠。因此，本章研究智能诊断方法对机械传动部件进行故障诊断。

特征提取是进行智能诊断的基础，多维特征相对于单一特征可综合反映机电装备的状态，避免单一特征引起的波动性与片面性的不足，但多维特征中的冗余信息及干扰成分会影响特征的敏感性。因此，通常采用特征选择或者特征融合的方法从多维特征中构造低维敏感特征，以提高特征的判别性。流形学习算法可用于特征融合，其中，局部切空间排列算法是基于切空间的非线性流形学习算法，用近似的局部切空间来表示样本点所在流形的局部几何，算法中可变参数选择少，具有计算时间短、降维效果好的优点。本章利用局部切空间排列算法挖掘多维特征中隐含的非线性本质信息，用于转速及负载不变的恒工况下机械传动部件的故障诊断。

6.2 多域特征提取方法

6.2.1 故障特征

结合3.2节的多域特征构造方法，采用振动信号对机械装备运行状态进行评估，一般从信号的时域、频域、时频域中提取相应的特征作为诊断依据。时域分析是描述信号的波形与振幅随时间的变化；频域分析是描述信号的功率或能量随频率的变化；时频分析是研究信号的频谱随时间的变化，在时间和频率维度同时表示信号的强度或能量的分布。

时域、频域特征一般包括：均方根、峭度、偏斜度、峰值因子、频谱均方差、包络谱方差等。表 6.1 中包含了 11 个时域特征参数($p_1 \sim p_{11}$)和 13 个频域特征参数

表 6.1　特征参数[205]

序号	特征表达式	序号	特征表达式	序号	特征表达式
1	$p_1 = \dfrac{\sum_{n=1}^{N} x(n)}{N}$	9	$p_9 = \dfrac{p_5}{p_3}$	17	$p_{17} = \sqrt{\dfrac{\sum_{k=1}^{K}(f_k - p_{16})^2 s(k)}{K}}$
2	$p_2 = \sqrt{\dfrac{\sum_{n=1}^{N}(x(n) - p_1)^2}{N-1}}$	10	$p_{10} = \dfrac{p_4}{\frac{1}{N}\sum_{n=1}^{N} \lvert x(n) \rvert}$	18	$p_{18} = \sqrt{\dfrac{\sum_{k=1}^{K} f_k^2 s(k)}{\sum_{k=1}^{K} s(k)}}$
3	$p_3 = \left(\dfrac{\sum_{n=1}^{N}\sqrt{\lvert x(n) \rvert}}{N}\right)^2$	11	$p_{11} = \dfrac{p_5}{\frac{1}{N}\sum_{n=1}^{N} \lvert x(n) \rvert}$	19	$p_{19} = \sqrt{\dfrac{\sum_{k=1}^{K} f_k^4 s(k)}{\sum_{k=1}^{K} f_k^2 s(k)}}$
4	$p_4 = \sqrt{\dfrac{\sum_{n=1}^{N} x(n)^2}{N}}$	12	$p_{12} = \dfrac{\sum_{k=1}^{K} s(k)}{K}$	20	$p_{20} = \dfrac{\sum_{k=1}^{K} f_k^2 s(k)}{\sqrt{\sum_{k=1}^{K} s(k) \sum_{k=1}^{K} f_k^4 s(k)}}$
5	$p_5 = \max \lvert x(n) \rvert$	13	$p_{13} = \dfrac{\sum_{k=1}^{K}(s(k) - p_{12})^2}{K-1}$	21	$p_{21} = \dfrac{p_{17}}{p_{16}}$
6	$p_6 = \dfrac{\sum_{n=1}^{N}(x(n) - p_1)^3}{(N-1)p_2^3}$	14	$p_{14} = \dfrac{\sum_{k=1}^{K}(s(k) - p_{12})^3}{K(\sqrt{p_{13}})^3}$	22	$p_{22} = \dfrac{\sum_{k=1}^{K}(f_k - p_{16})^3 s(k)}{K p_{17}^3}$
7	$p_7 = \dfrac{\sum_{n=1}^{N}(x(n) - p_1)^4}{(N-1)p_2^4}$	15	$p_{15} = \dfrac{\sum_{k=1}^{K}(s(k) - p_{12})^4}{K p_{13}^2}$	23	$p_{23} = \dfrac{\sum_{k=1}^{K}(f_k - p_{16})^4 s(k)}{K p_{17}^4}$
8	$p_8 = \dfrac{p_5}{p_4}$	16	$p_{16} = \dfrac{\sum_{k=1}^{K} f_k s(k)}{\sum_{k=1}^{K} s(k)}$	24	$p_{24} = \dfrac{\sum_{k=1}^{K}(f_k - p_{16})^{1/2} s(k)}{K\sqrt{p_{17}}}$

($p_{12} \sim p_{24}$),在各特征表达式中,$x(n)$为时域信号序列,$n=1,2,\cdots,N$;N为样本点数;$s(k)$为信号$x(n)$的频谱,$k=1,2,\cdots,K$;K为谱线数;f_k为第k条谱线的频率值。其中,时域特征参数p_1和$p_3 \sim p_5$描述时域信号的幅值和能量变化;p_2和$p_6 \sim p_{11}$描述时域信号的时间序列分布情况;频域特征参数p_{12}描述频域能量变化;$p_{13} \sim p_{15}$,p_{17},$p_{21} \sim p_{24}$反映频谱的集中与分散程度;p_{16}和$p_{18} \sim p_{20}$反映主频带位置的变化。

时频域特征包括:样本熵、排列熵、小波能量熵、EEMD香农熵等,一般利用小波分析、经验模态分解等时频分析方法进行计算。

6.2.2 故障特征选择方法

特征选择的目的是选择出判别性强的特征子集,并且特征数量尽可能地少。通常从类分布的角度考虑特征选择的过程,优选的特征使得类间样本分布较远,类内样本分布较密集,但特征子集可能存在较高的冗余度。大多数特征选择算法是与分类器结合,依据分类精度选择特征的数量,减小冗余。由这类方法选择的特征分类精度高,但同时也增加了系统复杂度。本节基于费希尔准则选择特征,利用皮尔逊相关系数法减小特征集的冗余,计算量小。

费希尔准则能依据样本的散布情况评价特征的敏感度。费希尔比值f_k大的特征能使样本类间散度S_k^{b}大,使类内散度S_k^{w}小。其计算公式为

$$S_k^{\mathrm{w}} = \frac{1}{C}\sum_{i=1}^{C}\frac{1}{n_i}\sum_{j=1}^{n_i}(x_k^{i,j} - u_k^i)^2 \tag{6.2.1}$$

$$S_k^{\mathrm{b}} = \frac{1}{C}\cdot\sum_{i=1}^{C}(u_k^i - u_k)^2 \tag{6.2.2}$$

$$f_k = \frac{S_k^{\mathrm{b}}}{S_k^{\mathrm{w}}} \tag{6.2.3}$$

式中,C为样本类别数,n_i是第i类样本数量,$x_k^{i,j}$为第i类样本中第j($j=1,2,\cdots,n_i$)个样本的第k($k=1,2,\cdots,m$)个特征,u_k^i为第i类样本集所有样本在第k个特征的均值,u_k为所有类的样本在第k个特征的均值。

为初步选择敏感特征,给f_k设定阈值η。本节将所有特征类间散度的均值与类内散度的均值之比作为阈值,有

$$\eta = \frac{\sum_{k=1}^{m} S_k^{\mathrm{b}}}{\sum_{k=1}^{m} S_k^{\mathrm{w}}} \tag{6.2.4}$$

采用皮尔森相关系数法表征特征间的相关程度，减小特征集的冗余，可降低系统复杂度。其计算公式为

$$r=\frac{\sum xy-\frac{\sum x\sum y}{n}}{\sqrt{\left(\sum x^2-\frac{\left(\sum x\right)^2}{n}\right)\left(\sum y^2-\frac{\left(\sum y\right)^2}{n}\right)}} \tag{6.2.5}$$

式中，x，y 表示两类特征，n 为样本数。相关系数的阈值设定为 δ，δ 取值越大，保留的特征越多；反之，特征较少。

改进费希尔准则特征选择的算法如下。

步骤 1：通过样本集提取各特征指标，结合式(6.2.1)～式(6.2.3)计算出各特征的费希尔比 f_k，将 f_k 从大到小排列；依据式(6.2.4)计算阈值 η，选择 $f_k\geqslant\eta$ 的特征。假设保留的特征数目为 l，构造矩阵 $\mathbf{A}=(a_1,a_2,\cdots,a_l)$，$a_l$ 对应 f_k 从大到小排列的特征；依据式(6.2.5)计算特征间的相关系数，得到 $l\times l$ 的相关度矩阵 $\boldsymbol{B}_{ij}(i,j=1,2,\cdots,l)$，将 $\boldsymbol{B}_{ij}$ 各列的值 b_{ij} 从大到小排列。

步骤 2：$j=1:l$，采用顺序前进搜索法，$i=j+1$。若 $b_{ij}<\delta$，进入步骤 3；若 $b_{ij}\geqslant\delta$，删除第 i 个特征，进入步骤 3；假如此特征已被删除，使 $i=i+1$，再次判断 b_{ij} 与 δ 的大小，决定是否删除第 i 个特征。

步骤 3：$j=j+1$，若 $j=l$，搜索停止；否则，执行步骤 2。

6.3 自适应邻域参数选择的局部切空间排列算法

6.3.1 局部切空间排列算法

LTSA 是基于切空间的流形学习算法，用近似的局部切空间来表示样本点所在流形的局部几何。将样本邻域中各数据点到局部切空间的正交投影在全局坐标系中进行排列，得到低维嵌入表示。LTSA 算法将 D 维数据集 $X=\{x_1,x_2,\cdots,x_N\}(x_i\in\mathbf{R}^D)$投影为 d 维数据集 $Y=\{y_1,y_2,\cdots,y_N\}(y_i\in\mathbf{R}^d)$，$d<D$，LTSA 算法按以下步骤计算低维嵌入：

(1) 邻域选择。利用 k 最近邻(k-nearest neighbor，KNN)算法，对给定样本集 X 中的每一个样本 x_i 选择 k 个最近的样本构成局部邻域 $X_i=(x_{i1},x_{i2},\cdots,x_{ik})$。

(2) 局部坐标拟合。对各局部邻域 X_i，计算正交投影矩阵 $\mathbf{V}$ 使各样本到其投影的距离之和最小，即

$$\begin{cases}\underset{\boldsymbol{V}}{\arg\min}\sum_{j=1}^{k}\|x_{ij}-\bar{x}_i-\boldsymbol{V}\boldsymbol{V}^{\mathrm{T}}(x_{ij}-\bar{x}_i)\|_2^2\\ \text{s.t}\quad \boldsymbol{V}^{\mathrm{T}}\boldsymbol{V}=I\end{cases}\tag{6.3.1}$$

式中，$\bar{x}_i=\frac{1}{k}\sum_{j=1}^{k}x_{ij}$。局部低维坐标为 $\Theta_i=(\theta_{i1},\theta_{i2},\cdots,\theta_{ik})\in\mathbf{R}^{d\times k}$，其中 $\theta_{ij}=\boldsymbol{V}^{\mathrm{T}}(x_{ij}-\bar{x}_i)$。

(3) 全局低维坐标排列。假设 $Y=\{y_1,y_2,\cdots,y_N\}(y_i\in\mathbf{R}^d)$是样本集 X 对应的全局低维坐标，$y_{ij}(j=1,2,\cdots,k)$是 X_i 邻域内样本全局坐标。全局坐标可反映局部坐标几何结构，存在仿射变换 L_i 使 $y_{ij}=\overline{Y_i}+L_i\theta_{ij}+\varepsilon_{ij}$，$\varepsilon_{ij}$ 为重构误差，则样本 x_i 处的局部排列误差定义为 $E_i=Y_i-Y_i\boldsymbol{ee}^{\mathrm{T}}/k-L_i\Theta_i$，$\boldsymbol{e}=[1,\cdots,1]^{\mathrm{T}}\in\mathbf{R}^{k\times 1}$。通过最小化所有样本邻域排列误差之和得到全局低维坐标，即

$$\min\|E_i\|_F^2=\min\sum_{i}^{N}\left\|Y_i\left(\boldsymbol{I}-\frac{1}{k}\boldsymbol{ee}^{\mathrm{T}}\right)-L_i\Theta_i\right\|_F^2\tag{6.3.2}$$

将式(6.3.2)对 Y_i 求偏导，有 $L_i=Y_i\left(\boldsymbol{I}-\frac{1}{k}\boldsymbol{ee}^{\mathrm{T}}\right)\Theta_i^+$，由此 $E_i=Y_i\left(\boldsymbol{I}-\frac{1}{k}\boldsymbol{ee}^{\mathrm{T}}\right)(\boldsymbol{I}-\Theta_i^+\Theta_i)$，其中 Θ_i^+ 是 Θ_i 的 Moor Penrose 广义逆。令 $W_i=\left(\boldsymbol{I}-\frac{1}{k}\boldsymbol{ee}^{\mathrm{T}}\right)(\boldsymbol{I}-\Theta_i^+\Theta_i)$，$YS_i=Y_i$，其中 $S_i=[S_1,S_2,\cdots,S_N]$，S_i 是 0,1 选择矩阵。令 $\boldsymbol{B}=\boldsymbol{SWW}^{\mathrm{T}}\boldsymbol{S}^{\mathrm{T}}$，排列误差可变换为

$$\min\|\boldsymbol{E}\|_F^2=\min\operatorname{tr}(Y\boldsymbol{B}Y^{\mathrm{T}})\tag{6.3.3}$$

(4) 计算 d 维全局坐标。矩阵 $\boldsymbol{B}$ 的第 2 个至 $d+1$ 个最小特征值对应的特征向量即为全局低维坐标 Y。令 $G_i=[e/\sqrt{k},g_1,g_2,\cdots,g_d]$，其中$[g_1,g_2,\cdots,g_d]$是 $X_i-\bar{x}_i\boldsymbol{e}^{\mathrm{T}}$ 的 d 个最大右奇异矢量。$I_i=(i_1,i_2,\cdots,i_k)$是样本 x_i 的 k 个近邻，全局坐标矩阵 $\boldsymbol{B}$ 的计算如下：

$$\boldsymbol{B}(I_i,I_i)\leftarrow\boldsymbol{B}(I_i,I_i)+\boldsymbol{I}-G_iG_i^{\mathrm{T}}\tag{6.3.4}$$

6.3.2 自适应邻域参数的选择

LTSA 算法的基本思想是通过样本邻域的切空间来表征样本集的局部结构信息，邻域的构造影响算法的特征融合效果及工作效率。在邻域图的构建方面，传统的 k 最近邻法和 ε 邻域法易导致“短路”和邻域图不连通，而采用启发式算法优化邻域参数 k，能得到全局一致的邻域大小，但只适用于均匀分布的流形。对于非均匀分布的流形，需要依据流形局部几何特征动态调整邻域大小。因此，本节采用局部弯曲度、采样密度和局部切空间近似角度对样本邻域进行自适应压缩与扩张，提出一种自适应邻域选择的局部切空间排列算法(adaptive local tangent space alignment,ALTSA)。

流形曲率高,弯曲度大,局部非线性程度也高,邻域应该取较少的近邻点;弯曲度小,局部线性程度高,邻域能选择较多的近邻点。文献[206]提出了利用样本点邻域的欧氏距离与测地距离之间的关系来反映流形局部的弯曲度。计算公式如式(6.3.5)和式(6.3.6)所示:

$$r_i = \sum_{x_i, x_j \in X_i} d_e(x_i, x_j) \Big/ \sum_{x_i, x_j \in X_i} d_g(x_i, x_j) \tag{6.3.5}$$

$$k_i = \frac{k \cdot r_i}{\left(\sum_{i=1}^{N} r_i\right) \Big/ N} \tag{6.3.6}$$

式中,x_i, x_j 是样本 X_i 邻域中的近邻点;$d_e(x_i, x_j)$表示邻域中任意两点间的欧氏距离;$d_g(x_i, x_j)$表示邻域中任意两点间的测地距离,测地距离的估计文献[35]中有详细介绍;k 为初始近邻个数;N 为样本点数目。

维数约简受流形上数据分布非均匀程度的影响,调整邻域的大小构建线性的局部结构能减弱这一因素的影响。用样本邻域内近邻点与样本之间的欧氏距离总和表示样本处局部流形密度。基于局部流形密度的邻域选择计算公式如式(6.3.7)和式(6.3.8)所示:

$$d_i = \sum_{x_i, x_j \in \boldsymbol{X}_i} d_e(x_i, x_j) \tag{6.3.7}$$

$$k'_i = \frac{k \cdot \sum_{i=1}^{N} d_i / N}{d_i} \tag{6.3.8}$$

d_i 值越小,表明邻域越密集,局部流形密度越大,k'_i尽可能取较多的近邻点数,使相连的邻域尽可能重叠以获得连通的邻域图;d_i 值越大,邻域越稀疏,为尽量避免将非近邻的样本或噪声归为邻域,k'_i取较小值。

在式(6.3.6)的基础上,结合式(6.3.8),样本邻域点数 K_i 的选择如式(6.3.9)所示:

$$K_i = \begin{cases} \max(k_i, k'_i) & r_i \geqslant \sum_{i=1}^{N} r_i / N \\ \min(k_i, k'_i) & r_i < \sum_{i=1}^{N} r_i / N \end{cases} \tag{6.3.9}$$

流形学习中关于样本邻域近邻数 K_i 的上下界没有明确的规定,通常认为 $K_i \in [d+1, N]$。式中,d 为流形的本征维数,N 是样本数量。当样本 X_i 的邻域误选入一个非近邻点时,根据测地距离的定义,$d_g(x_i, x_j) \to \infty$,由式(6.3.5)和式(6.3.6)有

$k_i=0$,依据邻域点数的下界,k_i 修改为 $k_i=d+1$,算法考虑过于简单。由此,本节假设一个较大的数 D(如取值 100),计算邻域中 k 个近邻点与样本 X_i 的测地距离 $d_g(x_i,x_j)$,用 a 表示 $d_g(x_i,x_j)\geqslant D$ 的近邻数量,本节选择的近邻点数下界为 $\max(k-a,d+1)$。由此,邻域中近邻数的范围为

$$K_i\in[\max(k-a,d+1),N] \tag{6.3.10}$$

通过自适应动态调整近邻点数 K_i,进一步对调整后的邻域进行检查,删除非近邻点,采用邻域局部切空间近似偏离角度来修正样本点邻域大小,偏离角度估计计算公式为

$$\theta_j^i=\arccos\frac{\|Q_iQ_i^{\mathrm{T}}(x_j^i-X_i)\|}{\|x_j^i-X_i\|} \tag{6.3.11}$$

式中,$x_j^i(j=1,2,\cdots,K_i)$表示样本 X_i 的近邻点,Q 是 X_i 邻域内的一组正交基。

改进自适应邻域选择的算法如下。

步骤 1:初始化近邻数 k 和本征维数 d。计算近邻点间的测地距离 $d_g(x_i,x_j)$,利用式(6.3.6),得到各样本新的近邻数 k_i。

步骤 2:计算式(6.3.8),得到 k_i',依据式(6.3.9)和式(6.3.10),得到近邻数 K_i。

步骤 3:若 $K_i>k$,扩展邻域,增加距离样本 X_i 测地距离小的前 $|K_i-k|$ 个样本点作为近邻;若 $K_i<k$,压缩邻域,删减邻域中距离样本 X_i 测地距离大的前 $|K_i-k|$ 个样本点。

步骤 4:设置偏离角度阈值 $\alpha=20$。对矩阵 $X_i(\boldsymbol{I}-\boldsymbol{ee}^{\mathrm{T}}/K_i)$奇异分解,$Q_i$ 取前 d 个较大的奇异值对应的正交向量,依据式(6.3.11),删减偏离切空间角度大于 α 的近邻点。各个样本获得新的近邻点数 K_i。

利用本节提出的自适应邻域参数选择方法,改进局部切空间排列算法,提出一种自适应局部切空间排列算法,算法步骤如下。

步骤 1:构造邻域。由 6.3.2 节,动态调整各样本邻域近邻点数 K_i。

步骤 2:线性逼近局部切空间,有

$$\min\|\varepsilon\|=\min_{Q_i\theta_i}\sum_{j=1}^{K_i}\|x_j^i-x_i-Q_i\theta_i\|^2 \tag{6.3.12}$$

式中:$\theta_i=Q_i^{\mathrm{T}}x_i(\boldsymbol{I}-\boldsymbol{ee}^{\mathrm{T}}/K_i)$为邻域各点在局部切空间投影的低维坐标表示。

步骤 3:局部切空间坐标全局排列。将局部坐标转换为具有统一坐标系的全局坐标,转换中误差平方和最小,即

$$\min\|\boldsymbol{E}\|=\min\sum_i\|T_i(\boldsymbol{I}-\boldsymbol{ee}^{\mathrm{T}}/K_i)-L_i\theta_i\|^2 \tag{6.3.13}$$

令 $H_i=\boldsymbol{I}-\boldsymbol{ee}^{\mathrm{T}}/K_i$,式(6.3.13)对 L_i 求导,得到 $L_i=T_iH_i\theta^+$,令 $TS_i=T_i$,S_i 为 0~1 选择矩阵,$W_i=H_i(I-\theta_i^+\theta_i)$。引入约束 $\boldsymbol{TT}^{\mathrm{T}}=\boldsymbol{I}_d$,与式(6.3.12)构造拉

格朗日函数,全局坐标 $\boldsymbol{T}=[T_1,T_2,\cdots,T_n]$可转换为求解矩阵 $\boldsymbol{B}=\boldsymbol{SWW}^{\mathrm{T}}\boldsymbol{S}^{\mathrm{T}}$ 的第 2 个至 $d+1$ 个最小特征值对应的特征向量。

$$\boldsymbol{B}(I_i,I_i) \leftarrow \boldsymbol{B}(I_i,I_i)+\boldsymbol{I}-G_iG_i^{\mathrm{T}} \tag{6.3.14}$$

式中,I_i 是样本 x_i 近邻点的小标; $G_i=[\boldsymbol{e}/K_i,g_1,g_2,\cdots,g_d]$,$g_j$ $(j=1,2,\cdots,d)$ 是 θ_i 前 d 个最大的右奇异值对应的正交特征向量。

6.3.3 实验与分析

采用本节提出的自适应局部切空间排列算法对机械传动部件进行故障诊断,诊断流程如图 6.1 所示。

步骤 1: 将机械传动部件的振动信号分为训练样本和测试样本,分别为各个样本构建 30 维时域、频域和时频域的混合特征集。

步骤 2: 利用本章提出的改进费希尔准则,从这个 30 维特征集中选择出部分敏感特征。

步骤 3: 将训练样本的敏感特征与测试样本的敏感特征合并,采用自适应局部切空间排列算法进行维数约简,分别得到训练样本和测试样本的低维特征。

步骤 4: 将训练样本和测试样本的低维特征作为 k 最近邻分类器(k-nearest neighbor classifier,KNNC)的输入,依据测试样本的邻域和训练样本类别信息进行轴承故障的诊断。

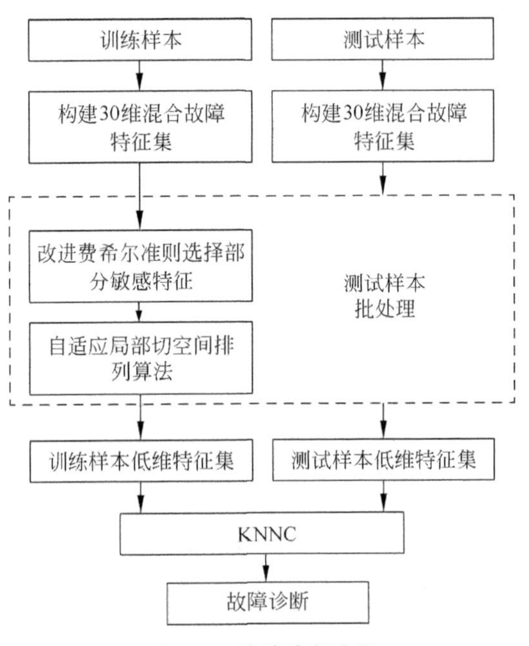

图 6.1 故障诊断流程

其中,30 维混合特征集的构建方法为：将样本进行 EMD 经验模态分解,计算各固有模态函数的希尔伯特谱,并进行奇异值分解,选择前 3 个较大的奇异值作为时频域特征；选择前 3 个与原样本相关程度高的固有模态函数,计算固有模态函数间的能量熵比值,组成 3 个时频域特征；将前 3 个与原样本相关程度高的固有模态函数重构,计算表 6.1 中的 11 个时域特征和 13 个频域特征,共组成 30 维特征。

(1) Swiss Roll Surface 数据验证

为验证本节提出的 ALTSA 方法维数约简效果及邻域参数 k 对算法的影响,采用 Swiss Roll Surface 数据集,将其从三维空间映射至二维平面,并与 LTSA 算法、文献[206]中邻域点数 k 自适应变化的局部切空间排列算法(variable k local tangent space alignment,VKLTSA)的嵌入性能进行对比。

如图 6.2 所示,从 Swiss Roll Surface 随机采集 1500 个点,k 的初值选取 15,3 种方法都能较完美地将数据嵌入二维空间。如图 6.3 和图 6.4 所示,当采样点数为 800 和 400 的稀疏数据集时,k 的初值取 10,采用 LTSA 和 VKLTSA 算法均使 Swiss Roll Surface 展开在二维平面产生部分扭曲,而 ALTSA 方法嵌入效果较好,表明本节提出的自适应局部切空间排列算法的健壮性较好。

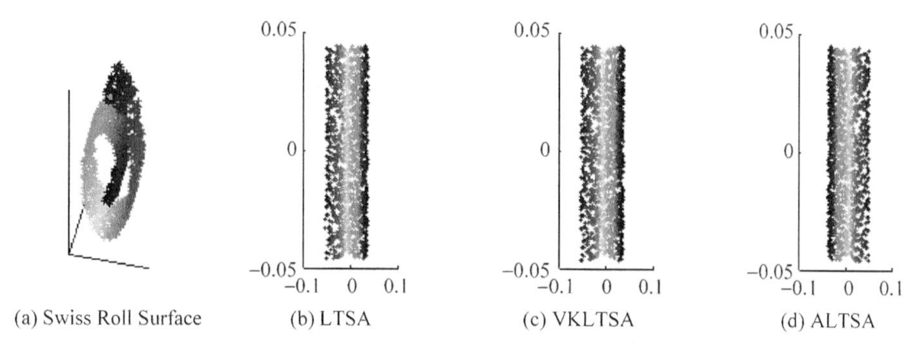

图 6.2 在密集数据集上的嵌入结果($N=1500,k=15$)(后附彩图)

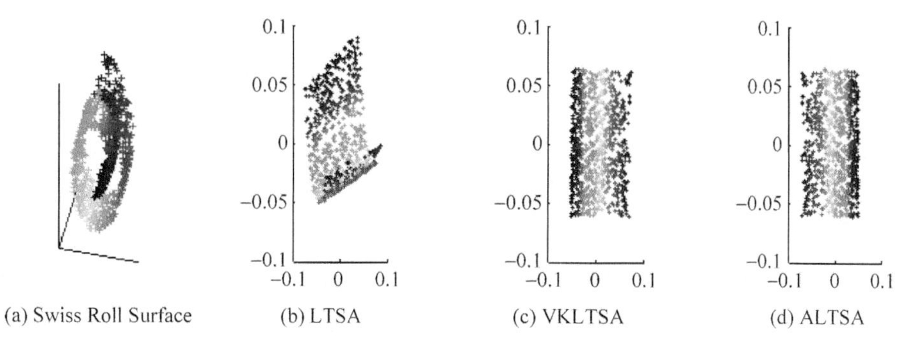

图 6.3 在稀疏数据集上的嵌入结果($N=800,k=10$)(后附彩图)

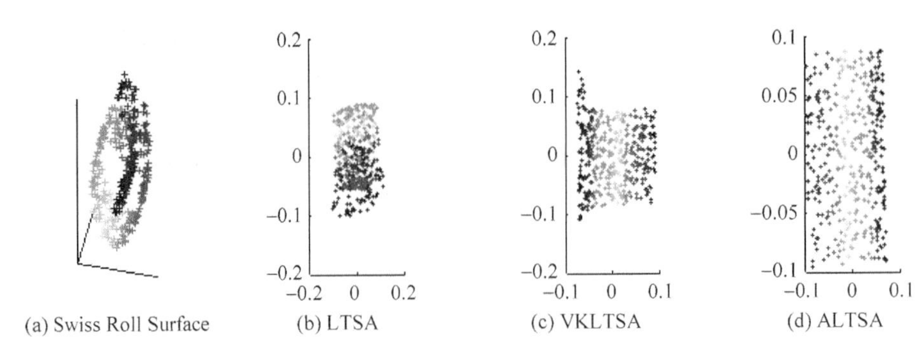

图 6.4 在稀疏数据集上的嵌入结果($N=400,k=10$)(后附彩图)

(2) 实例数据

为验证本节提出算法的故障诊断能力,采用凯斯西储大学电气工程实验室的滚动轴承故障实验数据进行分析。轴承型号为 6203-2RS JEM SKF,采样频率为 12kHz,主轴转速为 1750r/min。以 1200 个采样点为一组,分别测取损伤尺寸为 0.5334mm 的轴承内圈故障、滚动体故障、外圈故障(严重)和损伤尺寸为 0.1778mm 的轴承外圈故障(轻度)及正常状态下的振动信号各 80 组,其中,选择各状态下的前 50 组作为训练样本,后 30 组作为测试样本。

利用费希尔准则,敏感特征选择的结果为:第 2,3,4,10,12,16,17,18,19,20,21,22,23,24,26,27,30 个特征,共 17 个特征。采用改进费希尔准则,选取皮尔森相关系数法中的阈值 ε 为 0.5,敏感特征选择的结果为:第 3,4,10,18,19,20,21,22,24,30 个特征,共 10 个特征。

为方便可视化,本征维数 d 取 3。以 LTSA 算法邻域 k 初值选取 35,60,90 为例,分别说明本节中的 4 种维数约简方法的效果,包括:①改进费希尔准则+ALTSA 算法;②改进费希尔准则+LTSA 算法;③改进费希尔准则+VKLTSA 算法;④费希尔准则+ALTSA 算法。当 $k=35$ 时,如图 6.5~图 6.7 所示,前 3 种算法的降维结果都能分离 5 类滚动轴承的状态。当 $k=60$ 时,如图 6.8~图 6.10 所示,方法 1 的降维结果能分离 5 类轴承状态,方法 2 降维结果类间散度小,方法 3 降维结果类内散度大。当 $k=90$ 时,如图 6.11~图 6.13 所示,前 3 种方法都不能将外圈轻度故障与严重故障两种状态完全分离,方法 2,3 的降维结果耦合更大。

由于篇幅有限,只以 $k=60$ 为例,对比方法①和④,如图 6.8 和图 6.14 所示。改进费希尔准则后,减少了特征集中的冗余,维数约简后类间散度大,类内散度更小,费希尔比值分别为 39.76 和 23.25。

本节对新增样本的处理是重新进行全局坐标的排列,将各状态的 30 组测试样本与 250 组训练样本进行 ALTSA 降维。将训练样本集和测试样本集的低维特征作为 KNNC 的输入,分析测试样本进行轴承状态的识别。

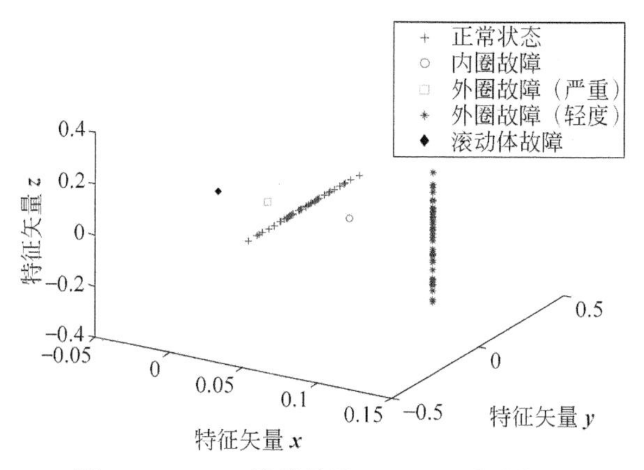

图 6.5 ALTSA 降维结果（$k=35$）（后附彩图）

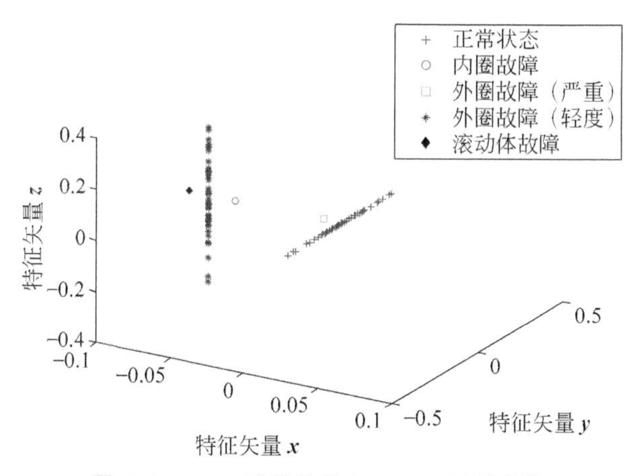

图 6.6 LTSA 降维结果（$k=35$）（后附彩图）

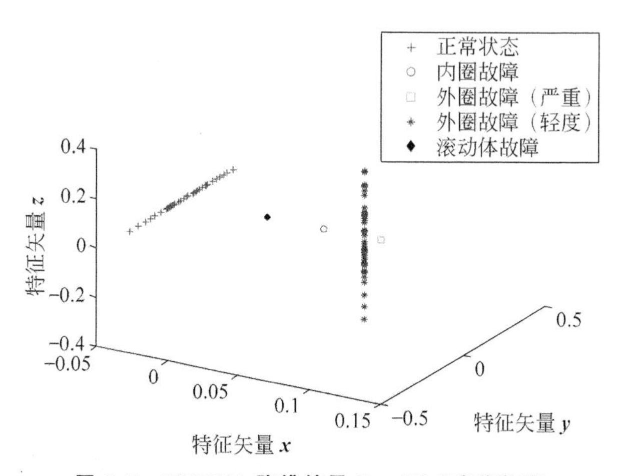

图 6.7 VKLTSA 降维结果（$k=35$）（后附彩图）

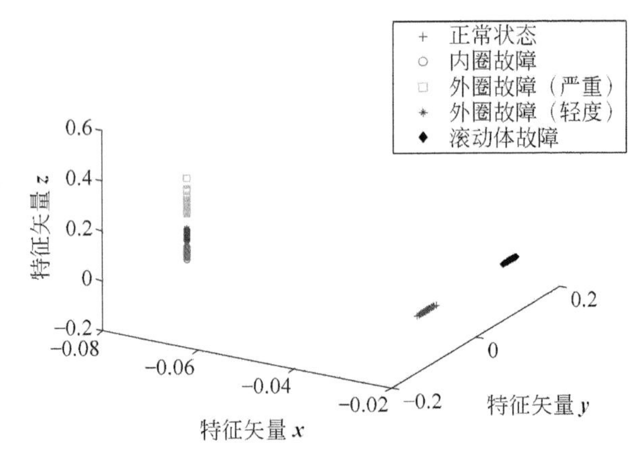

图 6.8 ALTSA 降维结果($k=60$)(后附彩图)

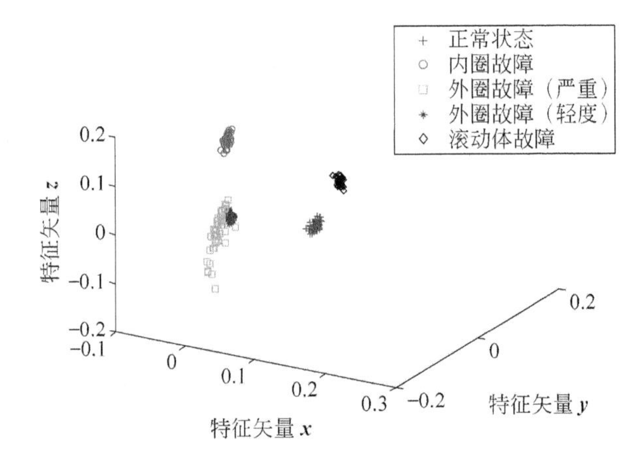

图 6.9 LTSA 降维结果($k=60$)(后附彩图)

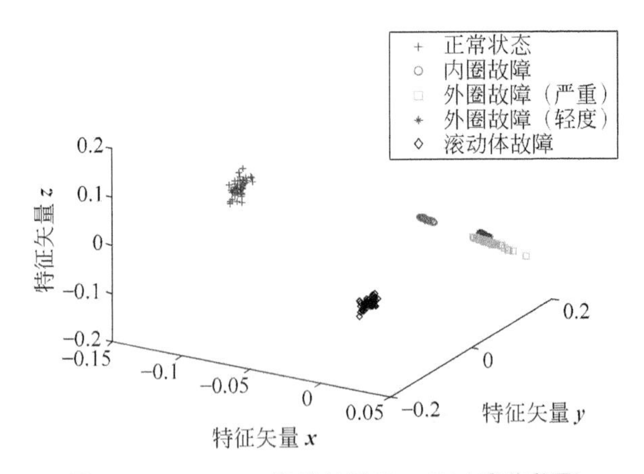

图 6.10 VKLTSA 降维结果($k=60$)(后附彩图)

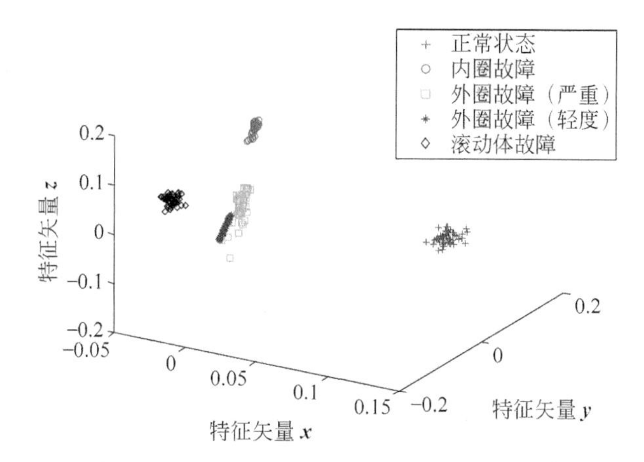

图 6.11 ALTSA 降维结果($k=90$)(后附彩图)

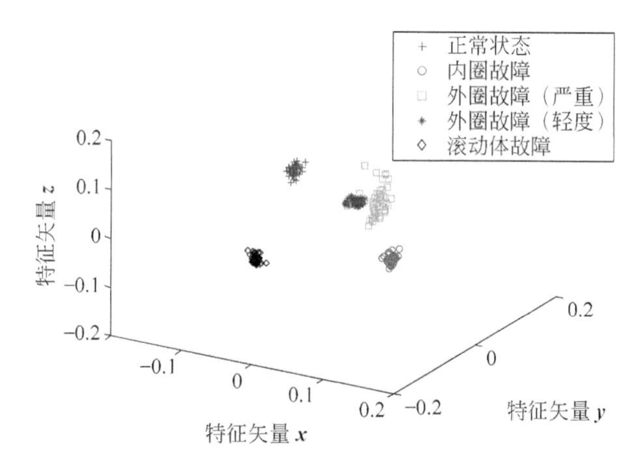

图 6.12 LTSA 降维结果($k=90$)(后附彩图)

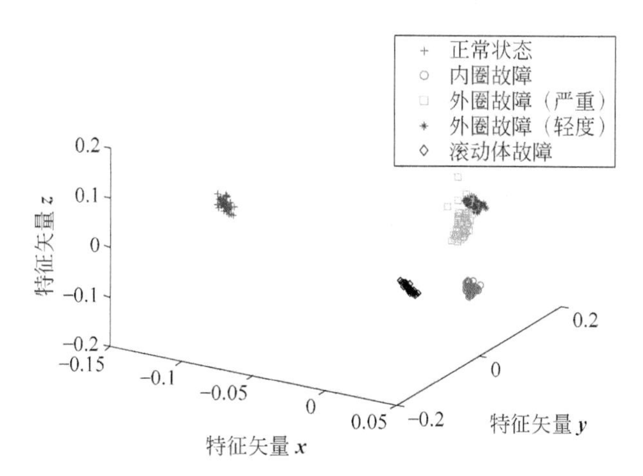

图 6.13 VKLTSA 降维结果($k=90$)(后附彩图)

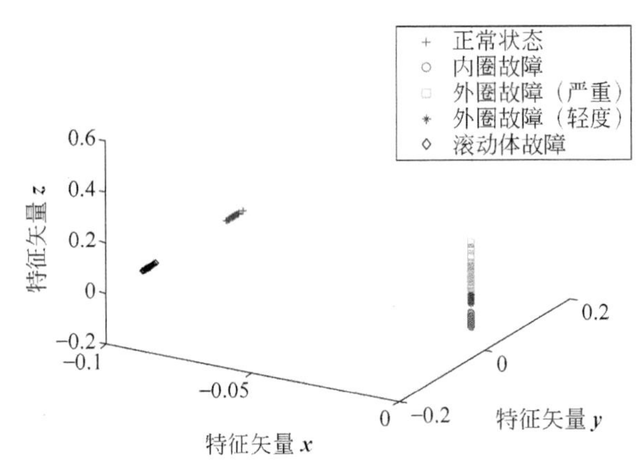

图 6.14 费希尔准则＋ALTSA 降维结果（$k=60$）（后附彩图）

KNNC 的邻域选取 10，局部切空间排列算法邻域 k 初值选取以 30，60，90，120 为例。由表 6.2 可知，k 取不同值的情况下，采用本节的改进费希尔准则＋ALTSA 算法对滚动轴承各状态的识别精度较高，并且波动较小，优于 LTSA 和 VKLTSA 算法，同时，也优于初步特征选择中只采用费希尔准则的方法。采用改进费希尔准则＋KNNC、费希尔准则＋KNNC、原始 30 维特征＋KNNC 方法的诊断正确率依次递减，表明了敏感特征选择和特征维数约简的重要性及本节所提算法的健壮性优劣。

表 6.2 各算法的故障诊断正确率 %

算法	邻域 k 初值	正常状态	内圈故障	外圈故障（严重）	外圈故障（轻度）	滚动体故障	故障诊断正确率均值
改进费希尔准则＋ALTSA 算法＋KNNC	30	100	100	100	100	100	100
	60	100	100	100	100	100	100
	90	100	96.67	100	100	100	99.33
	120	100	96.67	100	100	100	99.33
改进费希尔准则＋LTSA 算法＋KNNC	30	100	100	100	100	100	100
	60	100	100	93.33	100	100	98.67
	90	100	96.67	100	100	100	99.33
	120	100	100	76.67	96.67	100	94.67
改进费希尔准则＋VKLTSA 算法＋KNNC	30	100	100	100	100	100	100
	60	100	100	100	100	100	100
	90	100	96.67	100	100	100	99.33
	120	100	96.67	92.5	100	100	97.83

续表

算　法	邻域 k 初值	正常状态	内圈故障	外圈故障（严重）	外圈故障（轻度）	滚动体故障	故障诊断正确率均值
费希尔准则＋ALTSA 算法＋KNNC	30	100	100	100	100	100	100
	60	100	100	93.33	100	100	98.67
	90	100	93.33	100	96.67	100	98
	120	100	96.67	83.33	100	100	96
改进费希尔准则＋KNNC	—	100	96.67	96.67	100	100	98.67
费希尔准则＋KNNC	—	100	93.33	100	96.67	100	98
30 维特征＋KNNC	—	100	96.67	92	100	100	97.73

6.4 增量式监督局部切空间排列算法

6.4.1 监督局部切空间排列算法

LTSA 算法在构建样本局部切空间时，将邻域内各点对切空间估计的贡献列为一致，而实际上，依据欧氏距离进行邻域构造，各点对局部流形结构的贡献有差别。采用权值 w_{ij} 反映邻域样本 x_{ij} 对切空间估计的贡献[207]。LTSA 算法中局部坐标拟合的计算依据式(6.3.1)进行改进：

$$\begin{cases}\underset{\boldsymbol{V}}{\arg\min}\sum_{j=1}^{k}w_{ij}^{2}\parallel x_{ij}-\bar{x}_{i}-\boldsymbol{V}\boldsymbol{V}^{\mathrm{T}}(x_{ij}-\bar{x}_{i})\parallel_{2}^{2}\\ \text{s.t}\quad \boldsymbol{V}^{\mathrm{T}}\boldsymbol{V}=I\end{cases}\tag{6.4.1}$$

式中，$w_{ij}=\exp(-\parallel x_{ij}-\bar{x}_{i}\parallel_{2}^{2}/t)$，$t$ 为热核参数。由此，样本距离邻域中心近的贡献权值大，反之，贡献权值小。

LTSA 是一种无监督学习算法，在实际应用中，数据集存在标签样本和无标签样本，充分利用标签样本进行训练，可以提高得到的低维特征的可辨识性。在监督流形学习方面，第 1 类方法通常是在样本 k 邻域选择中利用样本标签信息改进样本间欧氏距离矩阵，以确定样本更佳的近邻点[60]；第 2 类方法是将监督算法与流形学习算法结合[208]，使算法能处理样本标签信息。

线性判别分析(linear discriminate analysis，LDA)是一种监督学习算法，其目的是使原始空间中的类分辨信息在降维后的低维中得以保持，其中，类内散布矩阵 $\boldsymbol{S}_{\mathrm{w}}$ 和类间散布矩阵 $\boldsymbol{S}_{\mathrm{b}}$ 分别为[209]

$$
\begin{cases}
\boldsymbol{S}_{\mathrm{w}}=\dfrac{1}{n_i}\sum\limits_{i=1}^{C}\sum\limits_{x\in A_i}(x-m_i)(x-m_i)^{\mathrm{T}} \\
\boldsymbol{S}_{\mathrm{b}}=\sum\limits_{i=1}^{C}(m_i-m)(m_i-m)^{\mathrm{T}}
\end{cases}
\tag{6.4.2}
$$

式中，m_i 是第 i 类样本的均值，m 是所有样本的均值，n_i 是第 i 类样本的数量，$A_i=(x_i^1,x_i^2,\cdots,x_i^{n_i})$是第 i 类样本，C 是样本类别数量。

借鉴 LDA 算法，定义降维后低维样本类内散布矩阵 $\boldsymbol{S}'_{\mathrm{w}}$和类间散布矩阵 $\boldsymbol{S}'_{\mathrm{b}}$为

$$
\begin{cases}
\boldsymbol{S}'_{\mathrm{w}}=\dfrac{1}{n_i}\sum\limits_{i=1}^{C}\sum\limits_{y\in A_i}(y-m_i)(y-m_i)^{\mathrm{T}}=Y\boldsymbol{L}_{\mathrm{w}}Y^{\mathrm{T}} \\
\boldsymbol{S}'_{\mathrm{b}}=\sum\limits_{i=1}^{C}(m_i-m)(m_i-m)^{\mathrm{T}}=Y\boldsymbol{L}_{\mathrm{b}}Y^{\mathrm{T}}
\end{cases}
\tag{6.4.3}
$$

式中，$\boldsymbol{L}_{\mathrm{w}}=\boldsymbol{D}-\boldsymbol{P}$，$\boldsymbol{L}_{\mathrm{b}}=\boldsymbol{P}-2\boldsymbol{F}/N+C\cdot\boldsymbol{F}/N^2$，$\boldsymbol{F}=\dfrac{1\cdot 1^{\mathrm{T}}}{n_i}\in\mathbf{R}^{N\times N}$，$1=[1,\cdots,1]^{\mathrm{T}}\in\mathbf{R}^{n_i}$，$\boldsymbol{D}=\dfrac{I}{n_i}\in\mathbf{R}^{N\times N}$，$\boldsymbol{P}=\dfrac{1}{n_i^2}\begin{bmatrix}1\cdot 1^{\mathrm{T}} & & \\ & \cdots & \\ & & 1\cdot 1^{\mathrm{T}}\end{bmatrix}\in\mathbf{R}^{N\times N}$。

将 S'_{w}和 S'_{b}加入式(6.3.3)中，以增加同类样本的聚类效果，增大异类样本的空间辨识效果。监督局部切空间排列算法 SLTSA 的目标函数为

$$
\begin{cases}
\operatorname{mintr}(Y\boldsymbol{B}Y^{\mathrm{T}}) \\
\operatorname{mintr}(Y\boldsymbol{L}_{\mathrm{w}}Y^{\mathrm{T}}) \\
\operatorname{maxtr}(Y\boldsymbol{L}_{\mathrm{b}}Y^{\mathrm{T}})
\end{cases}
\tag{6.4.4}
$$

既考虑高维数据的非线性结构，又考虑降维后低维坐标的判别特性，监督局部切空间排列算法(supervised local tangent space alignment，SLTSA)的目标函数可进一步转换为

$$
\operatorname{mintr}(Y(\alpha\boldsymbol{B}+(1-\alpha)(\beta\boldsymbol{L}_{\mathrm{w}}+(1-\beta)\boldsymbol{L}_{\mathrm{b}}))Y^{\mathrm{T}})
\tag{6.4.5}
$$

式中，参数 α 和 β 分别表示样本局部几何结构所占信息的比重和类内类间判别比重因子。

6.4.2 增量式局部切空间排列算法

在处理新增样本方面，LTSA 作为一类批量处理方法，批处理耗时过长，难以应对动态增加的数据的处理。为了提高故障诊断准确度和效率，本节提出一种增量式局部切空间排列算法(incremental local tangent space alignment，ILTSA)。

假设样本集 $X=\{x_1,\cdots,x_N,x_{N+1},\cdots,x_{N+L}\}$，前 N 个为训练样本，后 L 个为新增样本，新增样本加入数据集后，只改变部分训练样本的 k 近邻。定义近邻点变化了的训练样本点集合为 X_A，X_A 也包含了 L 个新增样本，$I_{Ai}=(i_1,i_2,\cdots,i_k)$是 X_A 中样本 x_i 的 k 个近邻下标。全局坐标矩阵 $\boldsymbol{B}$ 更新如下：

(1) 对于样本集 X 中不属于 X_A 的样本 x_j，$\boldsymbol{B}_{\text{new}}(I_j,I_j)=\boldsymbol{B}(I_j,I_j)$；

(2) 对于样本集 X 中属于 X_A 的样本 x_i，初始化 $\boldsymbol{B}_{\text{new}}(I_{Ai},I_{Ai})=0$，更新全局坐标矩阵

$$\boldsymbol{B}_{\text{new}}(I_{Ai},I_{Ai})\leftarrow\boldsymbol{B}_{\text{new}}(I_{Ai},I_{Ai})+\boldsymbol{I}-G_iG_i^{\mathrm{T}} \tag{6.4.6}$$

由更新的全局坐标矩阵 $\boldsymbol{B}_{\text{new}}$ 计算新增样本低维坐标，其目标函数如下：

$$\min\operatorname{tr}\left([Y_N,Y_L]\begin{bmatrix}B_{NN} & B_{NL}\\ B_{LN} & B_{LL}\end{bmatrix}[Y_N,Y_L]^{\mathrm{T}}\right) \tag{6.4.7}$$

式中，$\boldsymbol{B}_{\text{new}}=\begin{bmatrix}B_{NN} & B_{NL}\\ B_{LN} & B_{LL}\end{bmatrix}$，$B_{NN}\in\mathbf{R}^{N\times N}$，$B_{NL}\in\mathbf{R}^{N\times L}$，$B_{LN}\in\mathbf{R}^{L\times N}$，$B_{LL}\in\mathbf{R}^{L\times L}$，$Y_N$ 是训练样本集的全局低维坐标，可由全局坐标矩阵 $\boldsymbol{B}$ 进行特征分解计算，Y_L 是新增 L 个样本的全局低维坐标。将式(6.4.7)展开：

$$\min\operatorname{tr}(Y_NB_{NN}Y_N^{\mathrm{T}}+Y_LB_{LN}Y_N^{\mathrm{T}}+Y_NB_{NL}Y_L^{\mathrm{T}}+Y_LB_{LL}Y_L^{\mathrm{T}}) \tag{6.4.8}$$

将式(6.4.8)对 Y_L 求偏导，并使算式为0，有

$$\operatorname{tr}(B_{LN}Y_N^{\mathrm{T}}+B_{NL}^{\mathrm{T}}Y_N^{\mathrm{T}}+2B_{LL}Y_L^{\mathrm{T}})=0 \tag{6.4.9}$$

进一步，得到新增样本低维坐标 Y_L^0 为

$$Y_L^0=Y_L=-B_{LL}^{-1}B_{LN}Y_N \tag{6.4.10}$$

新增样本将改变部分训练样本的邻域，全局坐标矩阵 $\boldsymbol{B}_{\text{new}}$ 也随之部分变化，当新增样本不断增加，难以直接对 $\boldsymbol{B}_{\text{new}}$ 进行特征分解获取样本集的全局低维坐标。利用 Rayleigh-Ritz 迭代算法可加速特征分解，但一般文献中迭代初值的选择是直接采用训练样本的低维坐标和新增样本的低维坐标。实际上，新增样本的加入会使训练样本低维坐标发生轻微的改变。本章中对训练样本的低维坐标进行更新，并作为迭代初值，将式(6.4.8)对 Y_N 求偏导，并使算式为0，有

$$Y_N^0=Y_N=-B_{NN}^{-1}B_{NL}Y_L^0 \tag{6.4.11}$$

采用类似 Rayleigh-Ritz 的迭代算法[210]对全局坐标矩阵 $\boldsymbol{B}_{\text{new}}$ 的特征值进行迭代计算，实现训练样本和新增样本的全局低维坐标的更新，增量式局部切空间排列算法迭代步骤如下。

(1) 定义初始值 $Q^0=[T^0\quad[Y_N^0;Y_L^0]]\in\mathbf{R}^{(N+L)\times(d+1)}$，其中 $T^0=$

$[1/\sqrt{N+L},\cdots,1/\sqrt{N+L}]^{\mathrm{T}}\in\mathbf{R}^{N+L}$，$\boldsymbol{K}=\varepsilon\boldsymbol{I}+\boldsymbol{B}_{\text{new}}$，$\varepsilon$ 为一很小的正常数，使 $\boldsymbol{K}$ 的逆存在，$(Q^0)^{\mathrm{T}}Q^0=I_{d+1}$。

(2) 由 $\boldsymbol{K}\cdot Z^i=Q^{i-1}$，计算 Z^i；

(3) 对 Z^i 进行 QR 分解，$Z^i=V^i\cdot R$；

(4) 令 $V^i=V^i(:,d+1)$，由 $(V^i)^{\mathrm{T}}\boldsymbol{K}^{-1}V^i=U^i\sum^{i}(U^i)^{\mathrm{T}}$ 计算 U^i；

(5) $Q^i=V^iU^i$。

$Y_{N+L}=Q^i(:,2:d+1)$，即为更新后的全局低维坐标。由此，可将$(N+L)\times(N+L)$阶的 $\boldsymbol{B}_{\text{new}}$ 矩阵转化为$(d+1)\times(d+1)$阶的矩阵分解，提高了计算效率。

6.4.3 增量式监督局部切空间排列算法步骤

假设样本集 $X=\{x_1,\cdots,x_N,x_{N+1},\cdots,x_{N+L}\}$，前 N 个为训练样本，后 L 个为新增样本，计算新增 L 个样本的全局低维坐标 $Y_i(i=1,\cdots,L)$，增量式监督局部切空间排列算法(incremental supervised local tangent space alignment，ISLTSA)描述如下。

步骤 1：依据 SLTSA 算法，由式(6.4.5)对矩阵 $\alpha\boldsymbol{B}+(1-\alpha)(\beta\boldsymbol{L}_{\mathrm{w}}+(1-\beta)\boldsymbol{L}_{\mathrm{b}})$ 进行特征分解，得到 N 个训练样本的全局低维坐标 $Y_i(i=1,\cdots,N)$。

步骤 2：依据 ILTSA 算法，对于新增的 L 个样本，由式(6.4.6)更新全局坐标矩阵 $\boldsymbol{B}_{\text{new}}$。

步骤 3：由式(6.4.10)计算 L 个新增样本的低维坐标 Y_L^0，利用式(6.4.11)更新 N 个训练样本的低维坐标得到 Y_N^0，将 (Y_L^0,Y_N^0) 作为迭代初值，利用类似 Rayleigh-Ritz 的迭代算法求解 $\boldsymbol{B}_{\text{new}}$ 的特征值和特征向量，即得到 $N+L$ 个样本的全局低维坐标，由此获得 $Y_i(i=1,\cdots,L)$。

6.4.4 实验与分析

1. 齿轮箱故障诊断流程

本节选取如表 6.1 所示的 24 个时域、频域特征参数构建各样本的高维特征。故障诊断流程如图 6.15 所示，具体步骤如下。

步骤 1：采集齿轮箱不同状态的原始振动信号作为训练样本，利用第 5 章提出的双树复小波包主流形重构的去噪方法对训练样本进行去噪预处理。然后，采用时频分析提取高维特征，再利用 SLTSA 算法获取低维嵌入坐标，得到敏感特征。最后，结合训练样本的标签类型信息，训练支持向量机模型。

步骤 2：将齿轮箱状态监测过程中获取的振动信号作为新增测试样本，同样采用双树复小波包主流形重构的去噪方法对新增测试样本进行去噪预处理，提取高维特征，再使用 ILTSA 增量学习算法获取测试样本低维嵌入坐标，得到敏感特征。

步骤 3：将测试样本低维敏感特征输入至支持向量机进行诊断，判断齿轮箱故障类型。

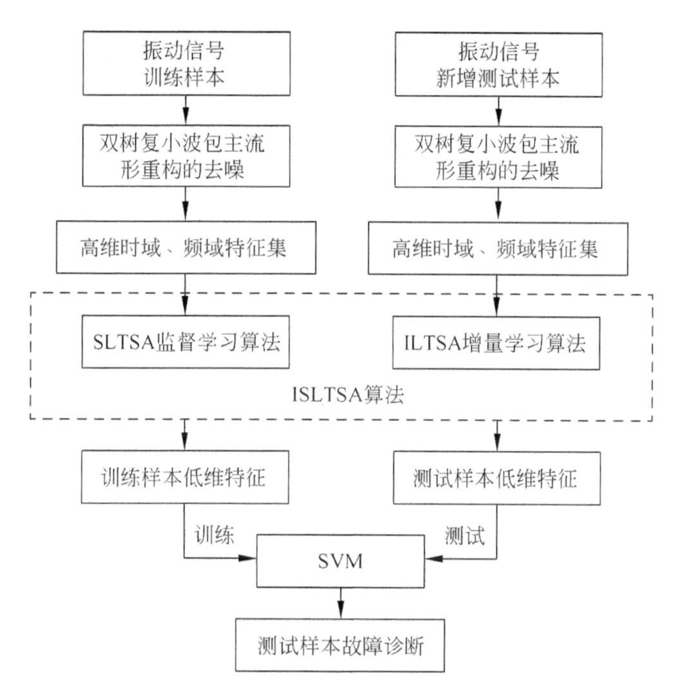

图 6.15 齿轮箱故障诊断流程

2. 结果分析

为验证本节提出的增量式监督局部切空间排列算法的故障诊断性能，采用 IEEE PHM Challenge[211]的齿轮箱复合故障振动数据，齿轮箱结构和齿轮故障如图 6.16～图 6.17 所示。在齿轮箱的输入轴和输出轴分别装有加速度传感器，采样频率为 66.67kHz，选择实验数据中输入轴转速为 3000r/min、低负载下齿轮箱的振动信号进行分析，取 6 种不同状态的振动信号，由单一故障或多类故障组成，见表 6.3。其中，32T，96T，48T，80T 分别表示输入轴齿轮、中间轴输入端齿轮、中间轴输出端齿轮、输出轴齿轮，IS，ID，OS 表示输入轴、中间轴、输出轴。选择各状态下的振动信号 30 组作为训练样本，每组采集 4096 个数据点，另外，每种状态分别另取 10 组数据作为新增测试样本。

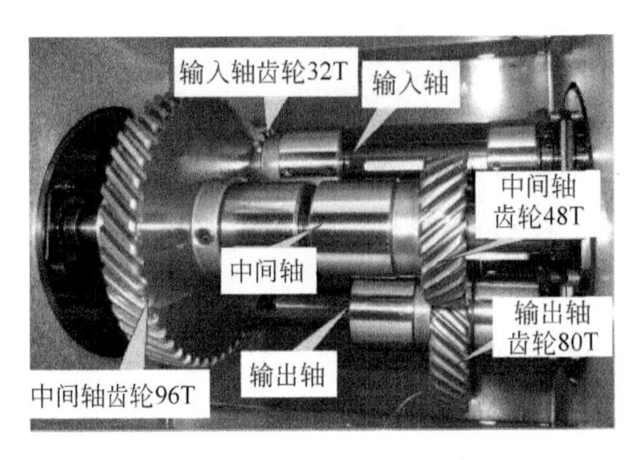

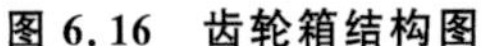
图 6.16 齿轮箱结构图

图 6.17 齿轮故障：正常、缺齿、断齿

表 6.3 齿轮箱故障状态

状态	齿轮				输入端轴承			输出端轴承			轴	
	32T	96T	48T	80T	IS	ID	OS	IS	ID	OS	IS	OS
正常	正常	正常	正常	正常	正常	正常	正常	正常	正常	正常	正常	正常
故障 1	正常	正常	偏心	正常	正常	正常	正常	正常	正常	正常	正常	正常
故障 2	正常	正常	偏心	断齿	滚子	正常	正常	正常	正常	正常	正常	正常
故障 3	缺齿	正常	偏心	断齿	内圈	滚子	外圈	正常	正常	正常	正常	正常
故障 4	正常	正常	正常	正常	内圈	正常	正常	正常	正常	正常	正常	键槽
故障 5	正常	正常	正常	正常	正常	滚子	外圈	正常	正常	正常	不平衡	正常

齿轮箱在不同故障状态下的振动信号时域如图 6.18 所示，为便于可视化，将各样本的高维特征利用降维方法映射至三维空间，将本节提出的 ISLTSA 方法分别与 KPCA，LTSA，SLTSA 算法进行对比。此外，本节应用的流形学习算法在构建局部邻域中的 k 参数均选取 8。

对于训练样本，分别采用 KPCA，LTSA，SLTSA 算法进行维数约简，3 种方法的低维嵌入坐标分别如图 6.19～图 6.21 所示。其中，在 SLTSA 监督局部切空间排列算法中有两个参数 α，β，结合支持向量机 SVM 优化故障诊断正确率进行参数选择，本节设定 $\alpha=0.7$，$\beta=0.6$。对于新增测试样本，分别采用批量 KPCA、SILTSA、批量 SLTSA、ISLTSA 4 种增量维数约简方法，低维嵌入坐标分别如图 6.22～图 6.25 所示。其中，批量 KPCA 和批量 SLTSA 都是将新增样本合并至训练样本进行降维；SILTSA 也是监督增量 LTSA 算法，监督算法采用文献[60]

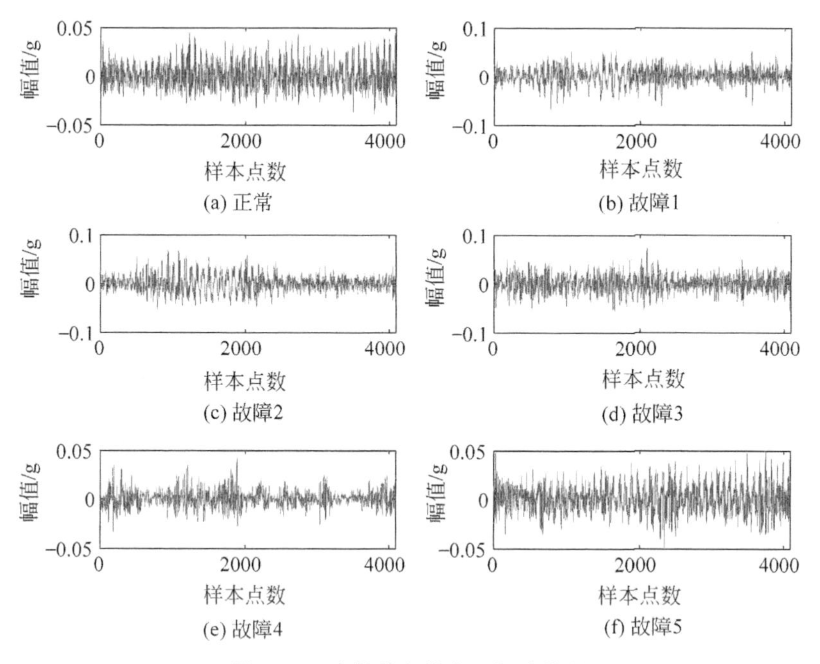

图 6.18 齿轮箱各状态下振动信号

中由样本标签重新定义样本间距离进行邻域选择的方法，新增样本局部低维坐标计算也采用文献[60]中由近邻点全局低维坐标进行加权的方法，训练样本和新增样本全局低维坐标的更新采用本节的迭代方法；ISLTSA 是本节提出的增量式监督局部切空间排列算法。

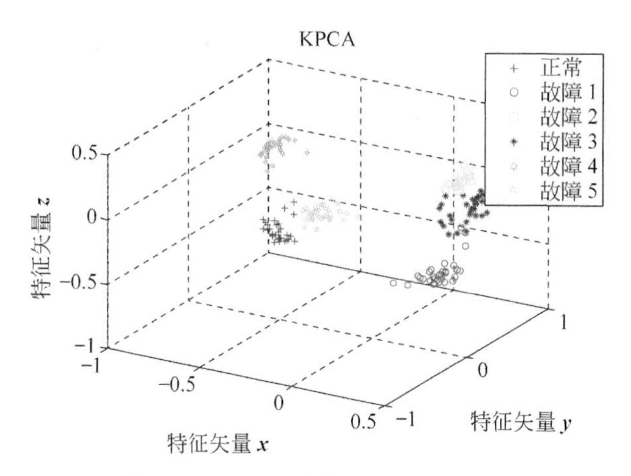

图 6.19 KPCA 降维结果(后附彩图)

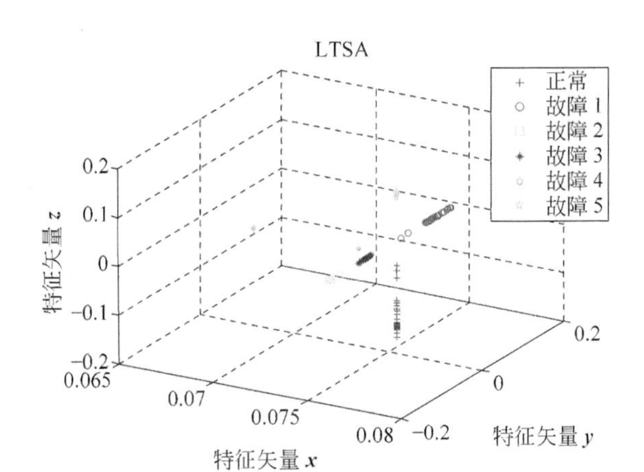

图 6.20 LTSA 降维结果(后附彩图)

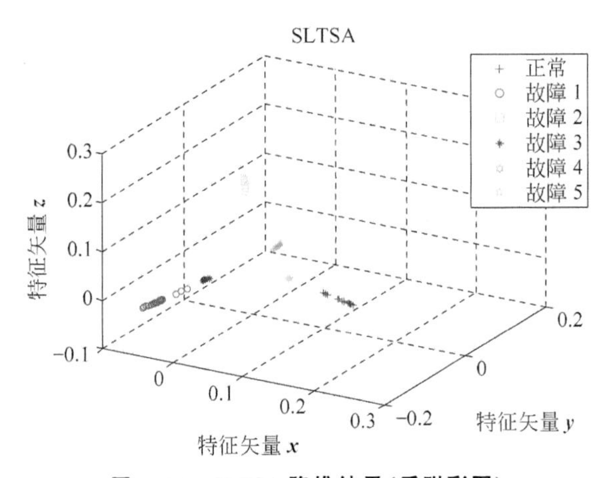

图 6.21 SLTSA 降维结果(后附彩图)

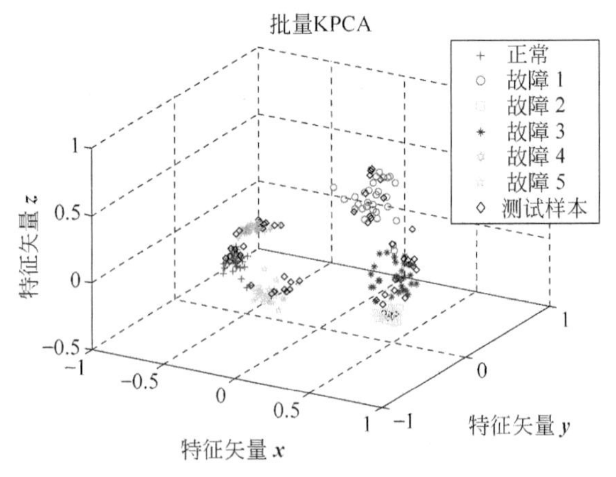

图 6.22 批量 KPCA 降维结果(后附彩图)

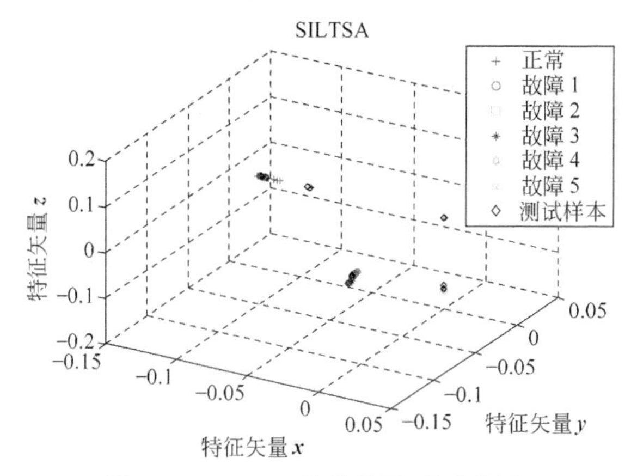

图 6.23　SILTSA 降维结果(后附彩图)

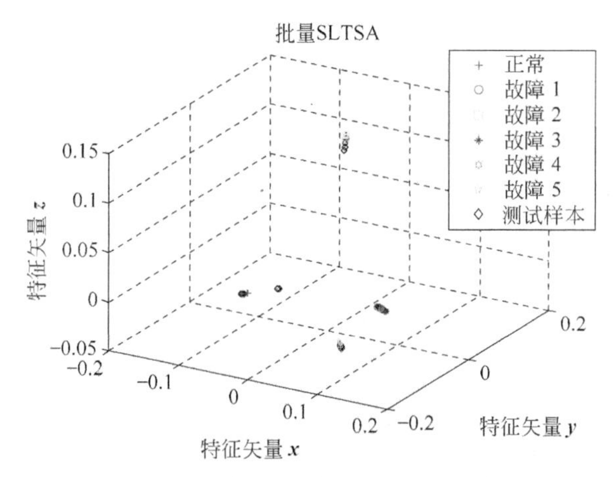

图 6.24　批量 SLTSA 降维结果(后附彩图)

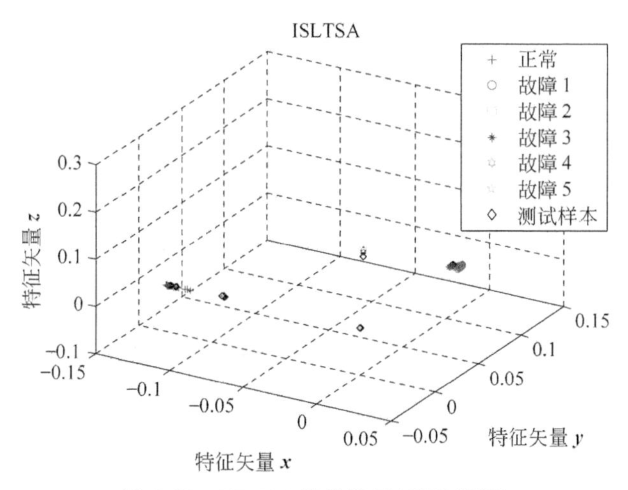

图 6.25　ISLTSA 降维结果(后附彩图)

对不同故障类型的数据进行降维，使分属同一类的低维样本聚集，分属不同类的低维样本分离，有助于提高故障诊断的正确率。本章中，采用聚类度指标评估各方法的降维效果，聚类度 J 的定义为

$$\begin{cases} J = \dfrac{\boldsymbol{S}_{\mathrm{w}}}{\boldsymbol{S}_{\mathrm{b}}} \\ \boldsymbol{S}_{\mathrm{w}} = \dfrac{1}{n_i} \sum\limits_{i=1}^{C} \sum\limits_{y \in A_i} (y - m_i)(y - m_i)^{\mathrm{T}} \\ \boldsymbol{S}_{\mathrm{b}} = \sum\limits_{i=1}^{C} (m_i - m)(m_i - m)^{\mathrm{T}} \end{cases} \tag{6.4.12}$$

式中，C 是故障类型的数量，n_i 是第 i 类故障类型的样本数量，y 是高维样本降维后在低维特征空间的表示，$A_i = (y_i^1, y_i^2, \cdots, y_i^{n_i})$，$m_i$ 是第 i 类故障类型的低维样本的均值，m 是所有样本降维后得到低维样本的均值。

表 6.4 各降维算法聚类度

算法	KPCA	批量 KPCA	LTSA	SLTSA	SILTSA	批量 SLTSA	ISLTSA
J	0.0380	0.0437	0.0349	0.0050	4.906×10^{-4}	4.782×10^{-4}	4.740×10^{-4}

如表 6.4 所示，SILTSA、批量 SLTSA、ISLTSA 算法的聚类度较小，KPCA 算法的聚类度大，将图 6.23～图 6.25 和图 6.19～图 6.20 进行对比，KPCA 和 LTSA 降维后的样本坐标类内散度大，ISLTSA 降维后的样本类内散度小，表明了本节提出的增量式监督局部切空间算法能取得较好的降维效果。

为验证本节提出的 ISLTSA 算法能取得有效的诊断效果，将其与其他 4 种算法进行比较分析，其中，AISLTSA 算法表示自适应增量式监督局部切空间排列算法，综合了 6.3 节提出的 ALTSA 算法和 6.4 节提出的 ISLTSA 算法。各算法的故障诊断正确率和算法耗时见表 6.5。其中的仿真计算是在 Windows7 操作系统、Core i5-4590(3.3GHz)环境下进行的。批量 KPCA 算法的耗时最少，但故障识别正确率最低。SILTSA 和 ISLTSA 方法的故障诊断正确率高，表明充分利用样本标签能提高辨识度，相对于批量 SLTSA 算法，本节提出的增量式监督局部切空间排列算法耗时少，能减小算法复杂度。AISLTSA 算法也能取得较高的诊断正确率，相对于 ISLTSA 算法，由于需要自适应地调整各样本的近邻参数大小，耗时也较长。

需要说明的是，在已发表的论文中，算法耗时计算的是处理新增样本耗费的时间，这里的算法耗时包括了算法对训练样本和新增样本的处理。

表 6.5 各降维方法的故障诊断正确率和耗时

降维方法	新增测试样本故障诊断正确率/%						平均诊断正确率/%	算法耗时/s
	正常	故障 1	故障 2	故障 3	故障 4	故障 5		
批量 KPCA	100	100	80	90	100	100	95	0.091
SILTSA	100	100	100	100	100	100	100	0.566
批量 SLTSA	100	100	100	90	100	100	98.33	0.805
ISLTSA	100	100	100	100	100	100	100	0.504
AISLTSA	100	100	100	100	100	100	100	1.029

第7章 CHAPTER 7 基于深度卷积变分自动编码的故障诊断方法

7.1 引言

传统的机械故障诊断方法通常是依赖人工经验提取时域、频域或者时频域特征，利用特征反映传动部件的运行状态，然而，特征的提取与选择会影响诊断模型的效果，如第3章中提出的自适应流形学习的故障诊断方法。因此，敏感有用的特征集的选择也是传统机械故障诊断中研究的一个重点问题[212-213]。近年来，深度学习理论快速发展，利用深层网络从数据中自主学习非线性特征，也已成功地应用于智能故障诊断领域。

深度神经网络模型的输入可以是一维信号、二维或者三维图片及多维数据。对原始振动信号进行处理，如提取能表征机电装备振动特性的多维特征作为模型的输入，在一定程度上能提升诊断模型的效果。然而，为减少人为因素的干扰，可直接将振动信号时域数据或者频谱数据作为模型的输入。当前，在机械故障诊断领域，大多数的研究针对的是恒工况下的诊断，然而，在工业过程中，根据实际情况，机电装备的转速或者负载会上升和下降，并非一直处于恒工况下，采用传统方法难以获取满意的诊断效果。因此，本章利用深度学习理论研究变工况下机械传动部件的故障诊断，提出一种深度卷积变分自动编码网络模型，通过卷积神经网络构建变分自动编码器，利用变分自动编码器的无监督学习和卷积神经网络的有监督学习完成网络的训练，并在此模型基础上，进行深化改进，以应用于不同的诊断环境。

7.2 基于深度卷积变分自动编码的故障诊断

7.2.1 变分自动编码理论

变分自动编码器（variational autoencoder，VAE）是基于自动编码器生成的一种无监督学习方法，基本原理与自动编码器相同。通常，自动编码器由三层神经网络组成，包括输入层、隐含层和输出层，通过对输入 $x \in \mathbf{R}^{m \times n}$（$m$ 为样本维数，n 为样本数）进行编码得到隐含层输出 $h \in \mathbf{R}^{d \times n}$（$d$ 为隐含层空间维数），再通过解码将隐含层输出重构回样本原始空间维度，得到重构样本 $\hat{x}$。自动编码器的训练通过无监督学习，使网络的输出 $\hat{x}$ 不断地逼近输入 x，进而获得能表征原始输入样本特性的隐含层输出特征。

VAE 作为一类生成模型，其基本结构如图 7.1 所示。

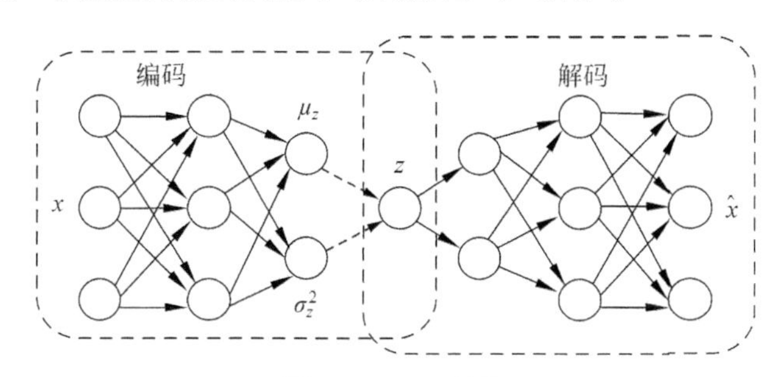

图 7.1 VAE 结构

VAE 的思路是利用隐变量 z 表征原始数据集 x 的分布，通过优化生成参数 θ，利用隐变量 z 生成数据 $\hat{x}$，使 $\hat{x}$ 与原始数据 x 高概率相似，也即最大化边缘分布 $p_\theta(x)$，有[214]

$$p_\theta(x) = \int p_\theta(x \mid z) p_\theta(z) \mathrm{d}z \tag{7.2.1}$$

式中，$p_\theta(x|z)$表示由隐变量 z 重构原始数据 x；$p_\theta(z)$表示隐变量 z 的先验分布，这里采用高斯分布 $N(0,I)$。由于没有标签与 z 对应，利用 z 生成的样本也不能与原始样本对应。因此，采用 $p_\theta(z|x)$表示由原始数据通过学习得到隐变量 z，从而建立 z 与 x 的关系。由于真实的后验分布 $p_\theta(z|x)$很难计算，可采用服从高斯分布的近似后验 $q_\phi(z|x)$代替真实后验，两个分布的 K-L 散度如下：

$$\begin{aligned} D_{\mathrm{KL}}[q_\phi(z \mid x) \,||\, p_\theta(z \mid x)] &= E_{q_\phi(z|x)}[\log q_\phi(z \mid x) - \log p_\theta(z \mid x)] \\ &= E_{q_\phi(z|x)}[\log q_\phi(z \mid x) - \log p_\theta(x \mid z) - \log p_\theta(z)] + \\ &\quad \log p_\theta(x) \end{aligned} \tag{7.2.2}$$

将式(7.2.2)进行变换，得到

$$\begin{aligned} &\log p_\theta(x) - D_{\mathrm{KL}}[q_\phi(z \mid x) \,||\, p_\theta(z \mid x)] \\ &= E_{q_\phi(z|x)}[\log q_\phi(z \mid x) - \log p_\theta(x \mid z) - \log p_\theta(z)] \end{aligned} \tag{7.2.3}$$

由于 K-L 散度非负，令式(7.2.3)右侧等于 $L(\theta,\varphi;x)$，可得 $\log p_\theta(x) \geqslant L(\theta,\phi;x)$。由于 $\log p_\theta(x)$是需要最大化的对数似然函数，而又希望近似后验分

布 $q_\phi(z|x)$ 接近真实后验分布 $p_\theta(z|x)$，使 $D_{KL}[q_\phi(z|x)||p_\theta(z|x)]$ 接近0，这里将 $L(\theta,\phi;x)$ 称为 $\log p_\theta(x)$ 的"变分下界"。为优化 $\log p_\theta(x)$ 和 $D_{KL}[q_\phi(z|x)||p_\theta(z|x)]$，可由似然函数的变分下界构成VAE的损失函数，有

$$\begin{aligned}L(\theta,\phi;x^{(i)}) &= E_{q_\phi(z|x)}[\log q_\phi(z \mid x^{(i)}) - \log p_\theta(x^{(i)} \mid z) - \log p_\theta(z)] \\ &= -D_{KL}(q_\phi(z \mid x^{(i)}) \,||\, p_\theta(z)) + E_{q_\phi(z|x^{(i)})}[\log p_\theta(x^{(i)} \mid z)]\end{aligned} \tag{7.2.4}$$

式中，VAE的损失函数由两部分组成，$D_{KL}(q_\phi(z|x^{(i)})||p_\theta(z))$ 为正则化项，$E_{q_\phi(z|x^{(i)})}[\log p_\theta(x^{(i)}|z)]$ 为重构误差；与自动编码器类似，$q_\phi(z|x)$ 为一个变分参数为 ϕ 的编码器，$p_\theta(x|z)$ 为一个生成参数为 θ 的解码器。

通过假设 $p_\theta(z)$ 服从 $N(0,I)$，$q_\phi(z|x)$ 服从 $N(\mu,\sigma^2)$ 的高斯分布，计算式(7.2.4)的右侧第1项：

$$-D_{KL}(q_\phi(z \mid x^{(i)}) \,||\, p_\theta(z)) = \frac{1}{2}\sum_{j=1}^{d}(1+\log(\sigma_j^{(i)})^2 - (\mu_j^i)^2 - (\sigma_j^{(i)})^2) \tag{7.2.5}$$

计算式(7.2.4)的右侧第2项，有

$$E_{q_\phi(z|x^{(i)})}[\log p_\theta(x^{(i)} \mid z)] = \frac{1}{L}\sum_{l=1}^{L}\log p_\theta(x^{(i)} \mid z^{(l)}) = \log p_\theta(x^{(i)} \mid z) \tag{7.2.6}$$

式中，L 为对 $q_\phi(z|x)$ 采样的次数，一般取1。由于采样过程不可导，为避免无法直接对 z 进行求导，不能通过梯度下降更新网络参数，而是利用重参数化技巧，对随机变量 z 进行重参数化。令 $z=\mu+\varepsilon\times\sigma$，将对 z 的采样转换为对 ε 的采样，对 z 的求导转换为对 μ 和 σ 的求导。为计算式(7.2.6)，$p_\theta(x|z)$ 一般选择伯努利分布或者高斯分布，本章采用的振动信号为非二值型数据，这里 $p_\theta(x|z)$ 的分布选择高斯分布，有

$$p_\theta(x \mid z) = \frac{1}{\prod_{i=1}^{n}\sqrt{2\pi\sigma_i^2}}\exp\left(-\frac{1}{2}\left\|\frac{x^{(i)}-\mu_i}{\sigma_i}\right\|^2\right) \tag{7.2.7}$$

由此即可计算式(7.2.7)，有

$$\log p_\theta(x \mid z) = -\sum_{i=1}^{n}\left(\left(\frac{1}{2}\left\|\frac{x^{(i)}-\mu_i}{\sigma_i}\right\|\right) + \log(\sqrt{2\pi}\sigma_i)\right) \tag{7.2.8}$$

由式(7.2.5)和式(7.2.8)计算 $L(\theta,\phi;x)$ 即可得到VAE的损失函数。

7.2.2 深度卷积变分自动编码网络结构

1. 构建网络

卷积神经网络是在多层感知器(multilayer perceptron,MLP)的基础上提出的一种新的神经网络模型,利用卷积、池化等操作学习原始输入数据中隐藏的有用特征,通过局部感知和权值共享方式大幅减少网络参数,降低网络训练的复杂度,减小过拟合,从而提高网络的泛化性。

CNN 通常由输入层、卷积层、池化层、激活函数、全连接层和输出层组成。卷积层由多个特征面(feature map)构成,每个特征面包含多个神经元,将卷积核与上一层特征面的局部区域连接,采用连接权值和偏置进行卷积操作,并利用激活函数得到当前层神经元的输入值。连接权值的大小由卷积核的大小(kernel size)决定。池化层一般在卷积层之后,类似于下采样操作,起到二次特征提取的作用。池化操作不改变特征面的数量,但会减少神经元的数量,常用的池化方法有:最大池化、均值池化、随机池化等。激活函数定义了神经元的输出,一般采用非线性函数,使神经网络具备非线性映射学习能力。激活函数的类型一般分为:饱和非线性函数(双曲正切函数、Sigmoid 函数等)和不饱和非线性函数(ReLU 函数、LReLU 函数等),其中,不饱和非线性函数能有效缓解梯度爆炸和梯度消失问题,也能加快收敛速度。全连接层中各神经元与上一层的所有神经元全连接,可以整合卷积层或者池化层中具有类别判别性的局部信息[215]。

VAE 中的神经网络与 MLP 类似,采用的是全连接方式,为减小网络复杂度,本章采用卷积神经网络构造 VAE,提出一种深度卷积变分自动编码网络(deep convolution variational autoencoder network,DCVAEN)模型。该模型的网络结构如图 7.2 所示,DCVAEN 模型由两部分组成,虚线框内是 VAE 的编码和解码过程,虚线框外是一个多层卷积神经网络。通过 VAE 的无监督学习和卷积神经网络的有监督学习完成 DCVAEN 模型的训练。DCVAEN 的输入为一维数据,本章采用振动信号的频谱数据或者人工构造的特征作为模型的输入。在 VAE 编码(encoding)阶段,输入层后连接第 1 个卷积层 Conv1,16@64 * 1 表示 16 个特征面,64 * 1 表示卷积核的大小为(64,1),Stride 为(2,1),也即在特征面的纵向上滑动步长为 2,横向上为 1 不进行滑动;将卷积层 Conv1 的输出进行批量归一化(batch normalization,BN),并作为池化层的输入,激活函数都采用 ReLU 函数;池化操作选择最大池化(maxpooling),步长为 2;将第 1 个池化层的输出进行 Dropout 操作,起到加入噪声的作用,并将其作为第 2 个卷积层 Conv2 的输入,同样再进行批量归一化和最大池化处理,通过一个 200 个神经元的全连接层,输出隐含层的均值 μ 和方差的对数 $\log\sigma^2$,利用重参数化采样得到隐含层的特征 z;由于 VAE 是无监督

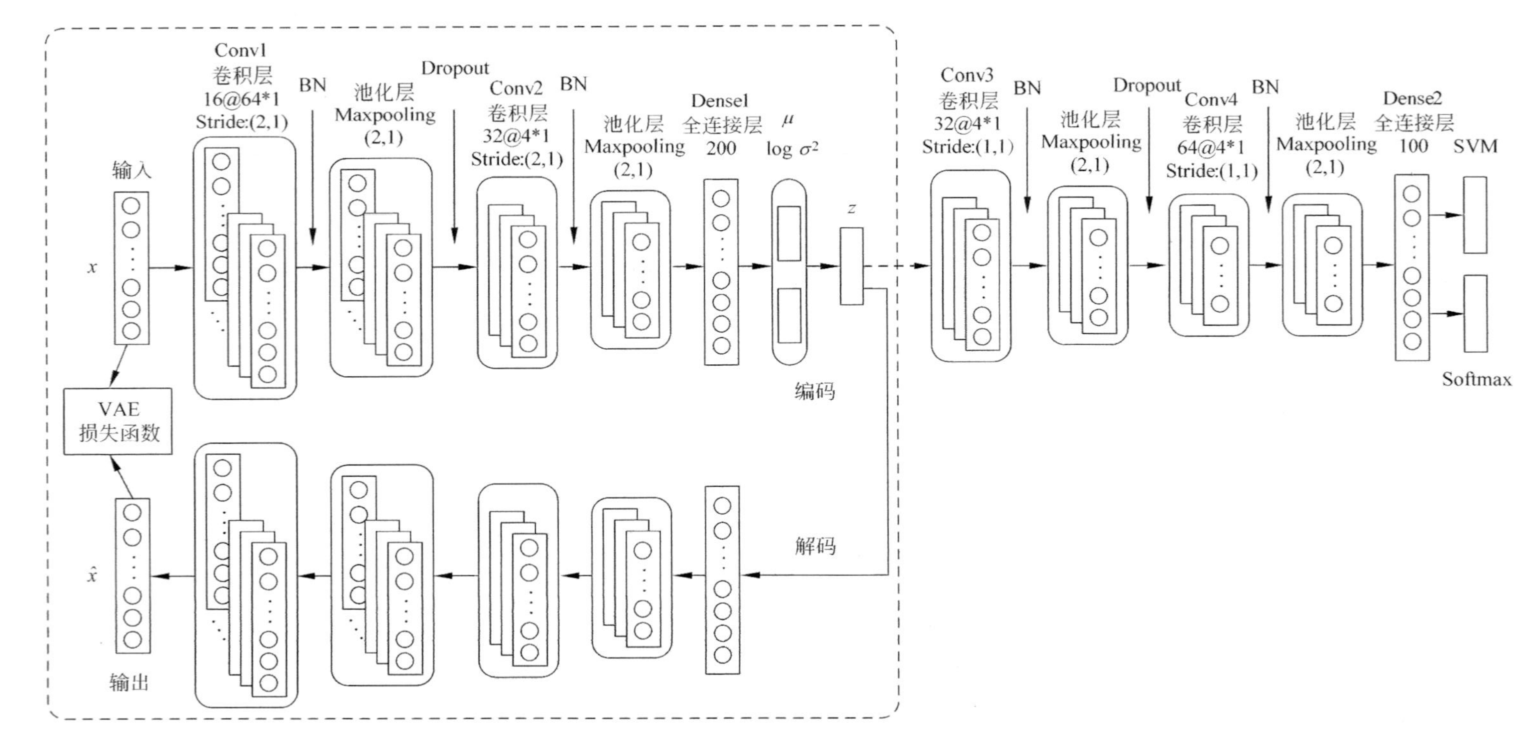

图 7.2 深度卷积变分自动编码网络结构

学习，需要利用解码（decoding）过程重构输入数据完成训练，解码过程是编码过程的反向操作，用反卷积（deconvolution）替换卷积操作。完成对 VAE 的训练后，得到隐含变量 z，并将 z 作为卷积神经网络中卷积层 Conv3 的输入。卷积层 Conv3 有 32 个特征面，卷积核大小为（4，1），Stride 步长为 1；将 Conv3 的输出进行批量归一化，再采用最大池化处理，并加入 Dropout；Conv4 有 64 个特征面，卷积核大小为（4，1），Stride 步长为 1；将 Conv4 的输出进行批量归一化，采用最大池化处理；池化层后连接一个 100 个神经元的全连接层，并输入到 Softmax 分类器。利用交叉熵构建多层卷积神经网络训练模型的损失函数，通过反向微调更新网络参数。多次训练后，完成对 DCVAEN 网络的优化学习。

2. 批量归一化

神经网络学习的本质就是学习数据的分布，在进行网络训练时，每批训练样本的数据分布各不相同，那么每次迭代网络模型都要去适应不同的数据分布，这给网络的收敛带来了障碍。同时在网络中，参数更新后也会引起数据分布的变化，也大大地影响了网络的学习速度。为了减少训练时中间数据分布发生较大变化带来的影响，Loffe 提出了批量归一化方法，通常是将样本集划分为小批量样本（mini-batch），将每一批样本作为网络的输入。批量归一化[216]是对某一层的输入数据进行归一化处理，以减小每次输入数据分布的变化，该方法有利于网络参数的训练，使网络具有快速收敛的特性，也能提高网络的泛化能力。假设某一层的第 i 个 mini-batch 输入为 $x_i=\{x_{i1},x_{i2},\cdots,x_{im}\}$，$y_i=\{y_{i1},y_{i2},\cdots,y_{im}\}$是将其进行批量归一化后的输出，有

$$\bar{x}_i=\frac{x_i-\mu_{\mathrm{B}i}}{\sqrt{\sigma_{\mathrm{B}i}^2+\tau}} \tag{7.2.9}$$

式中，$\mu_{\mathrm{B}i}=E[x_i]$表示输入数据 x_i 的均值，$\sigma_{\mathrm{B}i}^2=\mathrm{Var}[x_i]$表示输入数据 x_i 的方差；τ 用于保证式（7.2.9）的分母不为 0，可取值 1×10^{-5}。

若仅仅将此归一化的结果作为网络层的特征输出，则会影响该层学习到的特征。将数据强制进行归一化处理，会改变数据的分布。为了恢复原始学习到的特征，在归一化的基础上引入变换重构方程，有

$$y_i=\gamma_i\bar{x}_i+\beta_i \tag{7.2.10}$$

式中，γ_i 和 β_i 是通过模型训练可学习得到的尺度和位移参数。

3. 非固定 Dropout 参数

Dropout 方法[217]是一种防止深度神经网络过拟合的方法，在网络当前层中，随机弃用部分神经元，使这一部分神经元不被激活，不与前一层和后一层的神经元进行连接，由此，网络中神经元的连接变得稀疏，迫使网络在丢失部分连接权重的

情况下学习随机子集神经元间健壮性的有用连接。同样是减少权重连接,Dropout与正则化不同,Dropout方法并不改变损失函数而是直接修改深度网络的连接结构,利用超参数 p 表示在当前层神经元被激活的概率,$(1-p)$ 表示神经元被弃用的概率。

Dropout会改变神经网络的连接方式,可以训练不同的神经网络。在网络中加入Dropout时,超参数 p 一般采用(0,1)之间的固定值,通常取0.5,并且依据经验决定在网络的哪一层使用Dropout。Dropout可以破坏神经元间的连接,作用与在网络输入中加入噪声相似,p 值越大,噪声强度越小;反之,噪声强度越大。本章采用式(7.2.11)所示的变化的Dropout,其中,p 值逐步减小,并且 p 值取较大值的次数大于取较小值的次数。当 p 值取较大值时,用于学习数据的细节特征;当 p 值取较小值时,用于学习数据健壮性的判别性特征,降低模型对微小扰动的敏感性。如图7.2所示,本章提出在DCVAEN中加入2处Dropout:其中一处是在VAE训练阶段,在第1个最大池化层后采用Dropout;另一处是在多层卷积神经网络训练阶段,也是在第1个最大池化层后采用Dropout。

$$p(i)=1-\frac{0.5}{\text{epochs}-\text{epoch}(i)} \tag{7.2.11}$$

式中,epochs表示网络迭代训练的次数,$\text{epoch}(i)$ 表示第 i 次迭代训练,$p(i)$ 表示第 i 次训练超参数 p 的取值。

4. 学习率更新

学习率在深度神经网络中是一个重要的超参数,控制着神经网络反向传播权重更新的速度。学习率越大,沿梯度下降的速度越快,网络训练可能会错过局部最优解;学习率越小,权重更新速度越慢,错过局部最优解的概率越小,但网络达到收敛所需的时间更长。为加快网络的收敛,在训练开始时,学习率取较大值,在接近最大训练次数时,学习率可取较小值。本章利用随机梯度下降法(SGD)更新网络参数[218],学习率 ε 的取值为

$$\varepsilon_i=\begin{cases}1\times10^{-2} & \text{如果}(\text{acc}(i+1)\geqslant\text{acc}(i))\\ 1\times10^{-4} & \text{如果}(\text{acc}(i+1)<\text{acc}(i))\text{或}(\text{epoch}(i)\geqslant\text{epochs}-3)\end{cases} \tag{7.2.12}$$

式中,学习率的初始值取 1×10^{-2},$\text{acc}(i)$ 表示第 i 次训练诊断正确率,$\text{epoch}(i)$ 表示第 i 次迭代训练。

7.2.3 基于DCVAEN的故障诊断流程

DCVAEN模型的训练包括VAE的无监督学习和多层卷积神经网络的有监督学习,将DCVAEN用于机械传动部件的故障诊断,诊断流程如图7.3所示,具

体步骤如下。

步骤 1：采集机械传动部件的振动信号，将其作为训练样本，采用傅里叶变换将时域数据转换为频域数据，并归一化到(0,1)，作为 DCVAEN 模型的输入。

步骤 2：利用 VAE 进行无监督学习，完成 VAE 的训练后，提取隐含层变量 z。

步骤 3：将变量 z 作为多层卷积神经网络的输入，利用样本标签和 Softmax 分类器进行有监督学习，经过多次正向训练和反向微调，完成 DCVAEN 模型的训练。

步骤 4：提取训练样本在 DCVAEN 模型中全连接层 Dense2 的输出，并作为支持向量机 SVM 的输入，利用训练样本标签，完成对 SVM 的训练。

步骤 5：将测试样本转换为频域数据并进行归一化，输入到 DCVAEN 模型，提取 Dense2 层的输出并输入至 SVM，完成机械传动部件的故障诊断。

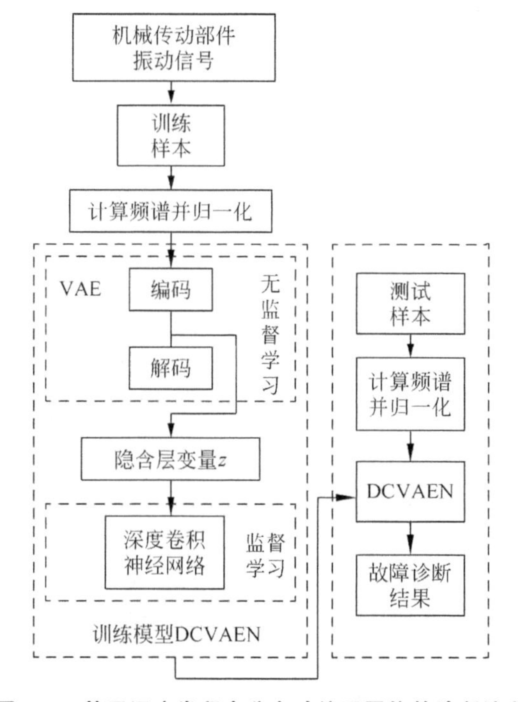

图 7.3 基于深度卷积变分自动编码网络的诊断流程

7.2.4 实验与分析

为验证本节算法在变工况下故障诊断的效果，采用凯斯西储大学的轴承数据构建变工况故障数据集，驱动端滚动轴承型号为 6205-2RS JEM SKF，通过电火花加工凹槽方式在轴承内圈、外圈和滚动体上制作损伤，损伤直径分别为 7mil，14mil 和 21mil(1mil=0.0254mm)。此数据集是以 12kHz 的采样频率，在 4 种不同负载

(0～3hp)的实验条件下采集得到的(1hp=745.699872W)。利用这 4 种不同负载的轴承数据分别构造数据集 A,B,C 和 D,每个数据集都由 10 种不同故障类型的轴承数据组成,分别为:正常状态、3 种损伤程度的内圈故障、3 种损伤程度的外圈故障和 3 种损伤程度的滚动体故障。分别为各故障类型的轴承数据构造 115 个样本,每个样本都由原始振动信号的 1024 个采样点组成,经快速傅里叶变换(fast Fourier transform,FFT)变换为频域数据,由于对称性,取前 512 个频域数据组成一个样本,并且选择前 90 个样本作为训练数据,余下 25 个样本作为测试数据,实验数据集组成如表 7.1 所示。本节验证了在变工况下各模型的诊断性能,即在某一工况下训练,在另一工况下进行测试,如 A-B 表示采用数据集 A(负载为 1hp、转速为 1772r/min)的训练样本进行模型的训练,采用数据集 B(负载为 2hp、转速为 1750r/min)的测试样本进行测试,以此类推。

表 7.1 实验数据集组成 %

		正常	内圈			外圈			滚动体			负载
损伤类型		1	2	3	4	5	6	7	8	9	10	
损伤直径/mil		0	7	14	21	7	14	21	7	14	21	
数据集 A	训练	90	90	90	90	90	90	90	90	90	90	1
	测试	25	25	25	25	25	25	25	25	25	25	
数据集 B	训练	90	90	90	90	90	90	90	90	90	90	2
	测试	25	25	25	25	25	25	25	25	25	25	
数据集 C	训练	90	90	90	90	90	90	90	90	90	90	3
	测试	25	25	25	25	25	25	25	25	25	25	
数据集 D	训练	90	90	90	90	90	90	90	90	90	90	0
	测试	25	25	25	25	25	25	25	25	25	25	

将频域数据分别作为 SVM,LPP-SVM,ISLTSA-SVM,WDCNN(AdaBN),SDAE 和 DCVAEN 模型的输入,其中,DCVAEN 模型中 Dropout 的参数 p 分别取固定值 0.5 及按式(7.2.11)取值。将以上 5 种模型各运行 10 次,诊断正确率取平均值,并与文献[222]中将时域数据作为 WDCNN(AdaBN)模型输入的诊断结果对比。其中,SVM 的核参数取 0.01;DCVAEN 中批量输入 Batch 取 10 个样本,模型训练迭代次数 epochs 取 10。采用各方法对滚动轴承 10 种故障类型的诊断结果见表 7.2。由表 7.2 可知,当机械装备的运行工况发生变化时,采用传统 SVM 进行故障诊断,诊断正确率最低。其主要原因在于 SVM 难以直接从频域数据中提取有用的判别性特征,而采用流形学习及深度神经网络模型可以挖掘数据中隐含的特征。AVG 表示诊断模型的平均诊断正确率。文献[219]中 WDCNN(AdaBN)模型的输入为时域数据,这里将频域数据作为输入,大部分实验工况下的

诊断正确率都有提升,如 A-B 和 A-C 等。利用 SDAE 模型[223]在实验工况下 B-D,C-A,C-D,D-C 的诊断正确率都低于 90%,而本章提出的 DCVAEN 模型,在各个实验条件下的平均诊断正确率相对较大,都高于 90%,并且 Dropout 中参数 p 取变化的值较固定值效果好。以 DCVAEN 模型的诊断结果为例,也能得到以下结论:如果采集训练样本的实验工况与测试样本的实验工况相差较大,如工况 C(负载为 3hp、转速为 1730r/min)的振动数据作为训练样本,工况 D(负载为 0、转速为 1797r/min)的振动数据作为测试样本,其诊断正确率要低于训练样本和测试样本实验工况差异较小的情况,如 C-D 的诊断正确率小于 C-B,因为工况 B(负载为 2hp、转速为 1750r/min)与工况 C 较接近。

表 7.2 变工况下滚动轴承 10 种故障类型的诊断结果(频域数据) %

方法	A-B	A-C	A-D	B-A	B-C	B-D	C-A	C-B	C-D	D-A	D-B	D-C	AVG
SVM	92.8	90.4	92	85.6	88.8	86	90	97.2	89.2	92.8	86.8	81.2	89.4
LPP	96.4	96	93.2	88	92	88.8	86	97.2	89.6	93.6	88.8	84	91.13
ISLTSA	97.6	96.8	94	89.6	93.2	88.8	85.2	97.6	89.6	93.2	89.6	86.4	92.03
WDCNN (AdaBN)	99.68	97.76	96.56	97.28	99.84	89.36	88.58	98.6	90.92	97.6	95.2	89.52	95.08
时域[219] +WDCNN (AdaBN)	99.4	93.4	—	97.5	97.2	—	88.3	99.9	—	—	—	—	—
SDAE[220]	98.88	97.04	95.52	95.76	98.96	88.8	86.72	98.96	89.08	96.8	94.76	88.76	94.17
DCVAEN (p=0.5)	100	99.56	97.84	98.8	99.88	95.6	95.48	99.56	91.16	98	96.8	92.72	97.11
DCVAEN	100	99.88	98.44	99.16	99.96	96.64	96.08	99.88	91.36	98.36	97.64	94.04	97.62

利用人工经验有选择性地提取特征,在一定程度上能提升诊断模型的性能。本节选取如表 6.1 所示的 11 个时域特征和 13 个频域特征来表征机械的状态,共 24 个特征。采用多尺度时频分析方法,将原始振动信号进行 4 层双树复小波包分解,对生成的 16 个子频带进行单支重构,对各单支重构信号提取 24 个特征并排成 1 列,由此,每个样本由 384 个特征组成,将其作为各个诊断模型的输入,诊断结果见表 7.3。对比表 7.2 和表 7.3,当模型的输入分别为频域数据和人工特征时,SVM,LPP-SVM,ISLTSA-SVM,WDCNN(AdaBN),SDAE,DCVAEN(p=0.5)及 DCVAEN 模型的平均诊断正确率如图 7.4 所示。由此可知,通过人工提取特征,浅层模型 SVM,LPP-SVM,ISLTSA-SVM 的诊断正确率都有大幅的提高。其中,SVM 的平均诊断正确率由 89.4%提高至 92.86%,LPP-SVM 的平均诊断正确率由 91.13%提高至 94.66%,深层模型 WDCNN(AdaBN)和 SDAE 在 B-D,C-A 等实验条件下的诊断正确率也得到大幅提高。然而,DCVAEN 模型的诊断正确率

只在 C-A，D-A 等实验条件下有小幅的提高，总体诊断性能没有大幅的提高。由此，采用频域数据作为输入，DCVAEN 模型就能获取较高的诊断正确率，无须进行较复杂的人工特征提取过程。

表 7.3 变工况下滚动轴承 10 种故障类型的诊断结果(人工特征) %

方法	A-B	A-C	A-D	B-A	B-C	B-D	C-A	C-B	C-D	D-A	D-B	D-C	AVG
SVM	97.2	98	91.2	93.2	98.4	87.2	91.6	98.8	89.6	94.4	90	84.8	92.86
LPP	98.8	99.2	93.2	96	99.2	90	94	99.2	90	96.8	92.8	86.8	94.66
ISLTSA	99.2	99.32	94	97.2	99.4	90.4	94.8	99.6	90	95.6	91.6	89.6	95.06
WDCNN (AdaBN)[219]	100	99.92	97.16	96.44	99.72	92.28	93.16	99.88	90.16	97.88	95.82	90.2	96.05
SDAE[220]	100	99.4	97.36	99	99.68	94.44	95.28	99.68	90.4	97.28	95.16	89.68	96.44
DCVAEN (p=0.5)	100	99.88	97.48	97.88	99.92	96.52	95.12	99.88	90.2	99	96	91.6	96.96
DCVAEN	100	99.96	98.36	99.12	100	96.64	96.68	99.88	90.8	99.04	98.08	91.96	97.54

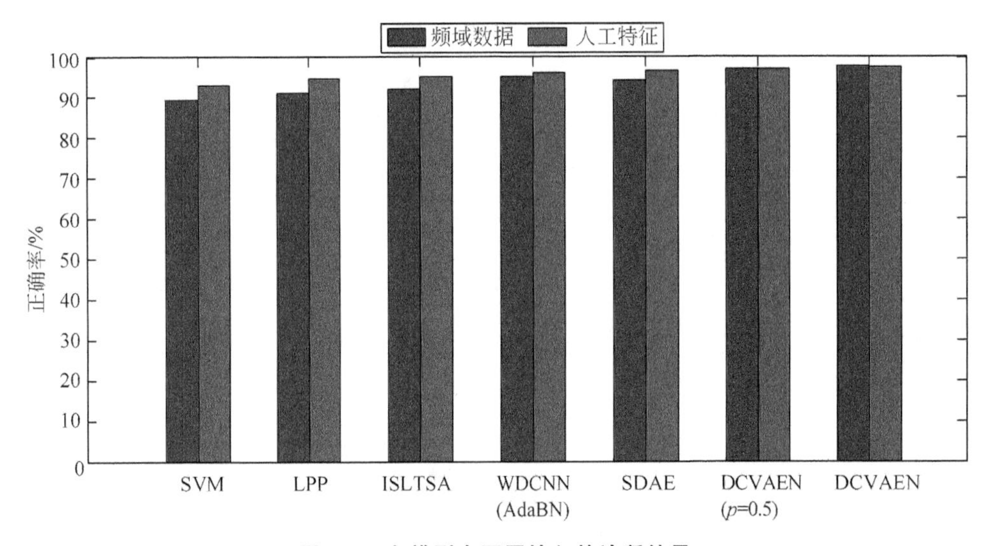

图 7.4 各模型在不同输入的诊断结果

对比本节提出的 DCVAEN 深层模型和第 6 章提出的 ISLTSA-SVM 模型的诊断结果可知，在变工况下，DCVAEN 模型的诊断正确率更高。

利用深度神经网络模型进行特征提取，可减小依赖人工经验带来的干扰。为评估深度神经网络模型提取特征的能力，将网络中各隐含层的输出进行可视化。由表 7.3 可知，当训练样本采集于工况 B、测试样本采集于工况 D 时，采用 DCVAEN 模型的诊断正确率相对于其他方法有较大提高，由于篇幅有限，这里将工况 D 下的测试样本输入到 DCVAEN 模型，只提取 DCVAEN 模型输入层、隐含

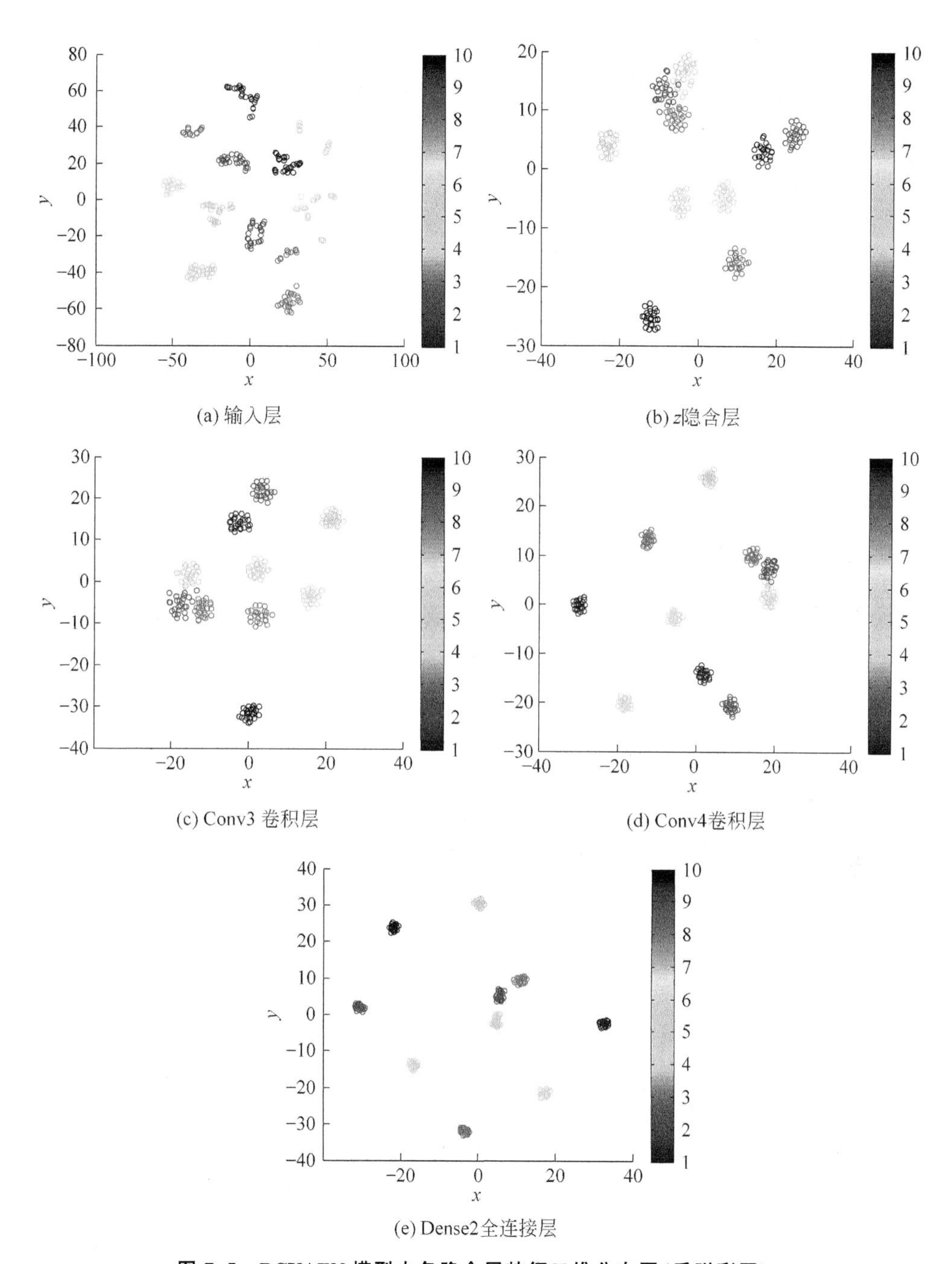

图 7.5　DCVAEN 模型中各隐含层特征二维分布图(后附彩图)

层 z 层、卷积层 Conv3 层、卷积层 Conv4 层和全连接层 Dense2 层的特征。

为便于可视化,利用 t 分布随机近邻嵌入方法将各层提取的特征降至二维,散点分布如图7.5所示，图中同种颜色的散点表示同一损伤类型的样本。如图7.5(a)所示，输入层为频域数据，其中，同种损伤类型的样本在空间存在两处分布，如损伤类型3,4,6和7，这将导致误诊断。随着网络的加深，从隐含层 z 层至Conv3层、Conv4层及Dense2层，如图7.5(b)～(e)所示，同种损伤类型的样本逐渐聚集，不同种损伤类型的样本逐渐分散，这将有利于故障的诊断。

7.3 基于迁移学习深度卷积变分自动编码的故障诊断

7.3.1 基于小样本的监督模型迁移

在实际情况下，根据执行任务的变化，机械装备的运行工况并非恒定不变，转速及负载可能会随着时间而变化。基于传统机器学习构造分类器进行故障诊断的方法，其前提是假设源域数据与目标域数据的空间分布相同或者相近，当机械装备的运行工况发生变化时，在不同时刻采集的数据的分布也存在差异，采用传统故障诊断方法具有局限性，并不能较好地适应数据分布的变化，而迁移学习方法能在一定程度上减弱源域数据与目标域数据分布的差异，具有领域适应性，适合应用于变工况下机械装备的故障诊断。

当机械装备在某一工况下运行时，若缺少该工况下的故障样本或者没有该工况下的故障样本，则难以训练出准确性高、健壮性强的诊断模型。假设在某一工况下机械装备的少量振动数据具有标签，将此数据作为目标域数据，而在另一工况下大量的振动数据具有标签，将此数据作为源域数据。在本章中，结合已构建的DCVAEN模型，采用模型迁移的方法，进行小样本的故障诊断。

1. 构建模型

假设存在两组振动数据，一组是已标记的源域数据 $D_S=[x_{S1},\cdots,x_{Sns}]\in\mathbf{R}^{m\times ns}$ 及其标签 $Y_S=[y_{S1},\cdots,y_{Sns}]$，另一组是少量标记的目标域数据 $D_T=[x_{T1},\cdots,x_{Tnt}]\in\mathbf{R}^{m\times nt}$ 及其标签 $Y_T=[y_{T1},\cdots,y_{Tnt}]$。其中，$y_{Si},y_{Ti}\in\{1,\cdots,C\}$，$C$ 为故障类别数。设源域和目标域的边缘分布和条件分布分别为 $P_S(x_S)$ 和 $P_T(x_T)$，$Q_S(y_S|x_S)$ 和 $Q_T(y_T|x_T)$，考虑变工况的情况，有 $P_S(x_S)\neq P_T(x_T)$，$Q_S(y_S|x_S)\neq Q_T(y_T|x_T)$。

基于模型迁移的DCVAEN模型结构如图7.6所示。为描述方便，将基于DCVAEN的监督迁移模型(supervised model transfer with deep convolution variational autoencoder network)简写为SMT-DCVAEN。首先，采用源域数据 D_S 及其标签 Y_S 训练DCVAEN模型；然后，保留DCVAEN模型中前 $L-1$ 层的所有

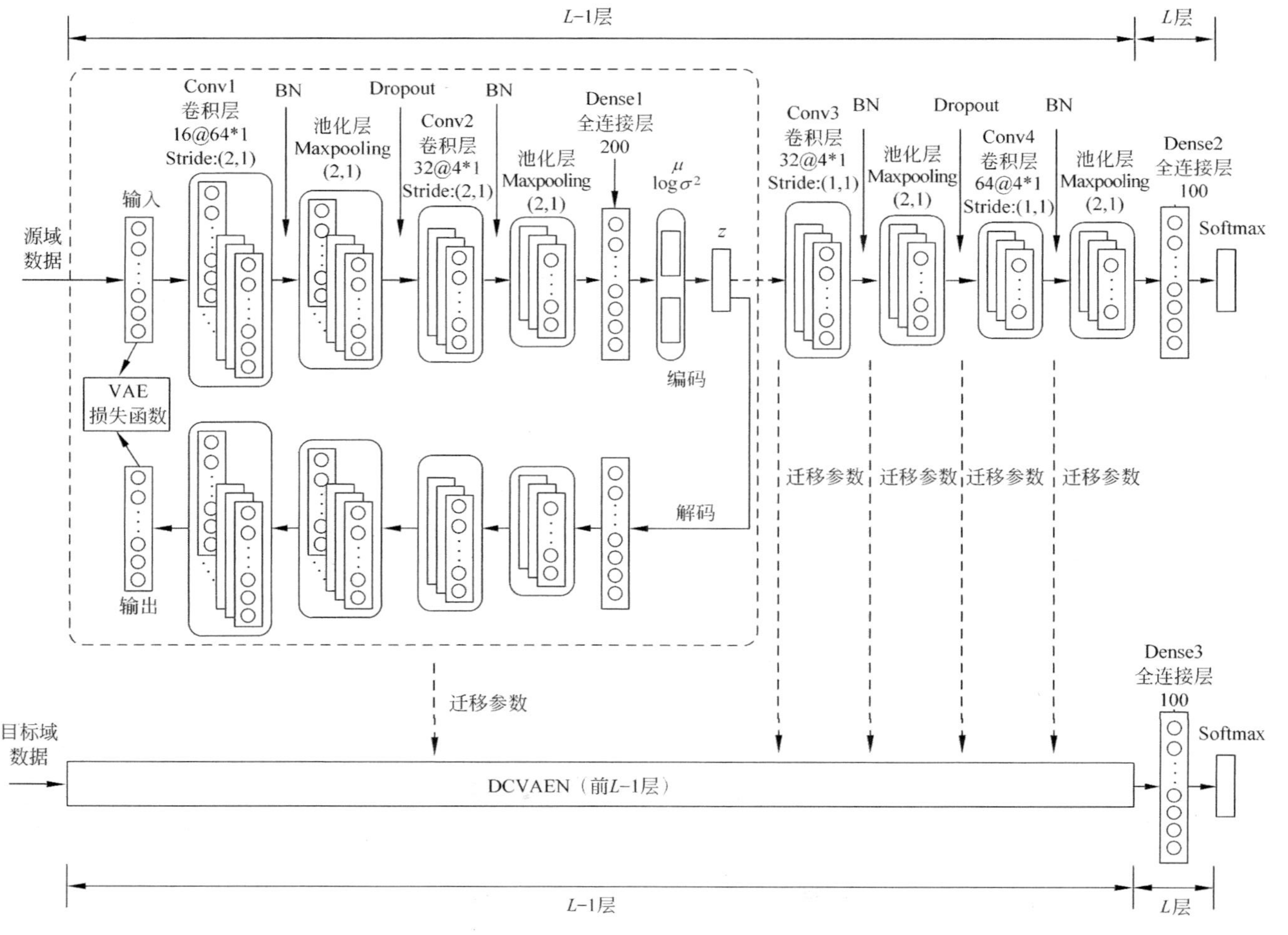

L-1层
L层
源域数据
输入
Conv1 卷积层 16@64*1 Stride:(2,1)
BN
池化层 Maxpooling (2,1)
Dropout
Conv2 卷积层 32@4*1 Stride:(2,1)
BN
池化层 Maxpooling (2,1)
Dense1 全连接层 200
μ
log σ²
编码
z
Conv3 卷积层 32@4*1 Stride:(1,1)
BN
池化层 Maxpooling (2,1)
Dropout
Conv4 卷积层 64@4*1 Stride:(1,1)
BN
池化层 Maxpooling (2,1)
Dense2 全连接层 100
Softmax
VAE 损失函数
输出
解码
迁移参数
迁移参数
迁移参数
迁移参数
迁移参数
目标域数据
DCVAEN（前L-1层）
Dense3 全连接层 100
Softmax
L-1层
L层

图 7.6 监督迁移模型图

参数不变，利用目标域数据中少量的标签样本 D_T 及其标签 Y_T 训练第 L 层，由此，完成迁移模型的训练；最后，将目标域中的无标签数据输入训练好的 SMT-DCVAEN 迁移模型中，进行故障诊断。

2. 诊断模型性能分析

SMT-DCVAEN 是在固定 DCVAEN 模型中前 $L-1$ 层参数的基础上建立的迁移模型，针对 SMT-DCVAEN 模型的结构和参数设置，影响 SMT-DCVAEN 模型诊断性能的因素主要包括：目标域中标签样本的数量 n_t 及全连接层 Dense3 层的神经元个数 n_L。

为分别评估参数 n_t 和 n_L 对本节所提 SMT-DCVAEN 模型在变工况下诊断效果的影响，本节采用与 7.2.4 节中实例 2 相同的数据，在 4 种不同负载（0～3hp）的实验条件下以 12kHz 采集得到 10 种不同故障类型的数据。分别为各故障类型的轴承数据构造 115 个样本，每个样本都由原始振动信号的 1024 个采样点组成，经傅里叶变换为频域数据，由于对称性，取前 512 个频域数据组成一个样本。每类源域数据由 n_s 个（$n_s=90$）样本组成（有标签），每类目标域样本由 n_t 个（$n_t=2,5,10$）标签样本和 25 个无标签样本组成。为验证本节所提小样本下迁移模型诊断效果的优势，采用上一节提到的 SVM，WDCNN，SDAE，DCVAEN 模型用于对比。其中，n_t 个标签样本用于训练，25 个无标签样本用于测试。将以上模型各运行 10 次，诊断正确率取平均值。

在 SMT-DCVAEN 模型中，首先令 Dense3 层的神经元数量 $n_L=100$，目标域中各类有标签样本的数量 n_t 分别取 2，5，10，以此分析有标签小样本数量对诊断结果的影响。诊断结果如表 7.4～表 7.6 和图 7.7～图 7.9 所示。

表 7.4 滚动轴承 10 种故障类型的诊断结果（$n_t=2, n_L=100$） %

方法	*A-A*			*B-B*			*C-C*			*D-D*			AVG
SVM	54.8			91.2			92.0			79.2			79.3
WDCNN[220]	58.64			75.92			83.0			65.72			70.82
SDAE[221]	62.4			75.6			79.2			69.6			71.7
DCVAEN	59.52			79.48			86.08			81.8			76.72
模型迁移方法	*B-A*	*C-A*	*D-A*	*A-B*	*C-B*	*D-B*	*A-C*	*B-C*	*D-C*	*A-D*	*B-D*	*C-D*	AVG
SMT-DCVAEN	93.64	91.32	88.76	94.44	96.0	92.08	97.48	95.68	94.40	92.84	91.0	87.32	92.91

表 7.5 中，*A-B* 表示利用数据集 *A*（负载为 1hp、转速为 1772r/min，作为源域数据）的训练样本进行模型的训练，利用数据集 *B*（负载为 2hp、转速为 1750r/min，作为目标域数据）的测试样本进行测试，以此类推。

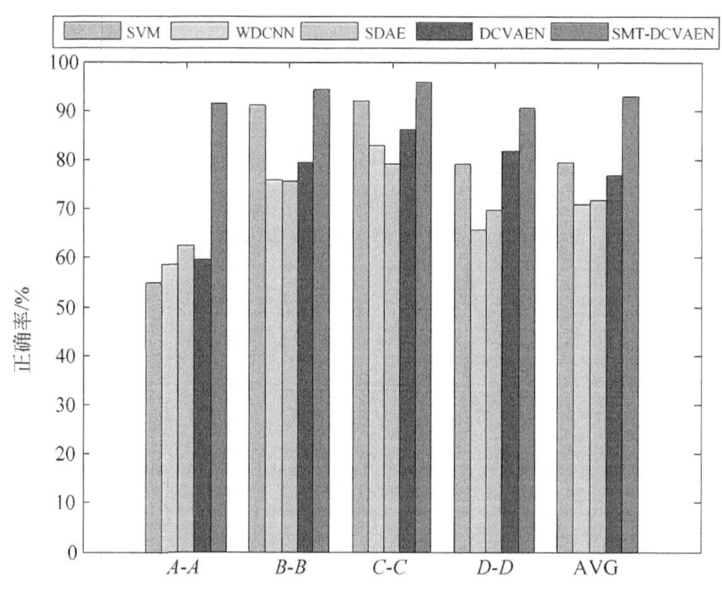

图 7.7　诊断结果($n_t=2,n_L=100$)(后附彩图)

表 7.5　滚动轴承 10 种故障类型的诊断结果($n_t=5,n_L=100$)　%

方　法	*A-A*			*B-B*			*C-C*			*D-D*			AVG
SVM	80.8			92.4			96.0			91.6			90.2
WDCNN[220]	86.56			93.96			99.2			92.2			92.98
SDAE[221]	91.6			90.0			99.2			92.0			93.2
DCVAEN	92.48			95.52			99.2			93.36			95.14
模型迁移方法	*B-A*	*C-A*	*D-A*	*A-B*	*C-B*	*D-B*	*A-C*	*B-C*	*D-C*	*A-D*	*B-D*	*C-D*	AVG
SMT-DCVAEN	98.4	97.4	96.84	99.72	99.56	96.72	99.24	100.0	97.56	98.44	97.44	95.0	98.03

表 7.6　滚动轴承 10 种故障类型的诊断结果($n_t=10,n_L=100$)　%

方　法	*A-A*			*B-B*			*C-C*			*D-D*			AVG
SVM	90.8			99.2			100.0			93.6			95.9
WDCNN[220]	98.64			99.88			100.0			97.32			98.96
SDAE[221]	97.2			99.6			100.0			97.6			98.6
DCVAEN	99.04			99.88			100.0			98.04			99.24
模型迁移方法	*B-A*	*C-A*	*D-A*	*A-B*	*C-B*	*D-B*	*A-C*	*B-C*	*D-C*	*A-D*	*B-D*	*C-D*	AVG
SMT-DCVAEN	99.6	99.24	98.8	100.0	100.0	99.48	100.0	100.0	99.52	98.28	98.72	97.92	99.30

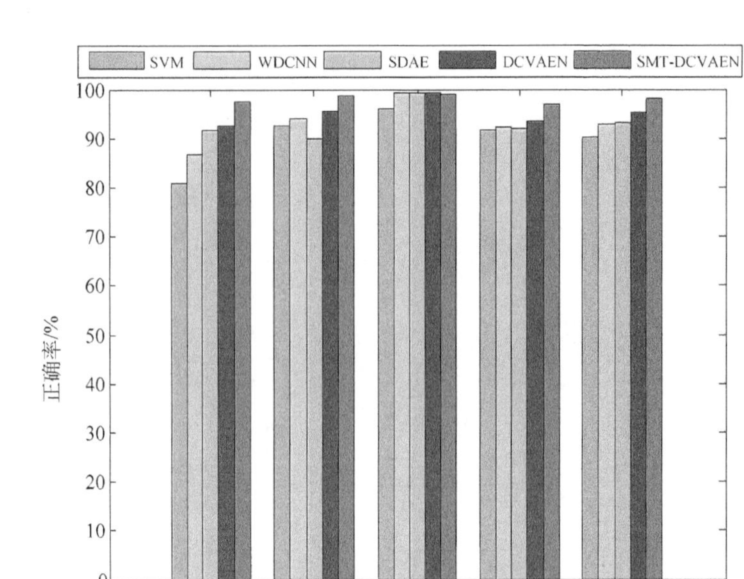

图 7.8　诊断结果($n_t=5, n_L=100$)(后附彩图)

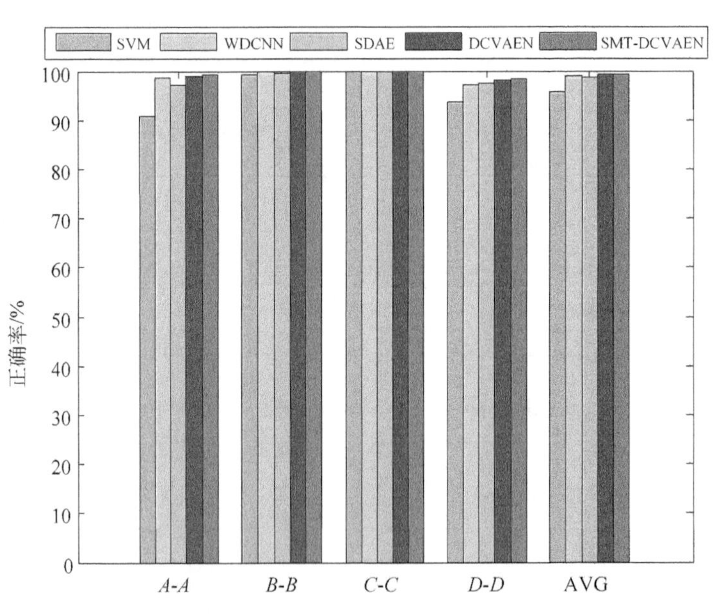

图 7.9　诊断结果($n_t=10, n_L=100$)(后附彩图)

当 $n_t=2$ 时，SVM 作为一类适用于小样本的分类器，平均诊断正确率为 79.3%，如表 7.4 和图 7.7 所示，SVM 的诊断结果优于深层神经网络模型，如 WDCNN，

SDAE,DCVAEN。主要原因在于目标域中可供训练的样本太少,导致深层神经网络模型训练欠拟合。但是,采用模型迁移方法 SMT-DCVAEN 的平均诊断正确率却为 92.91%。表 7.4 中,*A-A* 针对的是 SVM,WDCNN,SDAE,DCVAEN 模型,表示利用目标域中工况 *A* 的有标签样本进行训练,利用工况 *A* 下的无标签样本进行测试,*B-A* 针对的是模型迁移方法 SMT-DCVAEN,表示利用源域中工况 *B* 下的数据训练模型,然后将目标域中工况 *A* 下的有标签训练样本输入模型进行参数的调整,再用工况 *A* 下的无标签样本进行测试。随着训练样本的增加,如 $n_t=5$ 和 $n_t=10$,深层神经网络模型 WDCNN,SDAE,DCVAEN 的诊断正确率都明显高于 SVM 方法,而相对于迁移学习的深度学习方法,在小样本情况下,WDCNN 等的诊断正确率低于 SMT-DCVAEN 方法。然而,当目标域中有标签训练样本逐渐增多时,如 $n_t=10$,WDCNN,SDAE,DCVAEN 方法都能取得较高的诊断正确率,基于迁移学习的方法优势并不明显,此时,没有必要继续采用迁移学习的方法。

由以上分析可知,当 $n_t=2$ 和 5 时,SMT-DCVAEN 的诊断正确率相对于 SVM 及 WDCNN 等深度学习方法有较大地提升,这里固定 $n_t=5$,研究 SMT-DCVAEN 模型中 Dense3 层神经元数量变化对诊断的影响,令 $n_L=200,100,80,60,40,20$,诊断结果如表 7.7 和图 7.10 所示。当 $n_L=80$ 时,SMT-DCVAEN 模型取得最佳的诊断效果,平均诊断正确率为 98.26%;当 $n_L<80$ 时,诊断正确率逐渐下降。根据 n_L 的变化,诊断正确率也相应变化,但总体上看,并没有出现大的波动,由此,Dense3 层神经元数量的确定对 SMT-DCVAEN 模型诊断结果影响较小,也反映了基于小样本监督模型迁移方法 SMT-DCVAEN 的健壮性。

表 7.7 滚动轴承 10 种故障类型的诊断结果($n_t=5,n_L=200,100,80,60,40,20$)

%

SMT-DCVAEN	*B-A*	*C-A*	*D-A*	*C-B*	*D-B*	*A-C*	*B-C*	*D-C*	*A-D*	*B-D*	*C-D*	AVG
$n_L=200$	99.12	98.8	94.28	99.6	96.32	99.4	99.4	97.92	97.16	97.48	94.28	97.8
$n_L=100$	98.4	97.4	96.84	99.56	96.72	99.24	100.0	97.56	98.44	97.44	95.0	98.03
$n_L=80$	99.4	98.64	96.8	99.68	96.36	99.16	99.84	98.24	97.8	97.08	96.44	98.26
$n_L=60$	99.2	97.96	94.76	99.84	96.4	99.16	99.48	97.56	97.24	97.4	95.16	97.81
$n_L=40$	98.68	96.88	96.0	99.73	95.44	99.16	99.68	97.68	96.28	96.6	95.56	97.62
$n_L=20$	96.84	97.0	94.32	98.84	96.4	98.28	99.28	94.64	95.88	95.56	91.64	96.47

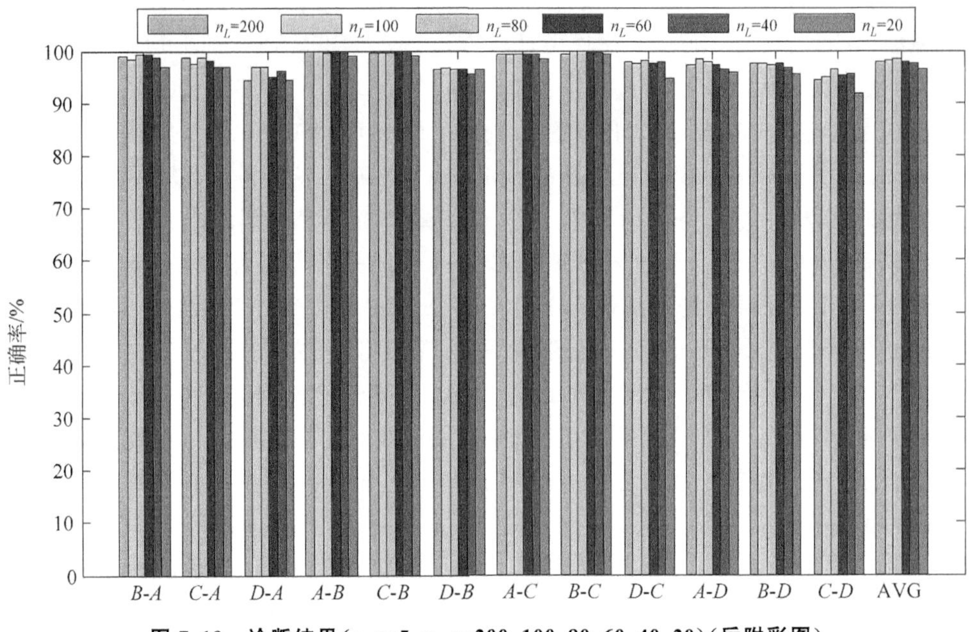

图 7.10 诊断结果($n_t=5, n_L=200,100,80,60,40,20$)(后附彩图)

7.3.2 基于标签传递的无监督模型迁移

7.3.1 节研究了在目标域中少量样本存在标签信息的情况下,采用模型迁移可弥补由训练样本不足导致的模型训练欠拟合的问题。然而,在实际大部分情况下,目标域中的样本没有标签信息,此时,仅能利用源域样本的标签信息对目标域中的样本数据进行诊断。在 7.2 节中提出了 DCVAEN 模型,并将其应用于变工况下的机械装备的故障诊断,也即利用工况 A 下的数据训练 DCVAEN 模型,直接采用 DCVAEN 模型对工况 B 下的样本数据进行诊断。实质上,这也是一种模型迁移方法,将工况 A 下的数据作为源域数据,工况 B 下的数据作为目标域数据,对目标域数据的诊断则完全采用了利用源域数据训练好的诊断模型。针对目标域都是无标签信息的样本,为提高 DCVAEN 模型的诊断性能,本节提出基于无监督模型迁移的深度卷积变分自动编码诊断模型(unsupervised model transfer with deep convolution variational autoencoder network,UMT-DCVAEN)。

1. 构建模型

假设存在两组振动数据,一组是已标记的源域数据 $D_S=[x_{S1},x_{S2},\cdots,x_{Sns}]\in\mathbf{R}^{m\times ns}$ 及其标签 $Y_S=[y_{S1},y_{S2},\cdots,y_{Sns}]$,另一组是无标记的目标域数据 $D_T=[x_{T1},x_{T2},\cdots,x_{Tnt}]\in\mathbf{R}^{m\times nt}$ 及其未知的标签 $Y_T=[y_{T1},y_{T2},\cdots,y_{Tnt}]$。其中,

$y_{Si} \in \{1,2,\cdots,C\}$，$C$ 为故障类别数。设源域和目标域的边缘分布和条件分布分别为 $P_S(x_S)$ 和 $P_T(x_T)$，$Q_S(y_S|x_S)$ 和 $Q_T(y_T|x_T)$，考虑变工况的情况，有 $P_S(x_S) \neq P_T(x_T)$，$Q_S(y_S|x_S) \neq Q_T(y_T|x_T)$。

本节在 DCVAEN 模型框架的基础上提出了无监督模型迁移的方法，该方法的核心是利用有标签的源域数据来预测估计未知标签的目标域数据的标签，也称为目标域数据的“伪标签”(pseudo labels)。基于无监督模型迁移的深度卷积变分自编码诊断模型框架如图 7.11 所示，其中，模型的输入有：有标签的源域训练数据、无标签的目标域训练数据和无标签的目标域测试数据；模型的输出有：目标域测试数据的故障类型。采用 UMT-DCVAEN 模型进行故障诊断的步骤如下。

步骤 1：训练 DCVAEN 模型。

① 依据 7.2 节中提出的 DCVAEN 模型，构建深度神经网络。

② 将 n_s 个源域数据样本 D_s 作为 DCVAEN 的输入，利用样本标签 Y_s 进行模型参数的调整，完成 DCVAEN 模型的训练，其中，DCVAEN 模型最后一层连接 SVM 和 Softmax 这 2 个分类器，由此，可以得到两组输出。

步骤 2：预测目标域训练样本的伪标签。

① 将 n_t 个目标域训练样本 D_T 输入至已完成训练的 DCVAEN 网络，分别得到 SVM 和 Softmax 分类器的输出，采用 D-S 证据理论方法对两个分类器的输出进行融合，获得目标域数据样本的伪标签 Pseudo Labels 1。

② 将 n_s 个源域数据样本和 n_t 个目标域训练样本同时作为已完成训练的 DCVAEN 网络的输入，提取 Dense2 层的输出，分别获取源域数据特征和目标域训练样本特征，结合源域数据的标签信息，采用标签传递的方法，获得目标域训练样本的伪标签 Pseudo Labels 2。

③ 融合目标域训练样本的伪标签 Pseudo Labels 1 和 Pseudo Labels 2，得到预测的目标域训练样本的伪标签。

步骤 3：利用模型迁移，对目标域测试样本进行诊断。

① 依据 7.2 节中提出的 DCVAEN 模型结构，构建一个新的深度神经网络，并将步骤 1 中已训练完成的 DCVAEN 网络的前 L-1 层的参数迁移至新的 DCVAEN 模型。

② 将步骤 2 中预测的具有伪标签的目标域训练样本作为新的 DCVAEN 模型的输入，只训练微调第 L 层的模型参数，由此，完成无监督模型迁移 UMT-DCVAEN 诊断模型的训练。

③ 将目标域测试样本输入至已训练完成的新的 DCVAEN 模型，Softmax 分类器的输出即诊断结果。

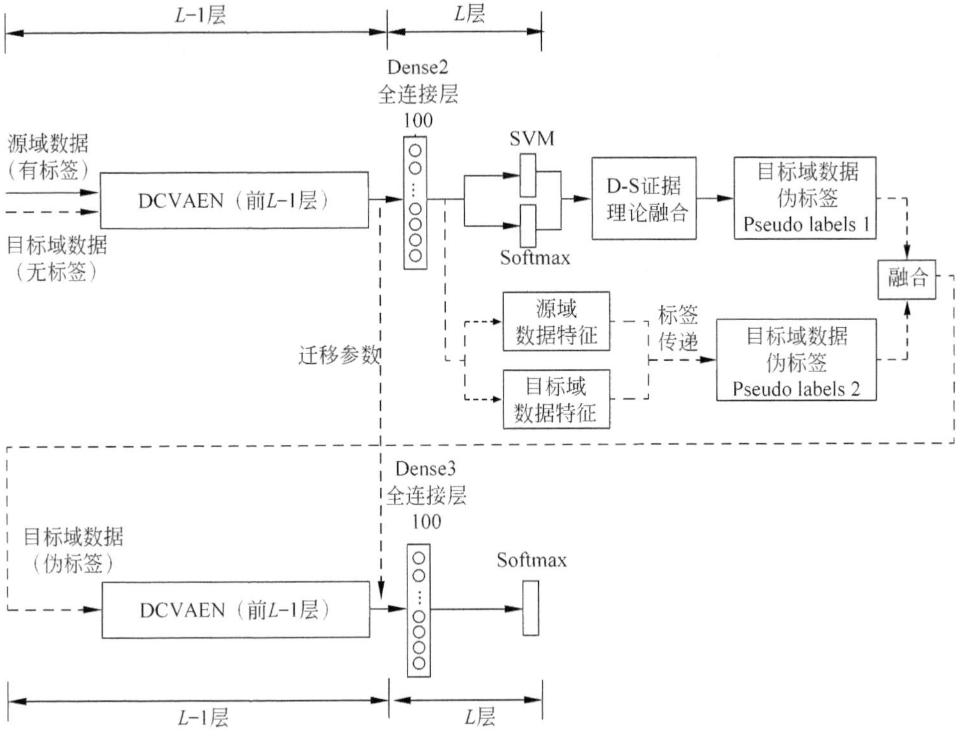

图 7.11 无监督迁移模型

在 UMT-DCVAEN 模型中，为提高伪标签预测的正确率，引入 D-S 证据理论和标签传递的方法预测无标签目标域数据的伪标签。

(1) D-S 证据理论

D-S 证据理论是一种不确定性推理方法，将多源信息作为证据体，在同一辨识框架下合成，去除冗余信息，增强多个证据的共同支持点，相对于单一证据体的推断，证据理论能有效提高推理准确度。

设 Θ 为辨识框架，$\Theta=\{A_1,A_2,\cdots,A_n\}$，$A_j$ 为 Θ 的基元，Θ 所有子集构成的集合称为"幂集"，记作 2^{Θ}。在故障诊断中，Θ 包含了所有可能的故障模式。

对于辨识框架 Θ，定义函数映射 $m(\cdot)$：$2^{\Theta}\to[0,1]$，且满足

$$\begin{cases} m(\phi)=0 \\ \sum\limits_{A\in\Theta} m(A)=1 \end{cases} \tag{7.3.1}$$

则称 $m(\cdot)$ 为框架 Θ 上的"基本概率分配函数"，$m(A)$ 为 A 的基本信度赋值(basic belief assignment，BBA)，反映了对 A 的信任程度。

定义函数 Bel(·)：$2^{\Theta}\rightarrow[0,1]$，$\mathrm{Bel}(A)=\sum_{B\in A}m(B)$，Bel(A)为 A 的信任函数，表示对 A 的总信任度。定义函数 Pl(·)，$\mathrm{Pl}(A)=\sum_{B\cap A\neq\phi}m(B)=1-\mathrm{Bel}(\bar{A})$，Pl(A)为似然函数，表示不拒绝 A 的程度。对于 $\forall A\subseteq\Theta$，A 的不确定性可表示为 $\mu(\Theta)=\mathrm{Pl}(\mathrm{A})-\mathrm{Bel}(A)$，[Bel(A)，Pl(A)]称为“置信区间”，表示对 A 的不确定程度。

假设有两个证据进行组合，$m_1(\cdot)$和 $m_2(\cdot)$是同一辨识框架 Θ 上的基本概率分配函数，焦元分别为 $A_1,A_2,\cdots,A_m$ 和 $B_1,B_2,\cdots,B_n$，则两个证据源进行融合后的基本信度赋值 $m(\cdot)=m_1(\cdot)\oplus m_2(\cdot)$，登普斯特证据组合规则(Dempster's combination rule of evidence)如下：

$$\begin{cases}m(\phi)=0\\ m(A)=\dfrac{1}{1-K}\displaystyle\sum_{A_j\cap B_j=A}m_1(A_i)m_2(B_j)\end{cases}\tag{7.3.2}$$

式中，$K=\sum_{A_j\cap B_j=\phi}m_1(A_i)m_2(B_j)$ 反映证据间的冲突程度，K 值越大，冲突程度越高，K 值越小，冲突程度越低。

如图 7.11 所示，集成学习采用的基学习机为 DCVAEN_SVM 和 DCVAEN_Softmax 模型，二者的输出都是概率形式。本节的融合是针对目标域训练样本的，因此，训练样本的标签信息事先未知。以 DCVAEN_Softmax 模型为例，基本信度赋值的计算如下。

1) 将 N 个训练样本输入已训练的 DCVAEN_Softmax 模型，概率输出为 $P\in\mathbf{R}^{N\times C}$，其中，C 为故障类型数量。

2) 计算概率矩阵 $\boldsymbol{P}$ 中各行的最大值，将这 N 个最大值取平均值，记为 L。

3) DCVAEN_Softmax 模型的基本信度赋值为

$$\begin{cases}m[A]=\boldsymbol{P}\cdot L\\ m(\Theta)=1-L\end{cases}\tag{7.3.3}$$

DCVAEN_SVM 模型的基本信度赋值的计算方法与 DCVAEN_Softmax 模型一致。

将目标域训练样本作为输入，利用式(7.3.2)所示的登普斯特组合规则将 DCVAEN_SVM 和 DCVAEN_Softmax 模型的概率输出进行融合，即能获取目标域训练样本的伪标签 Pseudo Labels 1。

(2) 标签传递算法

标签传递算法基于这样的假设：两个样本的相似度越高，属于同一类别的概率越大。基于图的标签传递是通过任意一个节点图边的权值，将标签样本的标签信息传递至近邻的各节点,多次循环迭代达到全局稳定状态后可推导出无标签样本的标签信息。这里引入 k 最近邻法构建节点邻域权值图,权值越大的边越容易传递信息,以此进行标签的传递。

给定样本数据 $X=\{x_i\}_{i=1}^{n}$,共有 C 类标签。将 X 中的前 l 个样本 $x_i(i\leqslant l)$ 作为有标签样本,即 $(x_1,y_1),\cdots,(x_l,y_l)$,其中,$y_i\in[1,\cdots,C]$是样本标签,余下 $n-l$ 个样本 $x_u(l+1\leqslant u\leqslant n)$为无标签样本,标签 y_u 未知。标签传递的目的就是利用样本 X 和标签 $y_i(i\leqslant l)$预测样本 $x_u(l+1\leqslant u\leqslant n)$的标签 y_u。假设样本 X 的预测标签为 $F=[F_1^{\mathrm{T}},\cdots,F_n^{\mathrm{T}}]^{\mathrm{T}}\in\mathbf{R}^{n\times(C+1)}$,$F_i\in\mathbf{R}^{c+1}(1\leqslant i\leqslant n)$且 $0\leqslant F_{ij}\leqslant 1$。样本 X 的初始标签为 $y=[y_1^{\mathrm{T}},\cdots,y_i^{\mathrm{T}},\cdots,y_n^{\mathrm{T}}]^{\mathrm{T}}\in\mathbf{R}^{n\times(C+1)}$,$y_i\in\mathbf{R}^{C+1}$,其中,当 $i\leqslant l$ 时,如果样本 x_i 的标签是 $j\in[1,2,\cdots,C]$,则 $y_{ij}=1$,否则 $y_{ij}=0$;当 $l+1\leqslant i\leqslant n$ 时,如果 $j=C+1$,则 $y_{ij}=1$,否则 $y_{ij}=0$。由 k 最近邻法,样本 x_i 和 x_j 间的连接边权重计算如下:

$$w_{ij}=\begin{cases}\mathrm{e}^{-\|x_i-x_j\|^2/\sigma^2}, & x_i\in N_k(x_j)\text{ 或 }x_j\in N_k(x_i)\\ 0, & \text{其他}\end{cases}\tag{7.3.4}$$

式中,$N_k(x_j)$和 $N_k(x_i)$分别表示样本 x_j 的 k 个邻域样本及样本 x_i 的 k 个邻域样本。

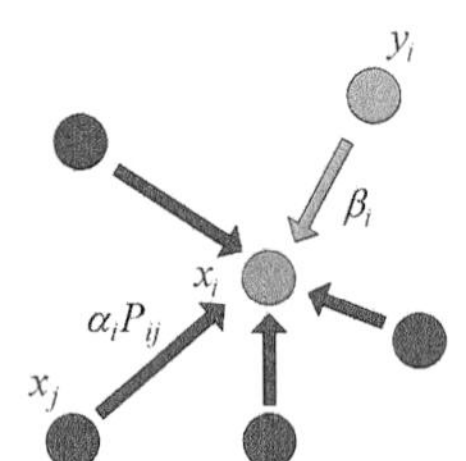

图 7.12 标签传递示意图(后附彩图)

标签传递示意图如图 7.12 所示,绿色圆圈表示样本 x_i,蓝色圆圈 x_j 表示 x_i 的 k 个邻域样本,橙色圆圈表示 x_i 的初始标签。在标签传递的每次迭代过程中,样本 x_i 的预测标签从其近邻样本中吸收部分标签信息,并且保留其初始状态的部分标签信息。在第 $t+1$ 次迭代时,x_i 的标签计算为[222]

$$\boldsymbol{F}(t+1)=\boldsymbol{I}_\alpha\boldsymbol{P}\boldsymbol{F}(t)+(\boldsymbol{I}-\boldsymbol{I}_\alpha)y\tag{7.3.5}$$

式中,$\boldsymbol{I}_\alpha$ 是对角元素为 α_i 的 $n\times n$ 的对角矩阵,$\alpha_i(0\leqslant\alpha_i\leqslant 1)$用于平衡样本 x_i 的初始标签信息和在迭代过程中从其邻域获得的标签信息,对于有标签样本 x_i,α_i 可取接近于 0 的值,这里设置 $\alpha_i=0.01$,对于无标签样本 x_i,α_i 可取接近于 1 的值,这里设置 $\alpha_i=0.99$;$\boldsymbol{P}=\boldsymbol{D}^{-1}\boldsymbol{w}$,$\boldsymbol{D}$ 是对角矩阵,$D_{ii}=\sum_j w_{ij}$。

由式(7.3.5),有

$$\boldsymbol{F}(t)=(\boldsymbol{I}_\alpha\boldsymbol{P})^t\boldsymbol{F}(0)+\sum_{i=0}^{t-1}(\boldsymbol{I}_\alpha\boldsymbol{P})^i(\boldsymbol{I}-\boldsymbol{I}_\alpha)y\tag{7.3.6}$$

最终,由式(7.3.6),迭代过程收敛至

$$\boldsymbol{F}=\lim_{t\to\infty}\boldsymbol{F}(t)=(\boldsymbol{I}-\boldsymbol{I}_\alpha\boldsymbol{P})^{-1}(\boldsymbol{I}-\boldsymbol{I}_\alpha)y\tag{7.3.7}$$

式中,概率矩阵 $\boldsymbol{F}$ 的每一行元素之和为 1,前 C 列的 $F_{ij}(l+1\leqslant i\leqslant n,1\leqslant j\leqslant C)$表示无标签样本 x_i 属于类别 j 的概率;若 $j=C+1$,表示 x_i 为离群点,不属于 C 类中的任意类别。

在本节中,样本数据 X 为图 7.13 中 Dense2 层的输出,由有标签源域样本和无标签目标域样本的 Dense2 层特征组成。

(3) 伪标签 Pseudo Labels 1 和 Pseudo Labels 2 融合的方法

由上述 D-S 证据理论融合 SVM 和 Softmax 的输出,得到无标签样本的标签预测概率矩阵 $\boldsymbol{F}_{\text{Labels1}}\in\mathbf{R}^{nt\times C}$ 及其伪标签 Pseudo Labels 1,由标签传递方法得到无标签样本的标签预测概率矩阵 $\boldsymbol{F}_{\text{Labels2}}\in\mathbf{R}^{nt\times C}$ 及其伪标签 Pseudo Labels 2。假设 n_t 个无标签样本中需要预测得到的每种类型的伪标签个数为 n_a,通过标签预测概率矩阵 $\boldsymbol{F}_{\text{Labels1}}$ 和 $\boldsymbol{F}_{\text{Labels2}}$,计算每类 n_a 个无标签样本 Pseudo Labels 的步骤如下。

步骤 1:统计满足 Pseudo Labels $1(i)=$Pseudo Labels $2(i)\&\max(\boldsymbol{F}_{\text{Labels1}}(i))\geqslant r(i=1,\cdots,n_t)$中各类样本 Samples$(j)(j\in[1,C])$的数量,其中,$r$ 为阈值,r 越大,预测得到错误伪标签的概率越小,但也会导致 Samples(j)的值较小,并且可能漏掉正确的标签样本,这里 r 可取 0.9。

步骤 2:统计伪标签 Pseudo Labels 1 中各类样本的数量 num_samples(j),即满足 Pseudo Labels $1(i)=j(i=1,\cdots,n_t,j\in[1,C])$,并将伪标签 Pseudo Labels 1 对应的概率矩阵 $\boldsymbol{F}_{\text{Labels1}}$ 按各类对每一行的最大值进行降序排列,也即得到各类伪标签可信度由高至低的样本排序 ind(j),其中,每类 ind(j)样本的数量为 num_samples(j)。

步骤 3:由于要为各类选择出伪标签正确性较高的 n_a 个无标签样本,当某类 Samples$(j)=0$ 时,选择此类的伪标签样本为 ind$(j)(1:n_a)\in\mathbf{R}^{C\times n_a}$;当 $0<$ Samples$(j)<n_a$ 时,先选择满足步骤 1 判定条件的 Samples(j)个此类样本,余下的 n_a-Samples(j)个样本由 ind(j)得到,即 ind$(j)(1:n_a-$Samples$(j))$;当 Samples$(j)\geqslant n_a$ 时,选择满足步骤 1 判定条件的 Samples(j)个此类样本即可。

综上,即选择目标域训练样本中每类数量为 n_a 的伪标签样本。需要说明的是:若 num_samples$(j)<n_a$,则应将伪标签 Pseudo Labels 1 中此类样本进行复制,使此 j 类样本的数量 num_samples$(j)=n_a$。

2. 诊断模型性能分析

UMT-DCVAEN 是一种无监督模型迁移的方法,利用源域样本预测目标域中无标签样本的伪标签,并将预测得到的目标域伪标签样本作为迁移模型的训练样本,以此提高模型领域适应性。n_a 取值越大,理论上 UMT-DCVAEN 模型的诊断性能越强,然而,n_a 的增大也会导致选择的预测伪标签错误率上升,进而影响模型的领域适应效果。为验证 UMT-DCVAEN 模型的性能，通过改变 n_a 的值，采用凯斯西储大学的轴承数据，利用 2 个诊断实例进行分析。

(1) 诊断实例 1：采样频率为 12kHz，10 种故障类型($n_a=10$)

为了验证本节提出的 UMT-DCVAEN 模型在变工况下的领域适应性能，采用与 7.2.4 节中的实例 2 一致的数据，在 4 种不同负载(0～3hp)的实验条件下以 12kHz 采集得到 10 种不同故障类型的数据。分别为各故障类型的轴承数据构造 115 个样本，每个样本都由原始振动信号的 1024 个采样点组成，经傅里叶变换为频域数据，取前 512 个频域数据组成一个样本。变工况诊断即在某一工况下训练，在另一工况下进行测试，如 *A-B* 表示利用数据集 *A*(负载为 1hp、转速为 1772r/min，作为源域数据)进行模型 model_A 的训练，然后利用 model_A 预测数据集 *B*(负载为 2hp、转速为 1750r/min，作为目标域数据)中训练样本的伪标签，再采用数据集 *B* 中的测试样本进行测试。其中，每类源域数据由 n_s 个($n_s=90$)样本组成(有标签)，每类目标域无标签训练样本 $n_t=90$，预测伪标签样本 $n_a=10$，每类目标域无标签测试样本 $n_c=25$。实验中，源域训练样本共有 900 个，目标域训练样本也有 900 个，可预测得到 900 个目标域训练样本的伪标签，但是，从中只选择出 100 个伪标签样本，目标域测试样本数为 250。将以上模型运行 10 次，诊断正确率取平均值。

UMT-DCVAEN 模型在每种变工况下运行 10 次的诊断结果见表 7.8，总的平均诊断正确率为 98.98%。在 7.2.3 节中，采用同样的 250 个样本验证了 DCVAEN 模型在变工况下的诊断性能；在 7.3.1 节中，如表 7.6 所示，设定了目标域中每类有标签训练样本数量为 10，并且也采用了同样的 250 个样本验证了 SMT-DCVAEN 模型的诊断性能。对比 DCVAEN，SMT-DCVAEN，UMT-DCVAEN 这 3 类模型，诊断结果及盒状图分别如图 7.13 和图 7.14 及表 7.9 所示。通过盒状图可知，SMT-DCVAEN 和 UMT-DCVAEN 模型多次运行的诊断结果相较于 DCVAEN 模型的波动性较小，健壮性较优。

表 7.8 UMT-DCVAEN 模型的诊断结果 %

UMT-DCVAEN	*B-A*	*C-A*	*D-A*	*A-B*	*C-B*	*D-B*	*A-C*	*B-C*	*D-C*	*A-D*	*B-D*	*C-D*	AVG
1	100.0	99.2	98.8	100.0	100.0	99.2	100.0	99.2	99.6	98.4	99.2	96.4	—
2	100.0	99.2	99.2	100.0	100.0	99.2	100.0	99.6	99.6	98.8	98.0	96.8	—
3	99.6	99.2	98.8	100.0	100.0	98.4	100.0	99.2	99.2	98.8	98.0	96.4	—
4	98.8	99.2	98.8	100.0	100.0	98.4	100.0	99.2	99.2	98.4	99.2	96.4	—
5	99.6	100.0	98.0	100.0	100.0	98.8	100.0	100.0	98.8	99.2	99.2	94.4	—
6	99.6	100.0	98.0	100.0	100.0	98.8	100.0	100.0	97.2	99.6	99.6	95.2	—

续表

UMT-DCVAEN	*B-A*	*C-A*	*D-A*	*A-B*	*C-B*	*D-B*	*A-C*	*B-C*	*D-C*	*A-D*	*B-D*	*C-D*	AVG
7	98.8	99.6	98.8	100.0	100.0	99.6	100.0	100.0	98.8	98.0	96.0	95.6	—
8	99.6	98.0	98.4	100.0	100.0	99.6	100.0	100.0	99.6	98.4	96.0	96.4	—
9	100.0	98.0	98.8	100.0	99.6	98.4	100.0	100.0	99.6	98.4	99.6	96.0	—
10	99.2	98.8	99.6	100.0	99.6	99.2	100.0	100.0	98.4	97.6	96.8	96.8	—
AVG	99.52	99.12	98.72	100.0	99.92	98.96	100.0	99.72	99.0	98.56	98.16	96.04	98.98

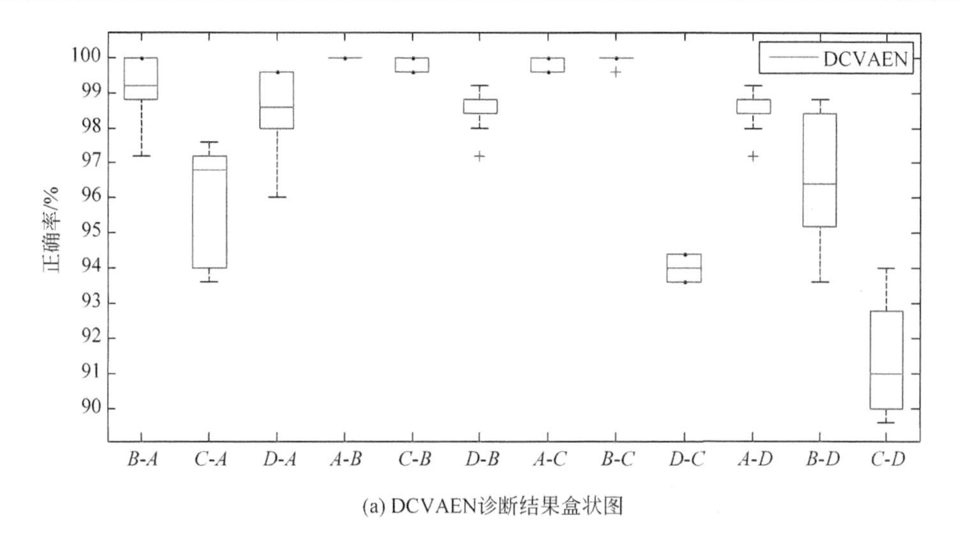

(a) DCVAEN诊断结果盒状图

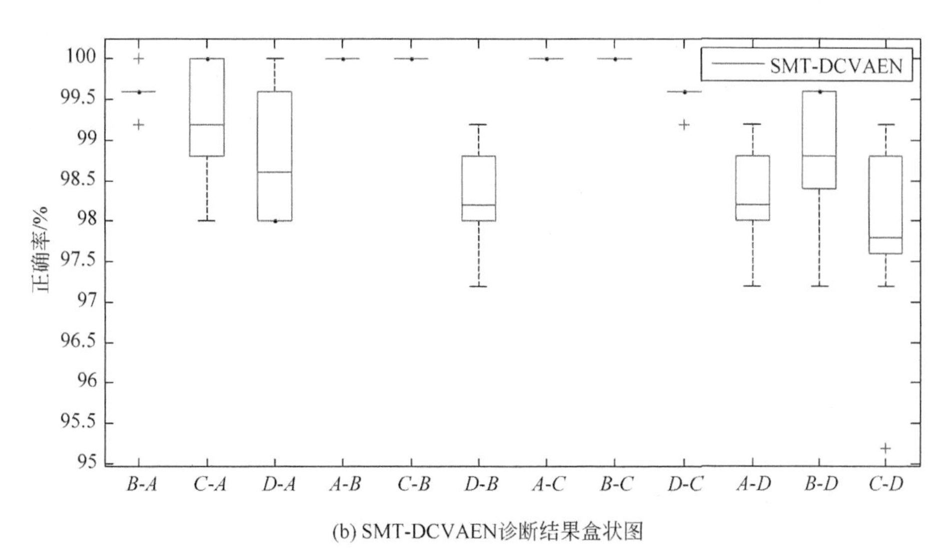

(b) SMT-DCVAEN诊断结果盒状图

图 7.13　3 种模型诊断结果盒状图(后附彩图)

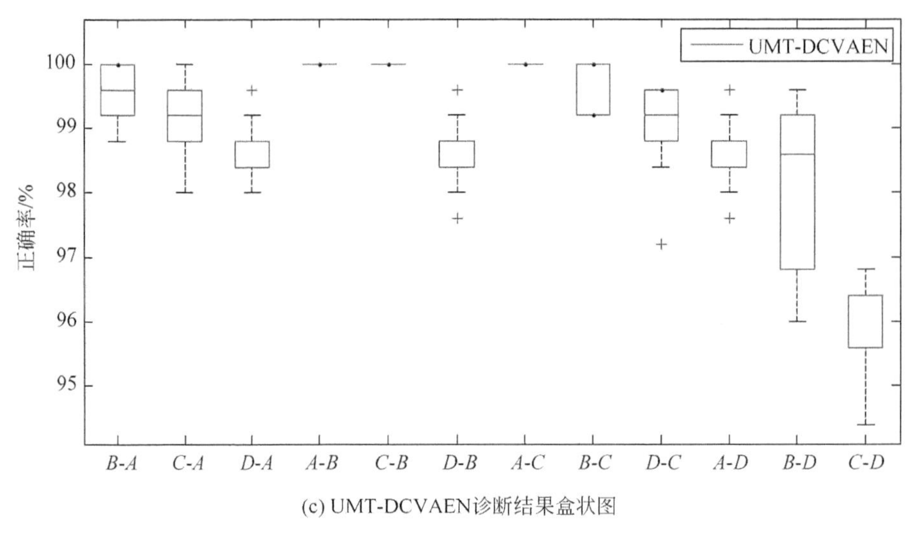

(c) UMT-DCVAEN诊断结果盒状图

图 7.13(续)

如表 7.9 和图 7.14 所示，总的平均诊断正确率 DCVAEN(97.62%)＜UMT-DCVAEN(98.98%)＜SMT-DCVAEN(99.30%)，这也符合客观实际。因为无监督 UMT-DCVAEN 是通过预测目标域训练数据的伪标签来提升模型的性能的，监督 SMT-DCVAEN 是通过指定目标域训练数据的标签来提升模型的性能的，而在 UMT-DCVAEN 预测的伪标签中可能存在错误的标签，因此，当 UMT-DCVAEN 中采用 100 个伪标签的目标域样本训练迁移模型、SMT-DCVAEN 中采用 100 个真实标签的目标域样本训练迁移模型时，UMT-DCVAEN 模型的领域适应能力接近或者差于 SMT-DCVAEN 模型。由于工况 *B*，*D* 及工况 *C*，*D* 的差异较大，在 7.2.4 节中，如表 7.2 所示，采用浅层模型 SVM，LPP 和 ISLTSA，深层网络 WDCNN(AdaBN)和 SDAE 在 *B*-*D*，*D*-*B*，*C*-*D* 及 *D*-*C* 的诊断中都不能取得较好的正确率，对比表 7.9，如在变工况 *D*-*C* 的诊断中，DCVAEN 的平均诊断正确率只有 91.36%，而 SMT-DCVAEN 和 UMT-DCVAEN 的诊断结果有较大空间的提升，分别为 99.52%和 99.0%。

表 7.9 3 种模型的平均诊断正确率 %

方法	*B*-*A*	*C*-*A*	*D*-*A*	*A*-*B*	*C*-*B*	*D*-*B*	*A*-*C*	*B*-*C*	*D*-*C*	*A*-*D*	*B*-*D*	*C*-*D*	AVG
DCVAEN	100.0	99.88	98.44	99.16	99.96	96.64	96.08	99.88	91.36	98.36	97.64	94.04	97.62
SMT-DCVAEN	99.6	99.24	98.8	100.0	100.0	99.48	100.0	100.0	99.52	98.28	98.72	97.92	99.30
UMT-DCVAEN	99.52	99.12	98.72	100.0	99.92	98.96	100.0	99.72	99.0	98.56	98.16	96.04	98.98

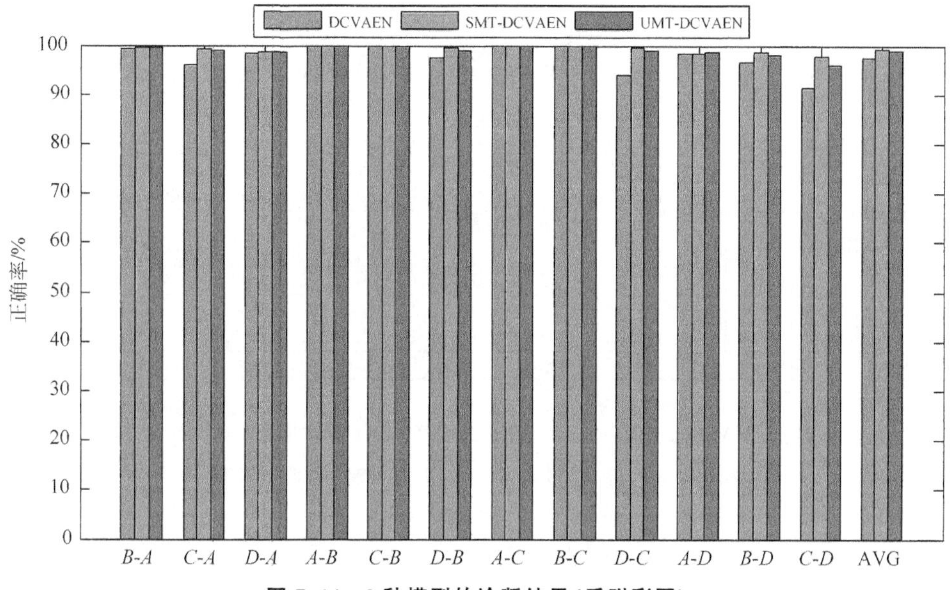

图 7.14　3 种模型的诊断结果(后附彩图)

(2) 诊断实例 2：采样频率为 48kHz，10 种故障类型($n_a=10,15,20$)

为评估参数 n_a 对 UMT-DCVAEN 模型诊断效果的影响，本节采用 10 种不同故障类型的凯斯西储大学轴承数据集，与实例 1 不同的是，本节数据是在 4 种不同负载(0～3hp)的实验条件下以 48kHz 采集得到的[204]。分别为各故障类型的轴承数据构造 115 个样本，每个样本都由原始振动信号的 2048 个采样点组成，经傅里叶变换为频域数据，取前 512 个频域数据组成一个样本。本节也是为了验证无监督迁移模型在变工况下的领域适应性能。其中，每类源域数据由 n_s 个($n_s=90$)样本组成(有标签)，每类目标域无标签训练样本 $n_t=90$，预测伪标签样本为 n_a，每类目标域无标签测试样本 $n_c=25$。实验中，源域训练样本共有 900 个，目标域训练样本有 900 个，可得到 900 个目标域训练样本的伪标签，但是只选择出 $10n_a$ 个伪标签样本，目标域测试样本数为 250。将以上模型运行 10 次，诊断正确率取平均值。

当 $n_a=10$ 时，如表 7.10～表 7.11 和图 7.15～图 7.16 所示，相对于采样频率为 12kHz 实验条件下的诊断结果，采样频率为 48kHz 实验条件下的总体诊断正确率较小，说明采样频率为 48kHz 的实验数据集更难进行变工况下的诊断。

表 7.10　UMT-DCVAEN 模型($n_a=10$)的诊断结果　　%

UMT-DCVAEN	B-A	C-A	D-A	A-B	C-B	D-B	A-C	B-C	D-C	A-D	B-D	C-D	AVG
1	98.0	96.0	96.8	98.4	99.6	95.2	98.8	100.0	94.0	94.8	94.0	94.4	—
2	98.4	96.0	96.4	98.8	99.2	97.2	98.8	98.8	92.8	96.0	94.4	96.4	—

续表

UMT-DCVAEN	*B-A*	*C-A*	*D-A*	*A-B*	*C-B*	*D-B*	*A-C*	*B-C*	*D-C*	*A-D*	*B-D*	*C-D*	AVG
3	99.2	97.2	92.0	98.4	97.6	95.2	98.8	98.8	94.0	94.8	94.0	95.6	—
4	98.0	96.8	91.6	98.0	99.6	94.8	98.0	99.2	91.6	93.6	94.0	94.4	—
5	98.8	97.2	96.8	99.2	99.2	93.2	98.0	100.0	92.4	94.8	92.8	93.6	—
6	98.4	98.4	93.2	98.0	99.6	95.2	98.8	98.8	92.0	92.0	92.0	95.6	—
7	98.4	98.8	94.0	98.8	98.4	94.4	98.8	98.4	93.6	93.6	94.4	94.4	—
8	99.2	99.2	93.2	98.8	99.2	94.0	98.0	99.2	92.8	93.2	92.8	95.6	—
9	98.8	98.8	92.8	98.8	97.2	96.0	98.8	98.8	92.4	94.4	94.4	95.6	—
10	98.4	97.6	92.4	98.8	99.2	94.4	98.8	99.6	92.4	93.2	92.0	96.0	—
AVG	98.56	97.6	93.92	98.6	98.88	94.96	98.56	99.16	92.8	94.04	93.48	95.16	96.31

同样采用DCVAEN，SMT-DCVAEN进行对比分析，如图7.15所示，通过盒状图可知，变工况下诊断模型的稳定性排序依次为SMT-DCVAEN，UMT-DCVAEN，DCVAEN，由表7.11可知，总体平均诊断正确率SMT-DCVAEN(96.48%)>UMT-DCVAEN(96.31%)>DCVAEN(92.88%)。3种模型的性能排序与采样频率为12kHz实验条件下的结论一致。

表7.11　3种模型的平均诊断正确率 %

方法	*B-A*	*C-A*	*D-A*	*A-B*	*C-B*	*D-B*	*A-C*	*B-C*	*D-C*	*A-D*	*B-D*	*C-D*	AVG
DCVAEN	96.72	95.0	90.16	97.28	97.72	87.44	97.36	98.24	86.72	87.8	90.96	89.16	92.88
SMT-DCVAEN	98.48	97.68	93.88	98.72	98.88	94.68	98.84	99.32	94.08	94.48	93.32	95.36	96.48
UMT-DCVAEN	98.56	97.6	93.92	98.6	98.88	94.96	98.56	99.16	92.8	94.04	93.48	95.16	96.31

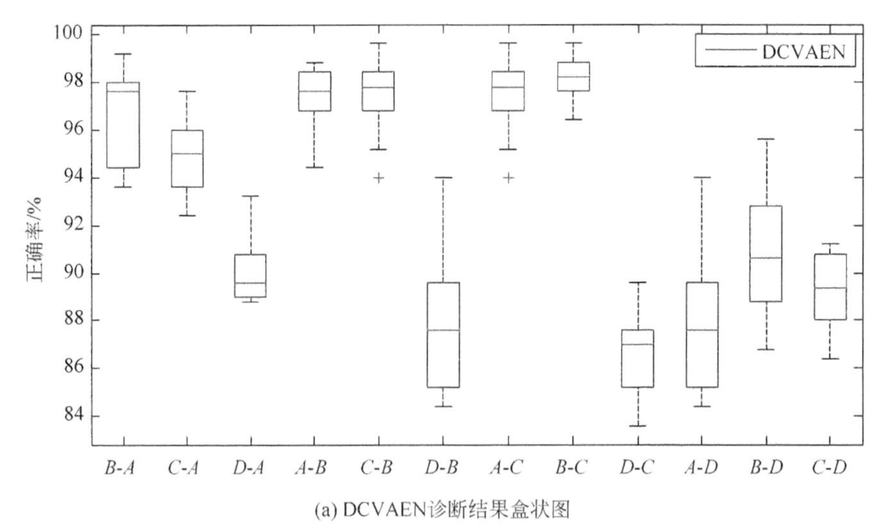

(a) DCVAEN诊断结果盒状图

图7.15　3种模型诊断结果盒状图(后附彩图)

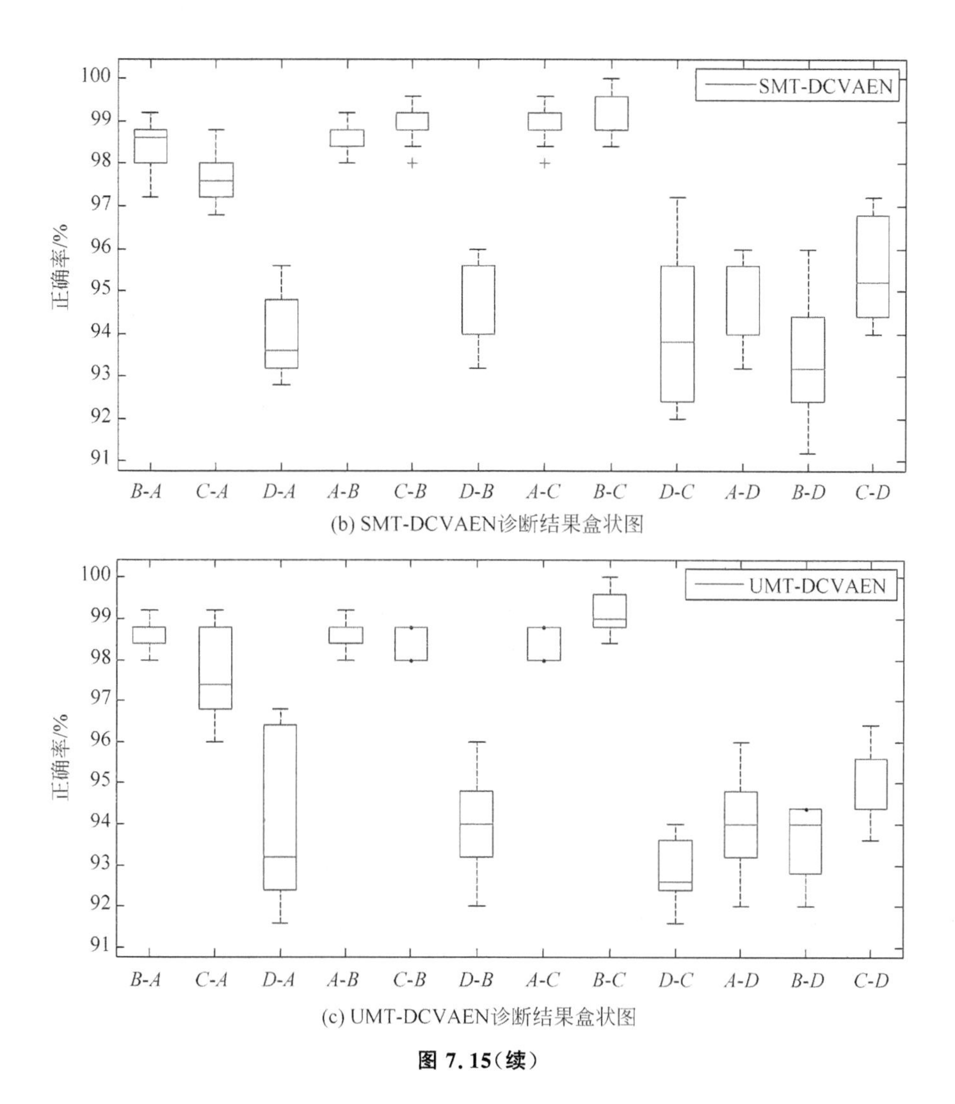

(b) SMT-DCVAEN诊断结果盒状图

(c) UMT-DCVAEN诊断结果盒状图

图 7.15(续)

为分析 n_a 取值对诊断结果的影响，n_a 依次取为 10，15 和 20，UMT-DCVAEN 模型的诊断结果见表 7.12，总体平均诊断正确率($n_a=15(97.37\%)$)>($n_a=20(96.64\%)$)>($n_a=10(96.31\%)$)，诊断正确率并不是随着 n_a 的增大而单调递增。如图 7.17 所示，当 $n_a=15$ 时，相对于 $n_a=10$ 时，在各工况下，UMT-DCVAEN 模型的诊断正确率都有提升，主要原因是目标域训练样本中参与迁移模型训练的预测标签样本量的增加，使迁移模型训练得更加充分。然而，继续增加 n_a，当 $n_a=20$ 时，相对于 $n_a=15$ 时，诊断正确率只在部分工况下有所提升，总体上呈下降的趋势，主要原因是选择出的预测伪标签的错误率也在增加，影响诊断模型的性能。

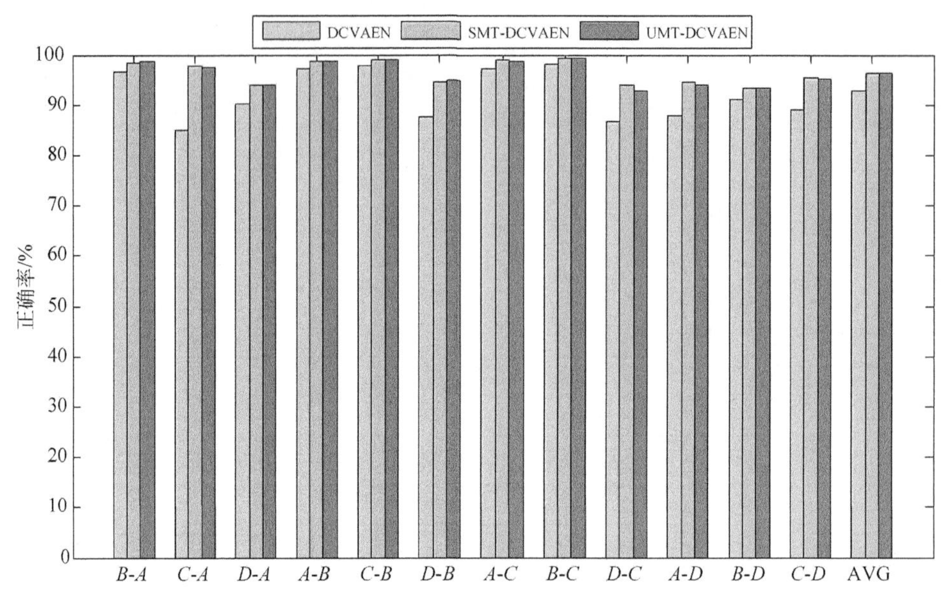

图 7.16　3 种模型的诊断结果(后附彩图)

表 7.12　UMT-DCVAEN 模型(n_a=[10,15,20])的诊断结果　%

UMT-DCVAEN	B-A	C-A	D-A	A-B	C-B	D-B	A-C	B-C	D-C	A-D	B-D	C-D	AVG
n_a=10	98.56	97.6	93.92	98.6	98.88	94.96	98.56	99.16	92.8	94.04	93.48	95.16	96.31
n_a=15	99.2	98.04	96.24	98.96	99.16	95.44	98.96	99.28	93.76	96.56	96.04	96.64	97.37
n_a=20	98.32	97.44	95.28	98.72	99.04	95.16	99.4	98.6	93.16	95.16	93.76	95.64	96.64

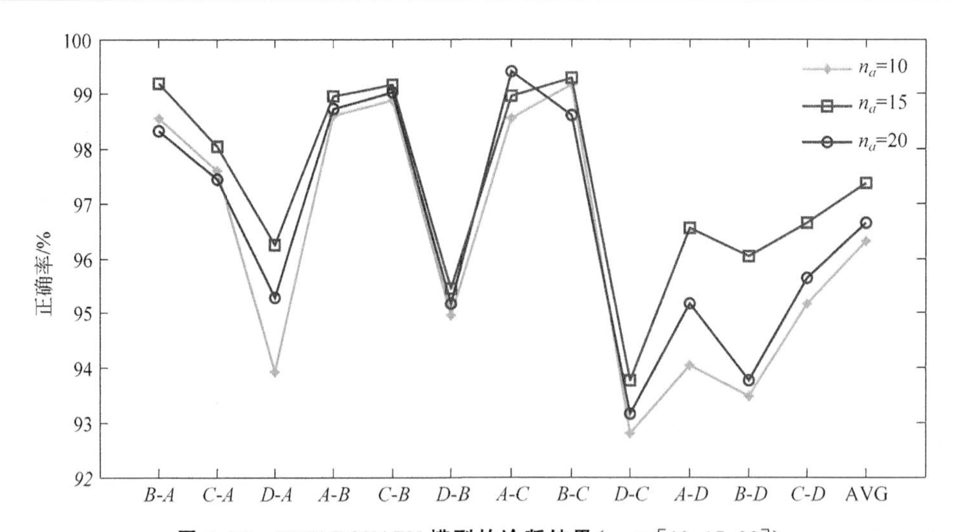

图 7.17　UMT-DCVAEN 模型的诊断结果(n_a=[10,15,20])

由以上分析可知，n_a 的取值不宜过大，通过实例 1 和实例 2 的验证，当 $n_a=10$ 时，UMT-DCVAEN 模型的总体平均诊断正确率能达到 95%以上。因此，n_a 可以取 10 为初值进行诊断分析。

7.4 基于选择性集成学习的深度卷积变分自动编码的故障诊断

7.4.1 构建模型

集成学习是一种重要的建模方法，在训练多个个体基学习机的基础上，对各基学习机的预测输出进行组合得到最终的结果。由于集成学习模型融合了多个基学习机的输出，其泛化性能显著优于单个基学习机。然而，并非融合基学习机的数量越多，集成学习模型的预测输出越准确，当基学习机的输出相似时，会导致基学习机中存在大量的冗余，不但会降低集成学习器的泛化性，也会增加模型的复杂度。一般认为基学习机的准确性越高、差异性越强，集成学习器性能越好，因此，选择一组差异性大的基学习机进行融合，能有效提高集成学习模型的泛化性能。虽然差异性是选择性集成学习中的重要特征，但是目前还没有广为接受的度量方法。Krogh 和 Vedelsby[223] 提出了一种计算集成模型泛化误差的方法，公式如下：

$$E(x)=\bar{E}(x)-\bar{A}(x) \tag{7.4.1}$$

$$\begin{cases} F(x)=\sum_{i=1}^{N} w_i f_i(x) \\ \sum_{i=1}^{N} w_i =1, w_i \geqslant 0 \\ \bar{E}(x)=\sum_{i=1}^{N} w_i [f_i(x)-y(x)]^2 \\ \bar{A}(x)=\sum_{i=1}^{N} w_i [f_i(x)-F(x)]^2 \end{cases} \tag{7.4.2}$$

式中，$\bar{E}(x)$为个体基学习机的平均泛化误差；$\bar{A}(x)$为基学习机的平均模糊度，也可视为基学习机间的差异性度量；$f_i(x)$和 w_i 分别为第 i 个基学习机的输出和权重；$y(x)$是模型预期的输出。

由式(7.4.1)可知，在个体基学习机准确性固定的情况下，优选基学习机提高差异性，能减小集成模型的泛化误差，提升模型性能。基学习机的生成大致可分为两类：①将同一数据集用于训练不同类型的学习模型得到的基学习机称为“异质类型”；②将不同的数据集用于训练同一类型的学习模型得到的基学习机称为“同质类型”。当前，大多数的研究利用 Boosting 算法和 Bagging 算法对训练集数据进行重新抽取形成多个不同的训练子集，以增强基学习机的差异性，然后用 SVM 或者神经网络作为基学习机，以式(7.4.1)为目标函数，采用优化算法，如遗传算法、粒子群算法、贪婪算法等最小化集成模型的泛化误差，获得各基学习机的权重，再对加权后的各基学习机的预测输出进行多数投票表决。不同的优化算法有不同的优缺点，如遗传算法参数设置较多，收敛速度缓慢；粒子群算法收敛速度较快，但易陷入局部最优。

针对多传感器的故障诊断问题，由于传感器布置位置或者类型的不同，不同通道采集的数据具有差异性和互补性，不需要利用 Boosting 算法或者 Bagging 算法对数据集抽样以增强训练数据的差异性。结合 7.2 节提出的 DCVAEN 诊断模型，本节提出选择性集成学习的深度卷积变分自动编码模型(deep convolution variational autoencoder network based selective ensemble，DCVAEN-SE)，分别利用 DCVAEN-SVM 和 DCVAEN-Softmax 作为分类器，构成异质集成模型，模型结构如图 7.18 所示。基于互信息法构建差异度指标，并选择 DCVAEN-SE 模型中的部分基学习机作为集成的子模型，模型的集成采用基于加权 D-S 证据理论融合的方法。

1. 模型间差异度指标

互信息(mutual information，MI)理论来源于信息论中熵的概念，用来度量随机变量之间的相关性。两个随机变量 x 和 y 的互信息定义为

$$\mathrm{MI}(x,y)=H(x)+H(y)-H(x,y) \tag{7.4.3}$$

式中，$H(x)$和 $H(y)$分别为 x 和 y 的熵，$H(x,y)$为 x，y 的联合熵，其定义为

$$H(x)=-\sum_{x}P_x(x)\log_2 P_x(x) \tag{7.4.4}$$

$$H(y)=-\sum_{y}P_y(y)\log_2 P_y(y) \tag{7.4.5}$$

$$H(x,y)=-\sum_{x,y}P_{xy}(x,y)\log_2 P_{xy}(x,y) \tag{7.4.6}$$

式中，$x\in X$，$y\in Y$，$P_x(x)$和 $P_y(y)$分别为 x 和 y 的边缘概率密度，$P_{xy}(x,y)$为 x 和 y 的联合概率密度。

$\mathrm{MI}(x,y)$是随机变量 x 和 y 之间相互依赖性的度量，即二者共同含有的信息量。若 $\mathrm{MI}(x,y)=0$，表示变量 x 和 y 无关，没有互相包含的信息；$\mathrm{MI}(x,y)$的值越大，表示变量 x 和 y 的相互关联程度越高，相互包含的信息也越多。常用的互信息的估计方法有直方图法、B 样条法、K 邻近法、核密度估计等，由于需要计算离散随机变量间的互信息，本节选择效率高易实现的直方图法估计随机变量 x，y 的边缘概率密度和联合概率密度，由此，可计算变量 x 和 y 的互信息 $\mathrm{MI}(x,y)$。

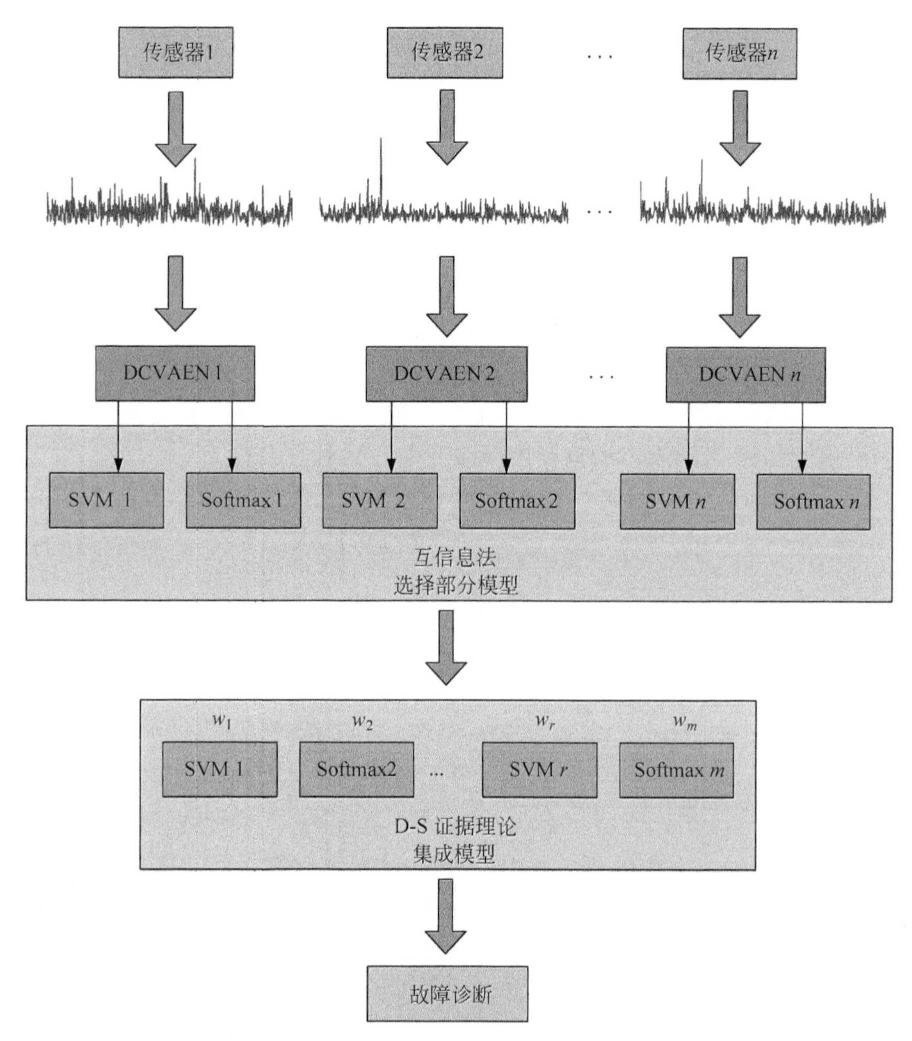

图 7.18 DCVAEN-SE 模型图

假设故障模式有 c 类，故障样本数量为 n，第 $i(i=1,2,\cdots,m)$ 个识别模型 Model(i)的概率输出矩阵为 $\boldsymbol{F}_i \in \mathbf{R}^{n\times c}$，有

$$\boldsymbol{F}_i = \begin{bmatrix} f_{11}^i & f_{12}^i & \cdots & f_{1c}^i \\ f_{21}^i & f_{22}^i & \cdots & f_{2c}^i \\ \vdots & \vdots & & \vdots \\ f_{n1}^i & f_{n2}^i & \cdots & f_{nc}^i \end{bmatrix}$$

其中，$f_{jk}^i(1\leqslant i\leqslant m, 1\leqslant j\leqslant m, 1\leqslant k\leqslant c)$表示识别模型 Model$(i)$将第 j 个故障样本判定为第 k 类故障模式的概率，$0\leqslant f_{jk}^i\leqslant 1$。

将矩阵 $\boldsymbol{F}_i$ 排成一行，使得 $\boldsymbol{F}_i=[f_{11}^i,\cdots,f_{1c}^i,f_{21}^i,\cdots,f_{nc}^i]\in\mathbf{R}^{1\times n\cdot c}$，利用上述互信息法计算识别模型 i 和模型 j 输出的互信息 $\mathrm{MI}(i,j)(1\leqslant i\leqslant m,1\leqslant j\leqslant m)$，将互信息矩阵 **MI** 表示为

$$\mathbf{MI}=\begin{bmatrix}\mathrm{MI}_{11},\mathrm{MI}_{12},\cdots,\mathrm{MI}_{1j},\cdots,\mathrm{MI}_{1m}\\ \vdots\quad\quad\vdots\quad\quad\quad\vdots\quad\quad\quad\vdots\\ \mathrm{MI}_{i1},\mathrm{MI}_{i2},\cdots,\mathrm{MI}_{ij},\cdots,\mathrm{MI}_{im}\\ \vdots\quad\quad\vdots\quad\quad\quad\vdots\quad\quad\quad\vdots\\ \mathrm{MI}_{m1},\mathrm{MI}_{m2},\cdots,\mathrm{MI}_{mj},\cdots,\mathrm{MI}_{mm}\end{bmatrix}$$

其中，$\mathrm{MI}_{ij}=\mathrm{MI}_{ji}$。

模型 Model(i)的平均互信息 $\mathrm{mean\_MI}_i$ 能反映 Model(i)与其他模型的相关程度，可用于评估 Model(i)的差异性，$\mathrm{mean\_MI}_i$ 的计算公式为

$$\mathrm{mean\_MI}_i=\frac{\sum\limits_{j=1,j\neq i}^{m}\mathrm{MI}_{ij}}{m-1}\tag{7.4.7}$$

互信息矩阵 **MI** 中的每一行表示 Model(i)与 Model(j)相互包含信息的度量，$[\mathrm{MI}_{i1},\mathrm{MI}_{i2},\cdots,\mathrm{MI}_{ij}](i\neq j)$中元素的差异越小，表明 Model($i$)与其他模型 Model($j$)之间的互信息度量越稳定，采用均方差估计，计算公式为

$$\mathrm{std\_MI}_i=\mathrm{sqrt}\left(\frac{\sum\limits_{j=1,j\neq i}^{m}(\mathrm{MI}_{ij}-\mathrm{mean\_MI}_i)^2}{m}\right)\tag{7.4.8}$$

选择性集成学习方法中关于基学习机的选择，不仅要关注基学习机间的差异性，也要考虑基学习机模型的准确度，差异性大且准确度高的基学习机的集成能有效提高个体基学习机模型的识别及诊断效果。将各基学习机的诊断正确率用 acc_i 表示，在本节中，数据集分为训练数据(training data)、验证数据(validation data)和测试数据(testing data)，将训练数据作为基学习机模型的输入训练模型，Model(i)的 acc_i 用验证数据估计。

综合基学习机间的互信息度量和准确度的估计，提出模型选择的量化指标(selection index，SI)，其计算公式为

$$\mathrm{SI}_i=-\log(\mathrm{mean\_MI}_i)\cdot(1/\log(\mathrm{acc}_i))\cdot\exp(-\mathrm{std\_MI}_i)\tag{7.4.9}$$

将 $\mathrm{SI}_i(1\leqslant i\leqslant m)$降序排列，选择前 q 个基学习机作为选择性集成的模型，有

$$\frac{\sum\limits_{i=1}^{q}\mathrm{SI}_i}{\sum\limits_{i=1}^{m}\mathrm{SI}_i}\geqslant P\quad(1\leqslant q\leqslant m)\tag{7.4.10}$$

式中，P 为阈值，这里取值 85%。

2. 加权 D-S 证据理论

假设有两个证据进行组合，$m_1(\cdot)$和$m_2(\cdot)$是同一辨识框架Θ上的基本概率分配函数，焦元分别为$A_1, A_2, \cdots, A_m$和$B_1, B_2, \cdots, B_n$，则两个证据源进行融合后的基本信度赋值$m(\cdot)=m_1(\cdot)\oplus m_2(\cdot)$，登普斯特证据组合规则如下：

$$\begin{cases} m(\phi)=0 \\ m(A)=\dfrac{1}{1-K}\sum\limits_{A_j\cap B_j=A} m_1(A_i)m_2(B_j) \end{cases} \tag{7.4.11}$$

式中，$K=\sum\limits_{A_j\cap B_j=\phi} m_1(A_i)m_2(B_j)$，反映证据间的冲突程度，$K$值越大，冲突程度越高，$K$值越小，冲突程度越低。

当证据间的冲突较大时，传统的登普斯特证据组合将不再适用，采用该方法融合后的结果可能与真实情况矛盾，主要原因是算法在合成时将各个证据体同等对待，忽略了不同证据体的差异性以及对辨识框架中各命题的支持具有不同程度的可靠性。本节考虑各证据对各命题的权重，对$\forall A\subseteq\Theta$，有

$$\mathrm{Wm}(A)=\frac{W(A)\cdot m(A)}{m(\Theta)+\sum\limits_{A\subset\Theta} W(A)\cdot m(A)} \tag{7.4.12}$$

$$\mathrm{Wm}(\Theta)=1-\sum_{A\subset\Theta}\mathrm{Wm}(A) \tag{7.4.13}$$

式中，映射 Wm：$2^{\Theta}\to[0,1]$为辨识框架Θ上的加权概率分配函数，$\mathrm{Wm}(A)$称为A的“加权概率分配”，$\mathrm{Wm}(\Theta)$为加权后的证据不确定性信任函数值。

(1) 基本信度赋值

如图 7.18 所示，集成学习采用的基学习机为 DCVAEN_SVM 和 DCVAEN_Softmax 模型，二者的输出都是概率形式。本节的融合针对测试样本，因此，测试样本的标签信息事先未知。以 DCVAEN_Softmax 模型为例，基本信度赋值的计算如下：

1) 将N个测试样本输入已训练的 DCVAEN_Softmax 模型，概率输出为$P\in\mathbf{R}^{N\times C}$，其中，$C$为故障类型数量。

2) 计算概率矩阵$\boldsymbol{P}$中各行的最大值，将这N个最大值取平均值，记为L。

3) DCVAEN_Softmax 模型的基本信度赋值为

$$\begin{cases} m(A)=\boldsymbol{P}\cdot L \\ m(\Theta)=1-L \end{cases} \tag{7.4.14}$$

DCVAEN_SVM 模型的基本信度赋值的计算方法与 DCVAEN-Softmax 模型一致。

(2) 权重的计算

Deng 等[224]提出了基于距离的证据修正与组合方法，利用证据间的距离估计证据的可靠度，并以证据可靠度作为权值进行加权。在机器学习中，常见的几种用于评估证据距离的度量方法包括：Jousselme 距离、Tessem 距离、基于隶属度函数的距离和基于信任区间的距离等。在本节，提出利用皮尔森相关系数度量证据间的距离，获取证据的支持度，计算更为简便直观。两个向量 $\boldsymbol{X}$ 和 $\boldsymbol{Y}(\boldsymbol{X},\boldsymbol{Y}\in\mathbf{R}^{1\times M})$ 之间的皮尔森相关系数计算如下：

$$\mathrm{Sim}_{\boldsymbol{XY}}=\frac{\sum\limits_{i,j=1}^{M}X_i\cdot Y_j-\dfrac{\sum\limits_{i=1}^{M}X_i\cdot\sum\limits_{j=1}^{M}X_j}{M}}{\sqrt{\left(\sum\limits_{i=1}^{M}X_i^2-\dfrac{\left(\sum\limits_{i=1}^{M}X_i\right)^2}{M}\right)\cdot\left(\sum\limits_{j=1}^{M}Y_j^2-\dfrac{\left(\sum\limits_{j=1}^{M}Y_j\right)^2}{M}\right)}}\tag{7.4.15}$$

利用式(7.4.15)计算证据 m_i 和 m_j 之间的皮尔森相关系数 $\mathrm{Sim}(m_i,m_j)$，$\mathrm{Sim}(m_i,m_j)$越大，表示证据 m_i 和 m_j 之间的相关性越强，对辨识框架 Θ 中同一故障模式的相互支持程度也越强。证据的可靠度构建为

$$\sup(m_i)=\sum_{j=1,j\neq i}^{s}\mathrm{Sim}(m_i,m_j)\tag{7.4.16}$$

$$\mathrm{cred}(m_i)=\frac{\sup(m_i)}{\sum\limits_{j=1}^{s}\sup(m_j)}\tag{7.4.17}$$

式中，s 为证据的数量；$\sup(m_i)$为各证据的支持程度；$\mathrm{cred}(m_i)$为各证据的可靠度，将其作为证据权值，代入式(7.4.12)中。

将改进后的证据理论应用登普斯特组合规则进行融合，s 个证据加权融合的计算有

$$\mathrm{Wm}=(\mathrm{Wm}_1\oplus\mathrm{Wm}_2)\oplus\cdots\oplus\mathrm{Wm}_s\tag{7.4.18}$$

7.4.2 选择性集成学习方法流程

本节提出 DCVAEN-SE 选择性集成学习方法，流程如图 7.19 所示，诊断步骤如下。

步骤 1：将 N 个加速度传感器采集的数据进行预处理，以第 i 个传感器为例，利用傅里叶变换，将各组样本的时域数据转换为频域数据。

步骤 2：将频域数据分为训练数据集、验证数据集和测试数据集。

步骤 3：利用 7.2.2 节提出的 DCVAEN 模型的结构和参数，在最后一层分别连接 SVM 和 Softmax 分类器，由此构建 DCVAEN_SVM(i)、DCVAEN_Softmax(i)模型，分别采用训练数据集训练 DCVAEN_SVM(i)、DCVAEN_Softmax(i)模型。

步骤 4：利用验证数据集分别对 DCVAEN_SVM(i)、DCVAEN_Softmax(i)模型进行验证，每个模型都运行 10 次，取诊断结果的平均值，得到这两个模型的平均诊断正确率 acc_i 和 acc_{i+1}。

步骤 5：将测试数据集分别作为 DCVAEN_SVM(i)、DCVAEN_Softmax(i)模型的输入，得到两个模型的概率输出分别为 $\boldsymbol{F}_i$ 和 $\boldsymbol{F}_{i+1}$，由此，利用第 i 个传感器采集到的数据，完成 2 个模型 DCVAEN_SVM(i)和 DCVAEN_Softmax(i)的训练、验证与测试。

步骤 6：N 个传感器共构建 $2N$ 个诊断模型，各模型的概率输出分别为 $\boldsymbol{F}_1$，$\boldsymbol{F}_2$，…，$\boldsymbol{F}_{2N}$，基于提出的模型选择的量化指标 SI，依据式(7.4.9)，选择出若干个单一的诊断模型，依据提出的加权 D-S 证据理论进行集成，得到最终的测试样本的诊断结果。

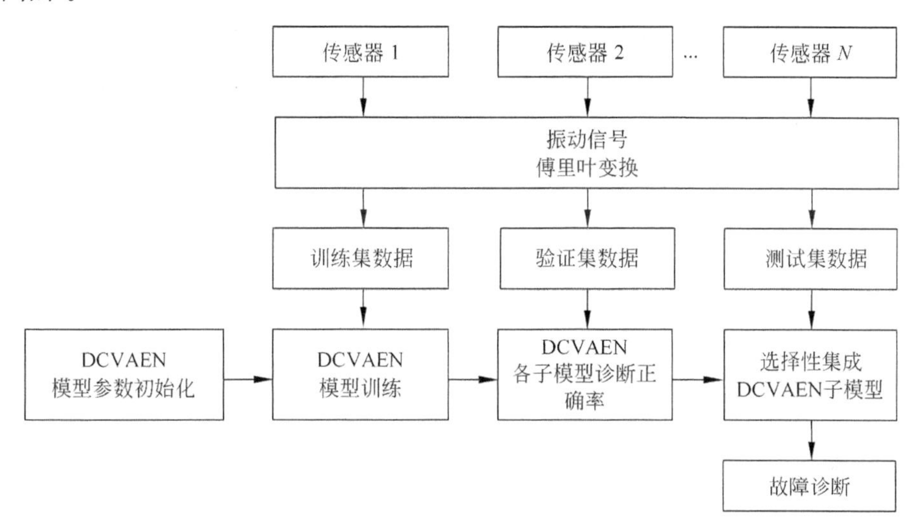

图 7.19　DCVAEN-SE 方法诊断流程图

7.4.3　实验与分析

为验证本节提出的 DCVAEN-SE 选择性集成学习方法在变工况下的诊断效果，采用凯斯西储大学滚动轴承故障数据集[204]，实验设备由一个电机(motor)、一个转矩传感器(torque transducer)、一个功率计(dynamometer)组成，如图 7.20 所示。使用磁性底座分别将传感器安放在电机壳体的驱动端、风扇端和电机支撑底盘上。通过电火花加工凹槽方式在轴承内圈(ir)、外圈(or)和滚动体(bd)上制作损

图 7.20　实验设备

伤,每类损伤都包含 3 种不同的严重程度:损伤直径分别为 7mil,14mil 和 21mil。本数据集由 9 种损伤组成,即 3 种损伤程度的内圈故障、3 种损伤程度的外圈故障和 3 种损伤程度的滚动体故障。此数据集是在 12kHz 的采样频率、4 种不同负载(0hp,1hp,2hp,3hp)的实验条件下采集得到的。对于驱动端、风扇端和电机支撑底盘上的传感器 1、传感器 2 和传感器 3,每一个传感器,在各负载条件下,对 9 种类型的轴承损伤分别都采集 100 组数据样本,每组样本都由原始振动信号的 1024 个采样点组成,由此,每一个传感器都采集了 3600(4×9×100)组样本,其中的 70%,15%和 15%的样本分别用作训练数据、验证数据和测试数据。每一组样本经傅里叶变换为频域数据,由于对称性,取前 512 个频域数据组成一个样本。数据集组成见表 7.13。

利用 7.2.2 节构建的 DCVAEN 模型,采用相同的网络结构,只是在 DCVAEN 模型的最后一层分别连接 SVM 和 Softmax 分类器。本节实验安装有 3 个传感器,对任一传感器测得的数据都分别利用 DCVAEN_SVM 和 DCVAEN_Softmax 模型进行训练,3 个传感器测得的数据共可以得到 6 个诊断模型:DCVAEN_SVM1、DCVAEN_Softmax1、DCVAEN_SVM2、DCVAEN_Softmax2、DCVAEN_SVM3、DCVAEN_Softmax3,依次标记为 model1,model2,model3,model4,model5,model6,都作为基学习机模型。

表 7.13 实验数据集组成

传感器	负载	损伤类型	损伤程度/mil	类型	训练集样本数量	验证集样本数量	测试集样本数量
传感器 1 驱动端	0hp 1hp 2hp 3hp	ir	7	1	280	60	60
			14	2	280	60	60
			21	3	280	60	60
		or	7	4	280	60	60
			14	5	280	60	60
			21	6	280	60	60
		bd	7	7	280	60	60
			14	8	280	60	60
			21	9	280	60	60
传感器 2 风扇端	0hp 1hp 2hp 3hp	ir	7	1	280	60	60
			14	2	280	60	60
			21	3	280	60	60
		or	7	4	280	60	60
			14	5	280	60	60
			21	6	280	60	60

续表

传感器	负载	损伤类型	损伤程度/mil	类型	训练集样本数量	验证集样本数量	测试集样本数量
传感器 2 风扇端	0hp 1hp 2hp 3hp	bd	7	7	280	60	60
			14	8	280	60	60
			21	9	280	60	60
传感器 3 支撑底盘	0hp 1hp 2hp 3hp	ir	7	1	280	60	60
			14	2	280	60	60
			21	3	280	60	60
		or	7	4	280	60	60
			14	5	280	60	60
			21	6	280	60	60
		or	7	7	280	60	60
			14	8	280	60	60
			21	9	280	60	60

采用表 7.13 所示的训练数据分别对这 6 个诊断模型进行训练,并利用测试数据集进行测试,通过 10 次测试取均值,6 个模型的诊断正确率都为 100%,即采用单个传感器测量数据的诊断正确率为 100%,结果见表 7.14。对比文献[225]中提出的 CNN 模型,采用的是相同的实验数据集,并且训练数据集、验证数据集、测试数据集的数量也一致,文中单个传感器的诊断均值为 98.35%,3 个传感器融合后的诊断结果均值为 99.41%。由此,本章提出的 DCVAEN 模型的有效性得到了证明,能取得较高的诊断正确率。

表 7.14 单一模型的诊断正确率 %

	传感器 1		传感器 2		传感器 3		文献[225]
	model1	model2	model3	model4	model5	model6	
单个传感器	100.0	100.0	100.0	100.0	100.0	100.0	98.35
融合 3 个传感器	—	—	—	—	—	—	99.41

由于本节是为了验证选择性集成学习模型的性能,若单一诊断模型的正确率较高,将难以体现选择性集成学习方法的效果。因此,在上述 3 个传感器采集的原始振动数据中同时加入相同强度的噪声,以增加模型诊断的难度。依据加入的噪声强度不同,信噪比 SNR 的取值分别为 −10dB,−8dB,−6dB,−4dB,−2dB。所有的诊断结果都是将模型各运行 10 次,诊断正确率取平均值。

利用训练好的单一模型对测试样本进行处理，在不同的信噪比情况下，model1～model6 的诊断正确率见表 7.15，直方图如图 7.21 所示。对任一单一模型，随着信噪比的提高，模型的诊断正确率也呈上升趋势。当信噪比分别为－10dB，－8dB，－6dB，－4dB，－2dB 时，取 6 个模型诊断正确率的均值，依次为 82.22％，89.81％，94.25％，97.30％，98.62％。

表 7.15 加噪下单个模型的诊断正确率 ％

信噪比/dB	传感器 1		传感器 2		传感器 3		AVG
	model1	model2	model3	model4	model5	model6	
－10	85.20	85.33	78.31	81.81	79.94	82.68	82.22
－8	90.13	91.03	88.44	90.16	88.94	90.14	89.81
－6	94.75	94.64	94.87	95.76	92.53	92.92	94.25
－4	96.70	96.26	99.11	98.86	96.11	96.72	97.30
－2	97.79	97.05	99.36	99.42	98.81	99.25	98.62

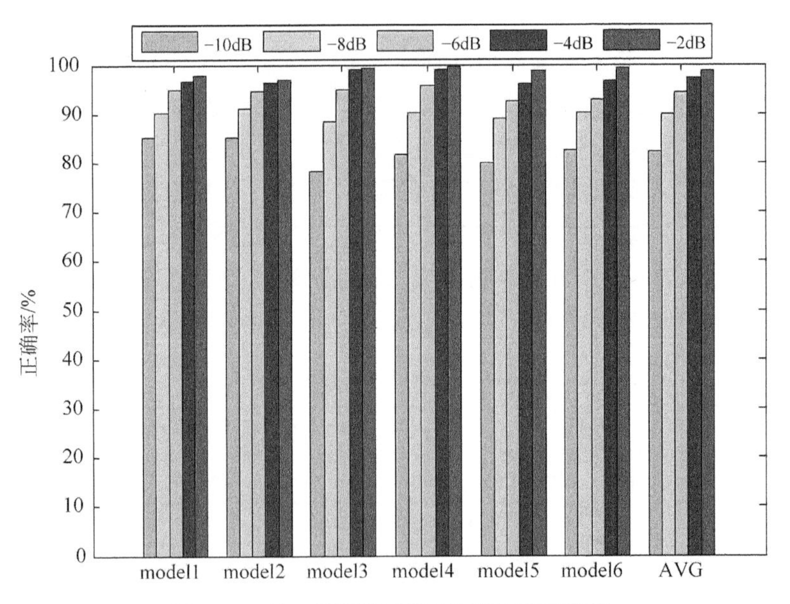

图 7.21 单一模型的诊断正确率(后附彩图)

采用选择性集成学习方法，集成学习模型 DCVAEN-SE1，DCVAEN-SE2，DCVAEN-DPSO1，DCVAEN-DPSO2，DCVAEN-DPSO3 及 GASEN 的诊断正确率见表 7.16。

表 7.16　选择性集成学习模型的诊断正确率　　%

信噪比/dB	DCVAEN-SE1（集成若干个模型）	DCVAEN-SE2（集成全部模型）	DCVAEN-DPSO1（集成若干个模型）	DCVAEN-DPSO2（集成全部模型）	DCVAEN-DPSO3（集成若干个模型）	GASEN
−10	95.52	94.46	92.48	94.41	93.57	79.16
−8	98.70	97.89	96.21	97.37	97.69	87.5
−6	99.74	99.46	97.82	98.78	99.13	94.26
−4	99.94	99.89	99.33	99.80	99.85	98.61
−2	100	100	99.85	99.98	100	99.54

各模型的缩写含义如下：

DCVAEN-SE1 表示本节提出的选择性集成学习模型，在上述 6 个单一诊断模型中选择若干个进行集成。

DCVAEN-SE2 表示的模型结构与 DCVAEN-SE1 一致，不同的是将上述 6 个单一诊断模型全部进行集成。

DCVAEN-DPSO1 表示选择性集成学习模型，模型结构与 DCVAEN-SE1 一致，不同的是其利用离散粒子群算法(discrete particle swarm optimization，DPSO)最小化目标函数式(7.4.1)，得到上述 6 个单一诊断模型各自的权重 $w_i(i=1,2,\cdots,6)$，设置阈值为 0.1，选择 $w_i \geqslant 0.1$ 的单一模型，利用多数投票法进行集成。

DCVAEN-DPSO2 表示的模型结构与 DCVAEN-DPSO1 一致，得到各单一诊断模型的权重 $w_i(i=1,2,\cdots,6)$，各模型的概率输出为 p_i，将 6 个诊断模型全部进行集成，最终的集成模型的概率输出为 $\text{prediction}=\sum_{i=1}^{6} w_i p_i/6$，对比测试样本真实的输出，即得到诊断正确率。

DCVAEN-DPSO3 表示的模型结构与 DCVAEN-DPSO1 一致，得到各单一诊断模型的权重 $w_i(i=1,2,\cdots,6)$，设置阈值为 0.1，选择 $w_i \geqslant 0.1$ 的单一模型，采用本节提出的加权 D-S 证据理论方法进行集成。

GASEN 表示周志华教授提出的基于遗传算法的选择性集成模型[135]，基学习机采用神经网络，在本实验中，GASEN 模型的输入与 DCVAEN 模型一致，基学习机的个数设定为 20，神经网络隐含层设定为 3 层，隐含层神经元数量分别取 4，16，12。

选择性集成学习模型诊断正确率的折线图如图 7.22 所示，随着信噪比的增加，各模型的诊断正确率也逐渐提升。在各信噪比下，DCVAEN-SE1 的平均诊断正确率高于 DCVAEN-SE2，表明采用选择性集成学习的方法优于集成学习方法，如 DCVAEN-SE1 方法集成的单一模型有 5 个：{model1，model3，model4，model6，model2}，而 DCVAEN-SE2 方法是集成全部 6 个单一模型：{model1，model3，model4，model6，model2，model5}，DCVAEN-SE1 方法的正确率高且能提高计算效率。在信噪比 SNR≥−2dB 的情况下，DCVAEN-SE1 和 DCVAEN-SE2 都能达到 100% 的诊断正确率。DCVAEN-DPSO2 的诊断效果优于 DCVAEN-DPSO1，虽然 DCVAEN-DPSO1 选择了部分模型进行集成，而 DCVAEN-DPSO2 集成了所有模型，但在最后的集成方法上，DCVAEN-DPSO1 采用多数投票法取得的诊断正确率稍差一点；然而，DCVAEN-DPSO3 也是选择性集成，但采用的是本节提出的加权 D-S 证据理论进行集成，诊断效果优于 DCVAEN-DPSO1 和 DCVAEN-DPSO2。如表 7.15 所示，在各信噪比下，GASEN 模型的诊断正确率小

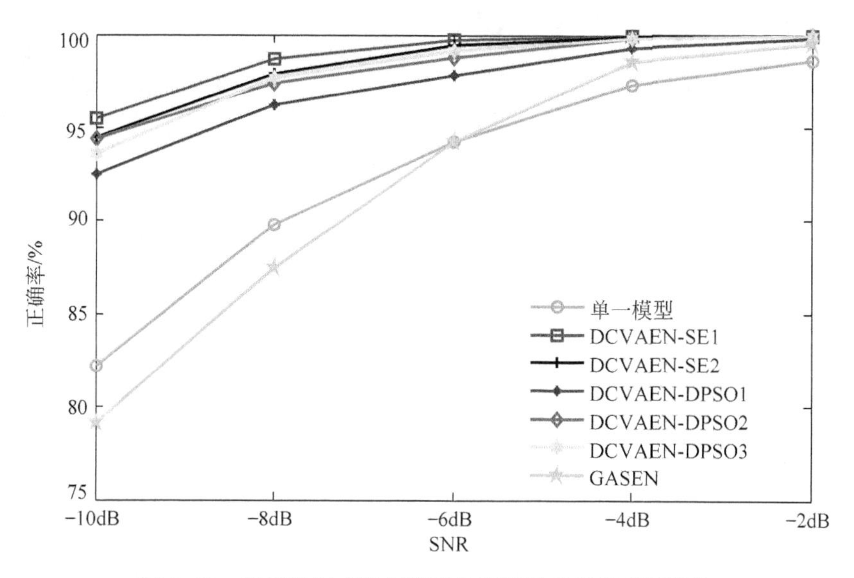

图 7.22 选择性集成学习模型的诊断正确率(后附彩图)

于其他 5 种集成学习方法,图 7.22 中的单一模型表示在各个信噪比下,6 种单一模型的诊断正确率之和的均值,也即表 7.15 的最后一列。当信噪比较低时,如 SNR<－6dB 时,GASEN 模型的诊断正确率小于单一模型诊断的均值,表明传统神经网络的性能不如本章构建的 DCVAEN 模型,而当信噪比增加,如 SNR>－6dB 时,GASEN 模型的诊断正确率高于单一模型诊断的均值,表明选择性集成学习的方法优于单一模型进行诊断。

第8章 CHAPTER 8 基于流形特征增强的状态监测与性能退化评估方法

8.1 引言

机电装备的状态监测与性能退化评估是视情维修技术的重要组成部分,能尽早规避风险,减少不必要的损失。在化工、制药、生物等领域生化反应过程的状态监测中,监测反应罐大量的指标变量能表征反应过程的状态,如著名的田纳西伊士曼过程(Tennessee Eastman process)[226-227]包含了 41 个测量变量和 12 个操作变量,通过阀压、流速、反应堆冷却水出口温度、凝汽器冷却水流量等,判断 21 种故障模式。然而,在机械故障诊断中并没有如此多的可测变量,常见的有电流、电压、温度、振动位移、振动速度、振动加速度等,本章主要利用振动加速度数据评估机电装备的状态。

状态监测与性能退化评估的关键是构造监测指标和监测模型,根据装备状态的变化,监测指标能敏感地反映装备状态的异常。在第 6 章中研究了 LTSA 算法,其和 LLE,LPP 和 NPE 等流形学习算法都是通过保持样本高维局部结构和投影后的局部低维结构关系不变来提取样本的低维本质特征,只考虑了样本的局部结构信息。PCA 利用投影后整体样本的方差最大来提取样本全局的几何结构,获取样本主成分得到潜在低维特征,仅考虑样本的全局结构而忽略了样本的局部结构关系。为此,综合考虑优化样本局部和全局结构关系,本章提出了非局部核正交保持嵌入算法和一种自适应 k 参数非局部核正交保持投影算法,结合霍特林 T^2 和 SPE 统计量构建敏感监测指标,用于机械传动部件的状态监测与性能退化评估。利用本章提出的监测模型检测装备的异常状态,截取异常状态时刻的振动信号,采用第 5 章提出的基于谱分析的故障诊断方法,或者第 6 章和第 7 章提出的智能诊断方法对截取的振动信号进行处理,都能实现机械传动部件的故障诊断。

8.2 典型状态监测与性能退化评估方法

8.2.1 核主成分分析

主成分分析作为一种多变量线性降维方法，广泛应用于工业生产中的过程监控。对于一些具有非线性特性的复杂过程，PCA方法只是将过程数据作为线性分布进行处理，当进行维数约简和提取特征时，可能会丢失过程数据中的一些有用的非线性特征。KPCA是PCA的非线性转换，通过核函数构造从输入空间到特征空间的非线性映射，再在特征空间执行PCA的操作。

假设数据集$\{x_1,x_2,\cdots,x_N\}\in\mathbf{R}^m$，$N$是样本的数量，$m$是变量的数目，利用非线性映射$\Phi:\mathbf{R}^m\rightarrow F$，将样本从输入空间扩展到特征空间，在特征空间中样本的协方差矩阵可表示为

$$\boldsymbol{C}^F=\frac{1}{N}\sum_{j=1}^{N}\Phi(x_j)\Phi(x_j)^{\mathrm{T}} \tag{8.2.1}$$

式中，假设特征空间的数据$\{\Phi(x_1),\Phi(x_2),\cdots,\Phi(x_N)\}$已中心化，即$\sum\limits_{j=1}^{N}\Phi(x_j)=0$。获取原始数据的主成分也转换为计算特征空间内的矩阵分解问题，有

$$\boldsymbol{\lambda}\ \boldsymbol{v}=\boldsymbol{C}^F\ \boldsymbol{v} \tag{8.2.2}$$

$$\boldsymbol{C}^F\ \boldsymbol{v}=\frac{1}{N}\sum_{j=1}^{N}(\Phi(x_j)\Phi(x_j)^{\mathrm{T}})\boldsymbol{v}=\frac{1}{N}\sum_{j=1}^{N}<\Phi(x_j),\boldsymbol{v}>\Phi(x_j) \tag{8.2.3}$$

式中，$<\Phi(x_j),v>$为$\Phi(x_j)$和$\boldsymbol{v}$之间的点乘；$\boldsymbol{\lambda}$和$\boldsymbol{v}$分别为特征值和特征向量，并且，对于$\lambda\neq0$对应的特征向量$\boldsymbol{v}$，可视其为$\{\Phi(x_1),\Phi(x_2),\cdots,\Phi(x_N)\}$的线性组合，即$\boldsymbol{v}=\sum\limits_{i=1}^{N}a_i\Phi(x_i)$。

在式(8.2.2)两侧各乘以$\Phi(x_k)$，$k=1,2,\cdots,N$，有

$$\boldsymbol{\lambda}\sum_{i=1}^{N}a_i<\Phi(x_k),\Phi(x_i)>=\frac{1}{N}\sum_{i=1}^{N}a_j<\Phi(x_k),\sum_{j=1}^{N}x_j><\Phi(x_i),\Phi(x_j)> \tag{8.2.4}$$

定义一个$N\times N$的核矩阵$\boldsymbol{K}$，$K_{ij}=<\Phi(x_i),\Phi(x_j)>$，式(8.2.4)可表示为

$$\boldsymbol{\lambda}\,\boldsymbol{A}=\frac{\boldsymbol{K}}{N}\boldsymbol{A} \tag{8.2.5}$$

式中，$\boldsymbol{A}=[a_1,a_2,\cdots,a_N]^{\mathrm{T}}$，通过计算式(8.2.5)对应的矩阵分解，得到各特征值$\lambda_1\geqslant\lambda_2\cdots\geqslant\lambda_N$相应的特征向量$a_1,a_2,\cdots,a_N$。将$\boldsymbol{a}$进行标准化以满足$\|a_k^2\|=$

$1/\lambda_k$，并使得 $\| v_k^2 \| = 1$。

新增样本 x 在特征空间的映射为

$$t_k = < v_k, \Phi(x) > = \sum_{i=1}^{N} a_i^k < \Phi(x_i), \Phi(x) > \tag{8.2.6}$$

8.2.2 局部保持投影算法

局部保持投影是一种线性的降维方法，LPP 方法旨在最优保持投影前后数据的局部结构特性。假设数据集 $X = \{x_1, x_2, \cdots, x_N\} \in \mathbf{R}^m$，$N$ 是样本的数量，m 是变量的数目，通过计算得到一个变换矩阵 $\boldsymbol{A}$，将高维数据集 X 进行降维，投影至低维特征空间得到低维数据集 $Y = \{y_1, y_2, \cdots, y_N\} \in \mathbf{R}^d$，也即 $Y = \boldsymbol{A}^{\mathrm{T}} X$，$d$ 是原始高维数据集 X 在低维特征空间的维数。变换矩阵 $\boldsymbol{A}$ 可通过最小化如下目标函数获得：

$$\min_{a} \sum_{i,j=1}^{N} (y_i - y_j)^2 W_{ij} \tag{8.2.7}$$

式中，W_{ij} 表示权重系数。一旦近邻点 x_i 和 x_j 在低维特征空间的投影点 y_i 和 y_j 相距较远，W_{ij} 将给予目标函数较大的惩罚。由此，最小化目标函数将保持数据的局部结构特性，即在高维空间相近的点 x_i 和 x_j 投影到低维特征空间得到的数据点 y_i 和 y_j 也相近。权重系数 W_{ij} 可由 k 最近邻法进行定义，有

$$W_{ij} = \begin{cases} \mathrm{e}^{-\frac{\| x_i - x_j \|^2}{t}} & x_i \in \Omega(x_j) \quad 或 \quad x_j \in \Omega(x_i) \\ 0 \end{cases} \tag{8.2.8}$$

式中，热核宽度 t 为所有样本之间欧氏距离均值的平方。当数据点 x_i 和 x_j 不在各自的邻域中时，$W_{ij} = 0$。

将 $y_i = \boldsymbol{A}^{\mathrm{T}} x_i$ 代入式(8.2.7)，目标函数转换为

$$\begin{aligned} \sum_{i,j=1}^{N} (y_i - y_j)^2 W_{ij} &= \sum_{i,j=1}^{N} (\boldsymbol{A}^{\mathrm{T}} x_i - \boldsymbol{A}^{\mathrm{T}} x_j)^2 \boldsymbol{W}_{ij} \\ &= \boldsymbol{A}^{\mathrm{T}} X (\boldsymbol{D} - \boldsymbol{W}) X^{\mathrm{T}} \boldsymbol{A} = \boldsymbol{A}^{\mathrm{T}} X \boldsymbol{L} X^{\mathrm{T}} \boldsymbol{A} \end{aligned} \tag{8.2.9}$$

式中，$\boldsymbol{D}$ 是对角矩阵，对角元素 $D_{ii} = \sum_j W_{ij}$，$\boldsymbol{L}$ 为拉普拉斯矩阵，$\boldsymbol{L} = \boldsymbol{D} - \boldsymbol{W}$。

对目标函数加入约束，$\boldsymbol{y}^{\mathrm{T}} \boldsymbol{D} \boldsymbol{y} = 1$，也即

$$\boldsymbol{A}^{\mathrm{T}} X \boldsymbol{D} X^{\mathrm{T}} \boldsymbol{A} = 1 \tag{8.2.10}$$

由目标函数及其约束条件，计算权重矩阵 $\boldsymbol{W}$ 可转换为求解以下特征分解问题，有

$$X \boldsymbol{L} X^{\mathrm{T}} \boldsymbol{A} = \boldsymbol{\lambda} X \boldsymbol{D} X^{\mathrm{T}} \boldsymbol{A} \tag{8.2.11}$$

式中，特征值$\lambda_1<\lambda_2<\cdots<\lambda_d$对应的特征向量为$a_1,a_2,\cdots,a_d$，$\boldsymbol{A}=[a_1,a_2,\cdots,a_d]$。

新增样本x_{new}在低维特征空间的映射为

$$y_{\text{new}}=\boldsymbol{A}^{\mathrm{T}}x_{\text{new}} \tag{8.2.12}$$

8.2.3 正交邻域保持嵌入算法

给定数据集$X=\{x_1,x_2,\cdots,x_N\}\in\mathbf{R}^m$，作为一类线性降维方法，正交邻域保持嵌入算法(orthogonal neighborhood preserving embedding, ONPE)的目标是利用一个变换矩阵$\boldsymbol{A}=[a_1,a_2,\cdots,a_d]\in\mathbf{R}^{m\times d}$ $(d<m)$，将高维数据X维数约简得到低维数据$Y=\{y_1,y_2,\cdots,y_N\}\in\mathbf{R}^d$，即$Y=\boldsymbol{A}^{\mathrm{T}}X$，并且低维数据能表达原始高维数据的本质特征。NPE算法是ONPE的基本形式，NPE通过构造近邻样本间的邻域图来保持数据结构中的局部特性，由此，每一个样本都将可以表示为近邻样本及其对应权重系数的线性组合。权重系数矩阵$\boldsymbol{W}$可最小化以下目标函数，有

$$\min\sum_i\left\|x_i-\sum_j W_{ij}x_j\right\|^2 \tag{8.2.13}$$

为充分保持数据结构的局部特性，高维空间数据x_i映射到低维特征空间得到y_i，x_i与其近邻间的权重系数将被投影至低维特征空间，以保存下来用于表征y_i与其近邻间的连接关系。高维数据X的低维映射Y可计算如下的损失函数，有

$$\begin{cases}\min\sum_i\left\|y_i-\sum_j W_{ij}y_j\right\|^2\\ \text{s.t.}\quad Y^{\mathrm{T}}Y=\boldsymbol{A}^{\mathrm{T}}XX^{\mathrm{T}}\boldsymbol{A}=\boldsymbol{I}\end{cases} \tag{8.2.14}$$

式中，$\sum_{j=1}^{k}W_{ij}=1$，$i=1,2,\cdots,N$，$j=1,2,\cdots,k$，k是x_i的邻域中近邻数量，若x_j不是x_i的近邻，有$W_{ij}=0$。

ONPE算法是在NPE的基础上增加了一个正交约束，即通过一个正交投影矩阵$\boldsymbol{A}$将高维数据映射到低维特征空间，根据式(8.2.13)和式(8.2.14)，投影矩阵由以下算式计算，有

$$\begin{cases}\boldsymbol{a}_1=\underset{\boldsymbol{a}}{\arg\min}\sum_i\left\|y_i-\sum_j W_{ij}y_j\right\|^2=\underset{\boldsymbol{a}}{\arg\min}\boldsymbol{A}^{\mathrm{T}}X\boldsymbol{M}X^{\mathrm{T}}\boldsymbol{A}\\ \text{s.t.}\quad \boldsymbol{A}^{\mathrm{T}}XX^{\mathrm{T}}\boldsymbol{A}=\boldsymbol{I}\end{cases} \tag{8.2.15}$$

$$\begin{cases}\boldsymbol{a}_k=\underset{\boldsymbol{a}}{\arg\min}\sum_i\left\|y_i-\sum_j W_{ij}y_j\right\|^2=\underset{\boldsymbol{a}}{\arg\min}\boldsymbol{A}^{\mathrm{T}}X\boldsymbol{M}X^{\mathrm{T}}\boldsymbol{A}\\ \text{s.t.}\quad \boldsymbol{a}_k^{\mathrm{T}}\boldsymbol{a}_1=\boldsymbol{a}_k^{\mathrm{T}}\boldsymbol{a}_2=\cdots=\boldsymbol{a}_k^{\mathrm{T}}\boldsymbol{a}_{k-1}=0\\ \qquad\ \boldsymbol{A}^{\mathrm{T}}XX^{\mathrm{T}}\boldsymbol{A}=\boldsymbol{I}\end{cases} \tag{8.2.16}$$

式中，$k=2,3,\cdots,d$，$\boldsymbol{M}=(\boldsymbol{I}-\boldsymbol{W})^{\mathrm{T}}(\boldsymbol{I}-\boldsymbol{W})$。由拉格朗日算子迭代计算，正交矩阵$\boldsymbol{A}$的表达式如下：

1) $\boldsymbol{a}_1$ 是矩阵$(XX^{\mathrm{T}})^{-1}X\boldsymbol{M}X^{\mathrm{T}}$最小特征值对应的特征向量；

2) $\boldsymbol{a}_k$ 是矩阵$\boldsymbol{Q}^{(k)}$最小特征值对应的特征向量，其中，$\boldsymbol{Q}^{(k)}$为

$$\boldsymbol{Q}^{(k)}=\{\boldsymbol{I}-(XX^{\mathrm{T}})^{-1}\boldsymbol{A}^{(k-1)}[(\boldsymbol{A}^{(k-1)})^{\mathrm{T}}(XX^{\mathrm{T}})^{-1}\boldsymbol{A}^{(k-1)}]^{-1}(\boldsymbol{A}^{(k-1)})^{\mathrm{T}}\}(XX^{\mathrm{T}})^{-1}X\boldsymbol{M}X^{\mathrm{T}} \tag{8.2.17}$$

式中，$\boldsymbol{A}^{(k-1)}=[\boldsymbol{a}_1,\boldsymbol{a}_2,\cdots,\boldsymbol{a}_{k-1}]$。

8.3 非局部核正交保持嵌入算法

8.3.1 目标函数

1. 非局部正交保持嵌入算法的目标函数

为充分考虑数据的全局和局部结构特性，结合 PCA 和 ONPE 算法基本原理，本章提出一种非局部正交保持嵌入算法(nonlocal orthogonal preserving embedding, NLOPE)。假设数据集 $x=\{x_1,x_2,\cdots,x_N\}\in\mathbf{R}^{m\times N}$，NLOPE 的目标函数如下：

$$\begin{aligned}J(\boldsymbol{A})_{\mathrm{NLOPE}}&=\eta J(\boldsymbol{A})_{\mathrm{Local}}-(1-\eta)J(\boldsymbol{A})_{\mathrm{Global}}\\&=\eta\min_{\boldsymbol{A}}\boldsymbol{A}^{\mathrm{T}}x\boldsymbol{M}x^{\mathrm{T}}\boldsymbol{A}-(1-\eta)\max_{\boldsymbol{A}}\boldsymbol{A}^{\mathrm{T}}C\boldsymbol{A}\\&=\min_{\boldsymbol{A}}\boldsymbol{A}^{\mathrm{T}}(\eta x\boldsymbol{M}x^{\mathrm{T}}-(1-\eta)C)\boldsymbol{A}\\&=\min_{\boldsymbol{A}}\boldsymbol{A}^{\mathrm{T}}(\eta L'-(1-\eta)C)\boldsymbol{A}\\\text{s.t.}\quad&\boldsymbol{a}_k^{\mathrm{T}}\boldsymbol{a}_1=\boldsymbol{a}_k^{\mathrm{T}}\boldsymbol{a}_2=\cdots=\boldsymbol{a}_k^{\mathrm{T}}\boldsymbol{a}_{k-1}=0\\&\boldsymbol{A}^{\mathrm{T}}[\eta xx^{\mathrm{T}}+(1-\eta)\boldsymbol{I}]\boldsymbol{A}=1\end{aligned} \tag{8.3.1}$$

式中，$C=(1/N)\sum_{i=1}^{N}(x_i-\bar{x})(x_i-\bar{x})^{\mathrm{T}}$，$\bar{x}=(1/N)\sum_{i=1}^{N}x_i$，$\boldsymbol{A}=[a_1,a_2,\cdots,a_k]$。

利用拉格朗日算子，投影矩阵 $\boldsymbol{A}$ 可通过计算以下特征分解问题获取：

1) a_1 是矩阵 $\boldsymbol{S}^{-1}\boldsymbol{D}$ 最小特征值对应的特征向量；

2) a_k 是矩阵 $\boldsymbol{Q}^{(k)}$ 最小特征值对应的特征向量，其中，$\boldsymbol{Q}^{(k)}$ 为

$$\boldsymbol{Q}^{(k)}=\{\boldsymbol{I}-(\boldsymbol{S})^{-1}\boldsymbol{a}^{(k-1)}[(\boldsymbol{a}^{(k-1)})^{\mathrm{T}}(\boldsymbol{S})^{-1}\boldsymbol{a}^{(k-1)}]^{-1}(\boldsymbol{a}^{(k-1)})^{\mathrm{T}}\}\boldsymbol{S}^{-1}\boldsymbol{D} \tag{8.3.2}$$

式中，$k=2,3,\cdots,d$，d 是数据在 NLOPE 特征空间的维数，$\boldsymbol{a}^{(k-1)}=[a_1,a_2,\cdots,a_{k-1}]$，$\boldsymbol{S}=\eta xx^{\mathrm{T}}+(1-\eta)\boldsymbol{I}$，$\boldsymbol{D}=\eta x\boldsymbol{M}x^{\mathrm{T}}-(1-\eta)C$。

对于新增样本 x_{new}，在低维 NLOPE 特征空间的映射为

$$y_{\mathrm{new}}=\boldsymbol{A}^{\mathrm{T}}x_{\mathrm{new}} \tag{8.3.3}$$

投影矩阵 $\boldsymbol{A}$ 的详细推导计算如下：

为获取投影向量 $\boldsymbol{a}_1$，依据式(8.3.1)构造拉格朗日函数 $L(\boldsymbol{a}_1)$，有

$$L(\boldsymbol{a}_1)=\boldsymbol{a}_1^{\mathrm{T}}[\eta x\boldsymbol{M}x^{\mathrm{T}}-(1-\eta)\boldsymbol{C}]\boldsymbol{a}_1-\boldsymbol{\lambda}\{\boldsymbol{a}_1^{\mathrm{T}}[\eta xx^{\mathrm{T}}+(1-\eta)\boldsymbol{I}]\boldsymbol{a}_1-1\} \tag{8.3.4}$$

令 $\boldsymbol{S}=\eta xx^{\mathrm{T}}+(1-\eta)\boldsymbol{I}$，$\boldsymbol{D}=\eta x\boldsymbol{M}x^{\mathrm{T}}-(1-\eta)\boldsymbol{C}$，计算 $L(\boldsymbol{a}_1)$ 关于 $\boldsymbol{a}_1$ 的偏导数，使其值为 0，有

$$\frac{\partial L(\boldsymbol{a}_1)}{\partial \boldsymbol{a}_1}=2\boldsymbol{D}\boldsymbol{a}_1-2\boldsymbol{\lambda}\boldsymbol{S}\boldsymbol{a}_1=0 \tag{8.3.5}$$

由此，$\boldsymbol{a}_1$ 也就是矩阵 $\boldsymbol{S}^{-1}\boldsymbol{D}$ 最小特征值对应的特征向量。

为获取投影向量 $\boldsymbol{a}_k$，依据式(8.3.1)构造拉格朗日函数 $L(a_k)$，有

$$L(\boldsymbol{a}_k)=\boldsymbol{a}_k^{\mathrm{T}}[\eta x\boldsymbol{M}x^{\mathrm{T}}-(1-\eta)\boldsymbol{C}]\boldsymbol{a}_k-\boldsymbol{\lambda}\{\boldsymbol{a}_k^{\mathrm{T}}[\eta xx^{\mathrm{T}}+(1-\eta)\boldsymbol{I}]\boldsymbol{a}_k-1\}-\sum_{i=1}^{k-1}u_i\boldsymbol{a}_k^{\mathrm{T}}a_i \tag{8.3.6}$$

将 $\boldsymbol{S}$ 和 $\boldsymbol{D}$ 的表达式代入式(8.3.6)，可得

$$L(\boldsymbol{a}_k)=\boldsymbol{a}_k^{\mathrm{T}}\boldsymbol{D}\boldsymbol{a}_k-\boldsymbol{\lambda}(\boldsymbol{a}_k^{\mathrm{T}}\boldsymbol{S}\boldsymbol{a}_k-1)-\sum_{i=1}^{k-1}u_i\boldsymbol{a}_k^{\mathrm{T}}a_i \tag{8.3.7}$$

计算 $L(\boldsymbol{a}_k)$ 关于 $\boldsymbol{a}_k$ 的偏导数，使其值为 0，有

$$\frac{\partial L(\boldsymbol{a}_k)}{\partial \boldsymbol{a}_k}=2\boldsymbol{D}\boldsymbol{a}_k-2\boldsymbol{\lambda}\boldsymbol{S}\boldsymbol{a}_k-\sum_{i=1}^{k-1}u_ia_i=0 \tag{8.3.8}$$

在式(8.3.8)的左侧乘以 $a_i^{\mathrm{T}}\boldsymbol{S}^{-1}$，有

$$a_i^{\mathrm{T}}\boldsymbol{S}^{-1}\sum_{i=1}^{k-1}u_ia_i=2a_i^{\mathrm{T}}\boldsymbol{S}^{-1}\boldsymbol{D}\boldsymbol{a}_k \tag{8.3.9}$$

$i=1,2,\cdots,k-1$，式(8.3.9)可展开为

$$\begin{bmatrix}a_1^{\mathrm{T}}\\ \vdots\\ a_{k-1}^{\mathrm{T}}\end{bmatrix}\boldsymbol{S}^{-1}[a_1,\cdots,a_{k-1}]\begin{bmatrix}u_1\\ \vdots\\ u_{k-1}\end{bmatrix}=2\begin{bmatrix}a_1^{\mathrm{T}}\\ \vdots\\ a_{k-1}^{\mathrm{T}}\end{bmatrix}\boldsymbol{S}^{-1}\boldsymbol{D}\boldsymbol{a}_k \tag{8.3.10}$$

令 $\boldsymbol{U}^{(k-1)}=[u_1,u_2,\cdots,u_{k-1}]^{\mathrm{T}}$，$\boldsymbol{A}^{(k-1)}=[a_1,a_2,\cdots,a_{k-1}]$，有

$$\boldsymbol{U}^{(k-1)}=2[(\boldsymbol{A}^{(k-1)})^{\mathrm{T}}\boldsymbol{S}^{-1}\boldsymbol{A}^{(k-1)}]^{-1}(\boldsymbol{A}^{(k-1)})^{\mathrm{T}}\boldsymbol{S}^{-1}\boldsymbol{D}\boldsymbol{a}_k \tag{8.3.11}$$

在式(8.3.8)的左侧乘以 $\boldsymbol{S}^{-1}$，并代入式(8.3.11)中，有

$$\{\boldsymbol{I}-\boldsymbol{S}^{-1}\boldsymbol{A}^{(k-1)}[(\boldsymbol{A}^{(k-1)})^{\mathrm{T}}\boldsymbol{S}^{-1}\boldsymbol{A}^{(k-1)}]^{-1}(\boldsymbol{A}^{(k-1)})^{\mathrm{T}}\}\boldsymbol{S}^{-1}\boldsymbol{D}\boldsymbol{a}_k=\boldsymbol{\lambda}\boldsymbol{a}_k \tag{8.3.12}$$

由此，$\boldsymbol{a}_k$ 是矩阵 $\boldsymbol{Q}^{(k)}$ 的最小特征值对应的特征向量，$\boldsymbol{Q}^{(k)}$ 的表达式如下：

$$\boldsymbol{Q}^{(k)}=\{\boldsymbol{I}-(\boldsymbol{S})^{-1}\boldsymbol{A}^{(k-1)}[(\boldsymbol{A}^{(k-1)})^{\mathrm{T}}(\boldsymbol{S})^{-1}\boldsymbol{A}^{(k-1)}]^{-1}(\boldsymbol{A}^{(k-1)})^{\mathrm{T}}\}\boldsymbol{S}^{-1}\boldsymbol{D} \tag{8.3.13}$$

2. 非局部核正交保持嵌入算法的目标函数

在 NLOPE 算法的基础上，加入核技巧，将 NLOPE 转换为非线性维数约简方法，即本章提出的一种非局部核正交保持嵌入算法（nonlocal kernel orthogonal preserving embedding，NLKOPE）。假设数据集 $X=\{x_1,x_2,\cdots,x_N\}\in\mathbf{R}^{m\times N}$，非线性映射函数 Φ 用于将 x 映射到高维特征空间，然后，在高维特征空间执行 NLOPE 数据降维方法。假设在高维特征空间 $\Phi(x)=\{\Phi(x_1),\Phi(x_2),\cdots,\Phi(x_N)\}$ 已中心化，即 $\sum_{j=1}^{N}\Phi(x_j)=0$，设 $\boldsymbol{v}=[v_1,v_2,\cdots,v_d]$ 是将原始数据 x 从高维特征空间 $\Phi(x)$ 映射到低维特征空间的投影矩阵，也即 $Y=\boldsymbol{v}^{\mathrm{T}}\Phi(x)$，其中 $Y=\{y_1,y_2,\cdots,y_N\}\in\mathbf{R}^{d}$，$d$ 是数据在 NLKOPE 特征空间的维数。利用系数 $a_l^i(i=1,2,\cdots,N)$，映射矩阵 $\boldsymbol{v}$ 可由 $\Phi(x)$ 线性组合而成，有

$$v_l=\sum_{i=1}^{N}a_l^i\Phi(x_i) \tag{8.3.14}$$

式中，$l=1,2,\cdots,d$。

利用核函数 $K_{ij}=\Phi(x_i)\Phi(x_j)$，NLKOPE 算法的目标函数为

$$\begin{aligned}
J(A)_{\mathrm{NLKOPE}}&=\eta J(A)_{\mathrm{Local}}-(1-\eta)J(A)_{\mathrm{Global}}\\
&=\eta\min_{\boldsymbol{A}}\boldsymbol{A}^{\mathrm{T}}\boldsymbol{K}^{\mathrm{T}}\boldsymbol{MKA}-(1-\eta)\max_{\boldsymbol{A}}\boldsymbol{A}^{\mathrm{T}}\frac{\bar{\boldsymbol{K}}^{\mathrm{T}}\bar{\boldsymbol{K}}}{N}\boldsymbol{A}\\
&=\min_{\boldsymbol{A}}\boldsymbol{A}^{\mathrm{T}}\left(\eta\,\bar{\boldsymbol{K}}^{\mathrm{T}}\boldsymbol{M}\bar{\boldsymbol{K}}-(1-\eta)\frac{\bar{\boldsymbol{K}}^{\mathrm{T}}\bar{\boldsymbol{K}}}{N}\right)\boldsymbol{A}\\
&=\min_{\boldsymbol{A}}\boldsymbol{A}^{\mathrm{T}}(\eta L'-(1-\eta)L)\boldsymbol{A}\\
\text{s. t.}\quad &\boldsymbol{v}^{\mathrm{T}}v_1=\cdots=\boldsymbol{v}^{\mathrm{T}}v_{k-1}=\boldsymbol{A}^{\mathrm{T}}\bar{\boldsymbol{K}}^{\mathrm{T}}A_{k-1}=0\\
&\boldsymbol{v}^{\mathrm{T}}\Phi(X)\Phi(X)^{\mathrm{T}}\boldsymbol{v}=\boldsymbol{A}^{\mathrm{T}}\bar{\boldsymbol{K}}^{\mathrm{T}}\boldsymbol{KA}=1\\
&\boldsymbol{v}^{\mathrm{T}}\boldsymbol{v}=\boldsymbol{A}^{\mathrm{T}}\bar{\boldsymbol{K}}\boldsymbol{A}=1\boldsymbol{v}^{\mathrm{T}}\boldsymbol{v}=\boldsymbol{A}^{\mathrm{T}}\bar{\boldsymbol{K}}\boldsymbol{A}=1
\end{aligned} \tag{8.3.15}$$

式中，$\bar{\boldsymbol{K}}$ 是核函数 $\boldsymbol{K}$ 的中心化形式，有

$$\bar{\boldsymbol{K}}=\boldsymbol{K}-\boldsymbol{EK}-\boldsymbol{KE}+\boldsymbol{EKE} \tag{8.3.16}$$

式中，$E_{ij}=1/N(i,j=1,2,\cdots,N)$。

由式(8.3.15)，计算映射矩阵 $\boldsymbol{v}$ 可转换为求解系数矩阵 $\boldsymbol{A}$，利用拉格朗日算子，将式(8.3.15)转换为

$$\boldsymbol{A}^{\mathrm{T}}[\eta\,\bar{\boldsymbol{K}}^{\mathrm{T}}\boldsymbol{M}\bar{\boldsymbol{K}}-(1-\eta)\bar{\boldsymbol{K}}^{\mathrm{T}}\bar{\boldsymbol{K}}/N]\boldsymbol{A}-\boldsymbol{\lambda}\{\boldsymbol{A}^{\mathrm{T}}[\eta(\bar{\boldsymbol{K}}^{\mathrm{T}}\bar{\boldsymbol{K}}+\bar{\boldsymbol{K}})+(1-\eta)\boldsymbol{I}]\boldsymbol{A}-1\}-\sum_{i=1}^{k}u_iA_k^{\mathrm{T}}\bar{\boldsymbol{K}}^{\mathrm{T}}A_i=0 \tag{8.3.17}$$

系数矩阵 $\boldsymbol{A}$ 获取方法如下。

(1) $\boldsymbol{A}_1$ 是矩阵 $\boldsymbol{Q}^{(1)}$ 最小特征值对应的特征向量，有

$$\boldsymbol{Q}^{(1)}=\boldsymbol{S}^{-1}\boldsymbol{D} \tag{8.3.18}$$

(2) $\boldsymbol{A}_k$ 是矩阵 $\boldsymbol{Q}^{(k)}$ 最小特征值对应的特征向量，有

$$\boldsymbol{Q}^{(k)}=\{\boldsymbol{I}-\boldsymbol{S}^{-1}\bar{\boldsymbol{K}}^{\mathrm{T}}\boldsymbol{A}^{(k-1)}[(\boldsymbol{A}^{(k-1)})^{\mathrm{T}}\boldsymbol{S}^{-1}\bar{\boldsymbol{K}}^{\mathrm{T}}\boldsymbol{A}^{(k-1)}]^{-1}(\boldsymbol{A}^{(k-1)})^{\mathrm{T}}\}\boldsymbol{S}^{-1}\boldsymbol{D} \tag{8.3.19}$$

式中，$k=2,3,\cdots,d$，$\boldsymbol{S}=\eta(\bar{\boldsymbol{K}}^{\mathrm{T}}\bar{\boldsymbol{K}}+\bar{\boldsymbol{K}})+(1-\eta)\boldsymbol{I}$，$\boldsymbol{D}=\eta\bar{\boldsymbol{K}}^{\mathrm{T}}\boldsymbol{M}\bar{\boldsymbol{K}}-(1-\eta)\bar{\boldsymbol{K}}^{\mathrm{T}}\bar{\boldsymbol{K}}/N$。

对于新增样本 x_{new}，在低维 NLKOPE 特征空间的映射为

$$y_{\mathrm{new}}=\boldsymbol{A}^{\mathrm{T}}\bar{\boldsymbol{K}}_{\mathrm{new}}(x,x_{\mathrm{new}}) \tag{8.3.20}$$

式中，$\boldsymbol{A}=[a_1,a_2,\cdots,a_k]$，新增样本的中心化核函数 $\bar{\boldsymbol{K}}_{\mathrm{new}}(x,x_{\mathrm{new}})$ 计算如下：

$$\bar{\boldsymbol{K}}_{\mathrm{new}}=\boldsymbol{K}_{\mathrm{new}}-\boldsymbol{eK}-\boldsymbol{K}_{\mathrm{new}}\boldsymbol{E}+\boldsymbol{eKE} \tag{8.3.21}$$

式中，$\boldsymbol{K}_{\mathrm{new}}=\Phi(x_{\mathrm{new}})\Phi(x)$，$\boldsymbol{e}=1/N[1,\cdots,1]\in\mathbf{R}^{1\times N}$。

系数矩阵 $\boldsymbol{a}$ 的详细推导计算如下。

为获取向量 $\boldsymbol{a}_1$，依据式(8.3.15)构造拉格朗日函数 $L(\boldsymbol{a}_1)$，有

$$L(\boldsymbol{a}_1)=\boldsymbol{a}_1^{\mathrm{T}}\left[\eta\bar{\boldsymbol{K}}^{\mathrm{T}}\boldsymbol{M}\bar{\boldsymbol{K}}-(1-\eta)\frac{\bar{\boldsymbol{K}}^{\mathrm{T}}\bar{\boldsymbol{K}}}{N}\right]\boldsymbol{a}_1-\boldsymbol{\lambda}\{\boldsymbol{a}_1^{\mathrm{T}}[\eta(\bar{\boldsymbol{K}}^{\mathrm{T}}\bar{\boldsymbol{K}}+\bar{\boldsymbol{K}})+(1-\eta)\boldsymbol{I}]\boldsymbol{a}_1-1\} \tag{8.3.22}$$

令 $\boldsymbol{S}=\eta(\bar{\boldsymbol{K}}^{\mathrm{T}}\bar{\boldsymbol{K}}+\bar{\boldsymbol{K}})+(1-\eta)\boldsymbol{I}$，$\boldsymbol{D}=\eta\bar{\boldsymbol{K}}^{\mathrm{T}}\boldsymbol{M}\bar{\boldsymbol{K}}-(1-\eta)\bar{\boldsymbol{K}}^{\mathrm{T}}\bar{\boldsymbol{K}}/N$，计算 $L(\boldsymbol{a}_1)$ 的偏导数使其为 0，有

$$\frac{\partial L(\boldsymbol{a}_1)}{\partial\boldsymbol{a}_1}=2\boldsymbol{D}\boldsymbol{a}_1-2\boldsymbol{\lambda}\boldsymbol{S}\boldsymbol{a}_1=0 \tag{8.3.23}$$

由此，$\boldsymbol{a}_1$ 也就是矩阵 $\boldsymbol{S}^{-1}\boldsymbol{D}$ 最小特征值对应的特征向量。

为计算 $\boldsymbol{a}_k$，依据式(8.3.15)构造拉格朗日函数 $L(\boldsymbol{a}_k)$，有

$$L(\boldsymbol{a}_k)=\boldsymbol{a}_k^{\mathrm{T}}\left[\eta\bar{\boldsymbol{K}}^{\mathrm{T}}\boldsymbol{M}\bar{\boldsymbol{K}}-(1-\eta)\frac{\bar{\boldsymbol{K}}^{\mathrm{T}}\bar{\boldsymbol{K}}}{N}\right]\boldsymbol{a}_k-\boldsymbol{\lambda}\{\boldsymbol{a}_k^{\mathrm{T}}[\eta(\bar{\boldsymbol{K}}^{\mathrm{T}}\bar{\boldsymbol{K}}+\bar{\boldsymbol{K}})+(1-\eta)\boldsymbol{I}]\boldsymbol{a}_k-1\}-\sum_{i=1}^{k-1}u_i\boldsymbol{a}_k^{\mathrm{T}}\bar{\boldsymbol{K}}^{\mathrm{T}}\boldsymbol{a}_k \tag{8.3.24}$$

将 $\boldsymbol{S}$ 和 $\boldsymbol{D}$ 的表达式代入式(8.3.24)，计算 $L(\boldsymbol{a}_k)$ 的偏导数并使其为 0，有

$$L(\boldsymbol{a}_k)=\boldsymbol{a}_k^{\mathrm{T}}\boldsymbol{D}\boldsymbol{a}_k-\boldsymbol{\lambda}(\boldsymbol{a}_k^{\mathrm{T}}\boldsymbol{S}\boldsymbol{a}_k-1)-\sum_{i=1}^{k-1}u_i\boldsymbol{a}_k^{\mathrm{T}}\bar{\boldsymbol{K}}^{\mathrm{T}}a_i \tag{8.3.25}$$

$$\frac{\partial L(\boldsymbol{a}_k)}{\partial\boldsymbol{a}_k}=2\boldsymbol{D}\boldsymbol{a}_k-2\boldsymbol{\lambda}\boldsymbol{S}\boldsymbol{a}_k-\sum_{i=1}^{k-1}u_i\bar{\boldsymbol{K}}^{\mathrm{T}}a_i=0 \tag{8.3.26}$$

在式(8.3.26)左侧乘以 $a_i^{\mathrm{T}}\boldsymbol{S}^{-1}$，有

$$a_i^{\mathrm{T}}\boldsymbol{S}^{-1}\sum_{i=1}^{k-1}u_i\bar{\boldsymbol{K}}^{\mathrm{T}}a_i=2a_i^{\mathrm{T}}\boldsymbol{S}^{-1}\boldsymbol{D}\boldsymbol{a}_k \tag{8.3.27}$$

$i=1,2,\cdots,k-1$，式(8.3.27)可展开为

$$\begin{bmatrix} a_1^{\mathrm{T}} \\ \vdots \\ a_{k-1}^{\mathrm{T}} \end{bmatrix}\boldsymbol{S}^{-1}\bar{\boldsymbol{K}}^{\mathrm{T}}[a_1,\cdots,a_{k-1}]\begin{bmatrix} u_1 \\ \vdots \\ u_{k-1} \end{bmatrix}=2\begin{bmatrix} a_1^{\mathrm{T}} \\ \vdots \\ a_{k-1}^{\mathrm{T}} \end{bmatrix}\boldsymbol{S}^{-1}\boldsymbol{D}\boldsymbol{a}_k \tag{8.3.28}$$

令 $\boldsymbol{U}^{(k-1)}=[u_1,u_2,\cdots,u_{k-1}]^{\mathrm{T}}$，$\boldsymbol{A}^{(k-1)}=[a_1,a_2,\cdots,a_{k-1}]$，可得到

$$\boldsymbol{U}^{(k-1)}=2[(\boldsymbol{A}^{(k-1)})^{\mathrm{T}}\boldsymbol{S}^{-1}\bar{\boldsymbol{K}}^{\mathrm{T}}\boldsymbol{A}^{(k-1)}]^{-1}(\boldsymbol{A}^{(k-1)})^{\mathrm{T}}\boldsymbol{S}^{-1}\boldsymbol{D}\boldsymbol{a}_k \tag{8.3.29}$$

在式(8.3.26)左侧乘以 $\boldsymbol{S}^{-1}$，并将其代入式(8.3.29)，可得到

$$\{\boldsymbol{I}-\boldsymbol{S}^{-1}\bar{\boldsymbol{K}}^{\mathrm{T}}\boldsymbol{A}^{(k-1)}[(\boldsymbol{A}^{(k-1)})^{\mathrm{T}}\boldsymbol{S}^{-1}\bar{\boldsymbol{K}}^{\mathrm{T}}\boldsymbol{A}^{(k-1)}]^{-1}(\boldsymbol{A}^{(k-1)})^{\mathrm{T}}\}\boldsymbol{S}^{-1}\boldsymbol{D}\boldsymbol{a}_k=\boldsymbol{\lambda}\boldsymbol{a}_k \tag{8.3.30}$$

由此，$\boldsymbol{a}_k$ 是矩阵 $\boldsymbol{Q}^{(k)}$ 的最小特征值对应的特征向量，$\boldsymbol{Q}^{(k)}$ 的表达式如下：

$$\boldsymbol{Q}^{(k)}=\{\boldsymbol{I}-\boldsymbol{S}^{-1}\bar{\boldsymbol{K}}^{\mathrm{T}}\boldsymbol{A}^{(k-1)}[(\boldsymbol{A}^{(k-1)})^{\mathrm{T}}\boldsymbol{S}^{-1}\bar{\boldsymbol{K}}^{\mathrm{T}}\boldsymbol{A}^{(k-1)}]^{-1}(\boldsymbol{A}^{(k-1)})^{\mathrm{T}}\}\boldsymbol{S}^{-1}\boldsymbol{D} \tag{8.3.31}$$

3. 参数 $\boldsymbol{\eta}$ 的计算

在构造 NLOPE 及 NLKOPE 模型中，参数 η 使得保持全局数据结构特性和局部数据结构特性在以上模型中占有不同的分量。参数 η 的选择影响数据中潜在特征的提取，进而也影响机械装备状态监测、故障诊断及退化性能评估的效果。

以 NLOPE 模型为例，由式(8.3.1)可知，NLOPE 的目标函数是两个子目标函数组成，因此，NLOPE 模型的目标函数优化问题实质是一个双目标的优化问题。通常，很难获取能同时使两个子目标函数达到最优的解，但是，通过平衡两个子目标函数可以获取相对较优的解。

通过平衡模型的全局数据结构特性和局部数据结构特性，参数 η 的计算[228]如下：

$$\eta\boldsymbol{S}_{\text{local}}=(1-\eta)\boldsymbol{S}_{\text{global}} \tag{8.3.32}$$

式中，$\boldsymbol{S}_{\text{global}}=\rho(C)$ 和 $\boldsymbol{S}_{\text{local}}=\rho(\boldsymbol{L}')$ 分别表示 $J(A)_{\text{local}}$ 和 $J(A)_{\text{local}}$ 的能量变化。

由式(8.3.1)，参数 η 用于平衡 NLOPE 模型中的矩阵 $\boldsymbol{L}'$ 和矩阵 $\boldsymbol{C}$，这里可视为平衡 $\boldsymbol{L}'$ 和 $\boldsymbol{C}$ 的能量变化。借鉴 PCA 方法的原理，前几个较大特征值对应的特征向量可以表征矩阵能量的分布情况，因此，在本节中，采用矩阵 $\boldsymbol{L}'$ 和矩阵 $\boldsymbol{C}$ 的最大特征值来估计能量变化。

在 NLOPE 模型中，参数 η 的计算如下：

$$\eta=\frac{\rho(\boldsymbol{C})}{\rho(\boldsymbol{L}')+\rho(\boldsymbol{C})} \tag{8.3.33}$$

式中，$\rho(\cdot)$是矩阵的谱半径，矩阵 $\boldsymbol{L}'$和矩阵 $\boldsymbol{C}$ 的定义如式(8.3.1)。

在 NLKOPE 模型中，参数 η 的计算如下：

$$\eta=\frac{\rho(\boldsymbol{L})}{\rho(\boldsymbol{L}')+\rho(\boldsymbol{L})} \tag{8.3.34}$$

式中，$\rho(\cdot)$是矩阵的谱半径，矩阵 $\boldsymbol{L}'$和矩阵 $\boldsymbol{L}$ 的定义如式(8.3.15)。

8.3.2 基于 NLKOPE 算法的状态监测与性能退化评估

霍特林 T^2 和 SPE 统计量常作为工业过程状态监测的指标，判断生产过程是否发生异常。霍特林 T^2 用于衡量样本变量在潜在变量空间的变化，SPE 主要衡量样本变量在残差空间的变化。当统计量 T^2 或 SPE 超出其各自的控制限时，表示过程可能存在异常。T^2 和 SPE 的计算[229]如下：

$$T^2=y^{\mathrm{T}}\boldsymbol{\Lambda}^{-1}y \tag{8.3.35}$$

式中，y 是样本 x 投影在 NLKOPE 特征空间的低维特征样本，$\boldsymbol{\Lambda}=yy^{\mathrm{T}}/(N-1)$ 是训练样本在 NLKOPE 特征空间投影向量的协方差矩阵。

$$\begin{aligned}\mathrm{SPE}&=<\Phi(x),\Phi(x)>-<y,y>\\&=k(x,x)-\frac{2}{N}\sum_{i=1}^{N}k(x_i,x)+\frac{1}{N^2}\sum_{i=1}^{N}\sum_{j=1}^{N}k(x_i,x_j)-y^{\mathrm{T}}y\\&=1-\frac{2}{N}\sum_{i=1}^{N}k(x_i,x)+\frac{1}{N^2}\sum_{i=1}^{N}\sum_{j=1}^{N}k(x_i,x_j)-y^{\mathrm{T}}y\end{aligned} \tag{8.3.36}$$

$$y_{\mathrm{new}}=\boldsymbol{A}^{\mathrm{T}}\bar{\boldsymbol{K}}_{\mathrm{new}}(x,x_{\mathrm{new}}) \tag{8.3.37}$$

式中，$\bar{\boldsymbol{K}}_{\mathrm{new}}(x,x_{\mathrm{new}})$是测试样本 x_{new} 的中心化和向量，由式(8.3.21)计算得到。

由于仅依靠原始振动信号难以评估机械装备的运行状态，需要构造一些特征以反映装备状态的变化。时域特征、频域特征可直接从振动信号中提取，能在不同程度上表征机械装备运行状态的波动情况，时域特征如峭度、波峰因子和脉冲因子等对信号中的冲击振荡比较敏感，而频域特征主要通过频谱反映信号成分。在本节中，对每一个训练样本提取如表 6.1 所示的 24 个时域、频域特征，用于构造高维特征样本，通过 NLKOPE 进行数据降维，提取隐藏在数据中的有效信息，并将提取的信息用于构造监测指标，进行状态监测、故障诊断及机械装备性能退化的评估。

为了更准确、可靠地检测机械装备的早期故障，综合 T^2 和 SPE 统计量，提出指数加权滑动平均指标(exponentially weighted moving average，EWMA)。统计量 U 是 T^2 和 SPE 统计量的线性组合，有

$$\psi=\frac{T^2}{L_{T^2}}+\frac{\mathrm{SPE}}{L_{\mathrm{SPE}}} \tag{8.3.38}$$

式中，L_{T^2} 和 L_{SPE} 分别是统计量 T^2 和 SPE 的控制限，可利用核密度估计方法(kernel density estimation，KDE)计算。$\frac{T^2}{L_{T^2}}$和$\frac{\mathrm{SPE}}{L_{\mathrm{SPE}}}$分别将 T^2 和 SPE 归一化到(0,1)。

监测指标 EWMA 的计算如下：

$$W_t=(1-\gamma)W_{t-1}+\gamma\psi_t \tag{8.3.39}$$

式中，W_t 表示监测指标，由当前指标量和历史指标量组合而成；γ 是取值在(0,1)之间的平滑系数。当 γ 取较大值时，当前监测量 U_t 相较于历史监测量 W_{t-1} 在监测量 W_t 中的比重较大。监测量 EWMA 的控制限同样由核密度估计方法计算。在本章中，平滑系数 γ 的值取 0.2。

离线建模步骤如下：

(1) 将正常样本用作训练样本，对每一个训练样本提取如表 6.1 所示的 24 个时域、频域特征，构造为高维特征样本，并将高维特征样本 x 标准化；

(2) 计算核矩阵 $\boldsymbol{K}$，并利用式(8.3.16)对 $\boldsymbol{K}$ 进行中心化；

(3) 由式(8.3.18)和式(8.3.19)计算投影系数矩阵 $\boldsymbol{a}$；

(4) 计算所有训练样本的 T^2 和 SPE 统计量，同时，计算控制限 L_{T^2} 和 L_{SPE}，再计算监测指标 EWMA 及其控制限 L_{EWMA}。

在线监测步骤如下：

(1) 与训练样本提取特征一样，将各测试样本转换为高维测试样本，并利用训练特征样本 x 的均值和方差，对高维测试样本 x_{new} 进行标准化。

(2) 计算核矩阵 $\boldsymbol{K}_{\mathrm{new}}(x,x_{\mathrm{new}})$，由式(8.3.21)中心化得到 $\bar{\boldsymbol{K}}_{\mathrm{new}}(x,x_{\mathrm{new}})$。

(3) 由式(8.3.37)计算测试样本在低维特征空间的投影 y_{new}。

(4) 由 y_{new} 计算测试样本 x_{new} 对应的监测量 EWMA，判断其是否超出监控限 L_{EWMA}。

基于 NLKOPE 方法的机械装备状态监测和故障诊断流程如图 8.1 所示。利用 NLKOPE 方法，采用正常的振动信号构建离线监测模型，将新的数据样本输入监测模型，通过计算监测指标 EWMA，即可对机械装备进行状态监测、故障诊断及性能退化的评估。

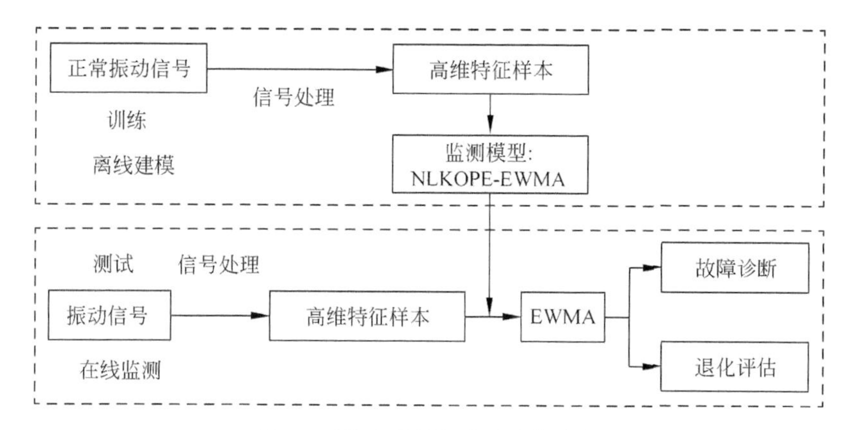

图 8.1 状态监测与故障诊断流程

8.4 自适应 k 参数非局部核正交保持投影算法

8.4.1 目标函数

1. 非局部核正交保持投影算法的目标函数

非局部核正交保持投影算法(nonlocal kernel orthogonal preserving projection,NLKOPP)是本章提出的一种新的非线性数据降维方法,旨在保存局部和全局数据结构特性,NLKOPP 在 KLPP 方法基本原理的基础上,考虑了全局数据的结构特性,加入了正交约束提高算法性能。

假设数据集 $X=\{x_1,x_2,\cdots,x_N\}\in\mathbf{R}^{m\times N}$,非线性映射函数 Φ 用于将 x 映射到高维特征空间,设在高维特征空间上 $\Phi(x)=\{\Phi(x_1),\Phi(x_2),\cdots,\Phi(x_N)\}$已中心化,即 $\sum_{j=1}^{N}\Phi(x_j)=0$。假设 $\boldsymbol{v}=[v_1,v_2,\cdots,v_d]$是将原始数据 x 从高维特征空间 $\Phi(x)$映射到低维特征空间的投影矩阵,也即 $Y=\boldsymbol{v}^{\mathrm{T}}\Phi(x)$,其中 $Y=\{y_1,y_2,\cdots,y_N\}\in\mathbf{R}^d$,$d$ 是数据在 NLKOPP 特征空间的维数。利用系数 $a_l^i(i=1,2,\cdots,N)$,映射矩阵 $\boldsymbol{v}$ 可由 $\Phi(x)$线性组合而成,有

$$\boldsymbol{v}=\sum_{i=1}^{N}a\Phi(x_i)=\Phi(X)\mathbf{A} \tag{8.4.1}$$

利用核函数 $K_{ij}=\Phi(x_i)\Phi(x_j)$,NLKOPP 算法的目标函数如下:

$$\begin{aligned}
J(a)_{\text{KOGLPP}} &= \eta J(\boldsymbol{A})_{\text{local}} - (1-\eta)J(\boldsymbol{A})_{\text{global}} \\
&= \eta \min_{\boldsymbol{A}} \frac{1}{2}\left\{\sum_{ij}(y_i - y_j)^2 W_{ij}\right\} - (1-\eta)\max_{A} \frac{1}{2}\left\{\sum_{ij}(y_i - y_j)^2 \hat{W}_{ij}\right\} \\
&= \min_{\boldsymbol{A}}\left\{\eta\left(\sum_i y_i D_{ii} y_i^{\mathrm{T}} - \sum_{ij} y_i W_{ii} y_j^{\mathrm{T}}\right) - \right. \\
&\quad \left.(1-\eta)\left(\sum_i y_i \hat{D}_{ii} y_i^{\mathrm{T}} - \sum_{ij} y_i \hat{W}_{ii} y_j^{\mathrm{T}}\right)\right\} \\
&= \min_{\boldsymbol{A}} \boldsymbol{A}^{\mathrm{T}}\{\eta\bar{\boldsymbol{K}}^{\mathrm{T}}(\boldsymbol{D}-\boldsymbol{W})\bar{\boldsymbol{K}} - (1-\eta)\bar{\boldsymbol{K}}^{\mathrm{T}}(\hat{\boldsymbol{D}}-\hat{\boldsymbol{W}})\bar{\boldsymbol{K}}\}\boldsymbol{A} \\
&= \min_{\boldsymbol{A}} \boldsymbol{A}^{\mathrm{T}}\bar{\boldsymbol{K}}^{\mathrm{T}}(\eta\boldsymbol{L} - (1-\eta)\hat{\boldsymbol{L}})\bar{\boldsymbol{K}}\boldsymbol{A} \\
&= \min_{\boldsymbol{A}} \boldsymbol{A}^{\mathrm{T}}\bar{\boldsymbol{K}}^{\mathrm{T}}\boldsymbol{M}\bar{\boldsymbol{K}}\boldsymbol{A}
\end{aligned} \tag{8.4.2}$$

$$\text{s.t.}\quad \boldsymbol{A}^{\mathrm{T}}[\eta\bar{\boldsymbol{K}}^{\mathrm{T}}\boldsymbol{G}\boldsymbol{K} + (1-\eta)\bar{\boldsymbol{K}}] = 1$$

$$\boldsymbol{v}^{\mathrm{T}} v_1 = \cdots = v^{\mathrm{T}} v_{k-1} = \boldsymbol{A}^{\mathrm{T}}\bar{\boldsymbol{K}}^{\mathrm{T}}\boldsymbol{A}_{k-1} = 0$$

式中,$\boldsymbol{G}=\eta\boldsymbol{D}-(1-\eta)\hat{\boldsymbol{D}}$, $D_{ii}=\sum_j W_{ij}$, $\hat{D}_{ii}=\sum_j \hat{W}_{ij}$, W_{ij} 和 $\hat{W}_{ij}$ 分别表示邻域和非邻域权重系数,$\bar{\boldsymbol{K}}$ 是核函数 $\boldsymbol{K}$ 的中心化形式,有

$$\bar{\boldsymbol{K}} = \boldsymbol{K} - \boldsymbol{E}\boldsymbol{K} - \boldsymbol{K}\boldsymbol{E} + \boldsymbol{E}\boldsymbol{K}\boldsymbol{E} \tag{8.4.3}$$

$$W_{ij} = \begin{cases} \mathrm{e}^{-\frac{\|x_i - x_j\|^2}{\sigma_1}}, & x_i \in \Omega(x_j) \quad \text{或} \quad x_j \in \Omega(x_i) \\ 0, & \text{其他} \end{cases} \tag{8.4.4}$$

$$\hat{W}_{ij} = \begin{cases} \mathrm{e}^{-\frac{\|x_i - x_j\|^2}{\sigma_2}}, & x_i \notin \Omega(x_j) \quad \text{与} \quad x_j \notin \Omega(x_i) \\ 0, & \text{其他} \end{cases} \tag{8.4.5}$$

式中,$E_{ij}=1/N(i,j=1,2,\cdots,N)$,$\Omega(x)$表示样本 x 的 k 个邻域点,σ_1 和 σ_2 是核函数参数,一般取经验值。

由式(8.4.1),计算映射矩阵 $\boldsymbol{v}$ 可转换为求解系数矩阵 $\boldsymbol{a}$,利用拉格朗日算子,将式(8.4.2)转换为

$$\boldsymbol{A}^{\mathrm{T}}\bar{\boldsymbol{K}}^{\mathrm{T}}\boldsymbol{M}\bar{\boldsymbol{K}}\boldsymbol{A} - \boldsymbol{\lambda}\{\boldsymbol{A}^{\mathrm{T}}[\eta\bar{\boldsymbol{K}}^{\mathrm{T}}\boldsymbol{G}\bar{\boldsymbol{K}} + (1-\eta)\bar{\boldsymbol{K}}]\boldsymbol{A} - 1\} - \sum_{i=1}^{k} u_i \boldsymbol{A}_k^{\mathrm{T}}\bar{\boldsymbol{K}}^{\mathrm{T}} A_i = 0 \tag{8.4.6}$$

系数矩阵 $\boldsymbol{A}$ 获取方法如下。

(1) $\boldsymbol{A}_1$ 是矩阵 $\boldsymbol{Q}^{(1)}$ 最小特征值对应的特征向量，有

$$\boldsymbol{Q}^{(1)}=\boldsymbol{S}^{-1}\bar{\boldsymbol{K}}^{\mathrm{T}}\boldsymbol{M}\bar{\boldsymbol{K}} \tag{8.4.7}$$

(2) $\boldsymbol{A}_k$ 是矩阵 $\boldsymbol{Q}^{(k)}$ 最小特征值对应的特征向量，有

$$\boldsymbol{Q}^{(k)}=\{\boldsymbol{I}-\boldsymbol{S}^{-1}\bar{\boldsymbol{K}}^{\mathrm{T}}\boldsymbol{A}^{(k-1)}[(\boldsymbol{A}^{(k-1)})^{\mathrm{T}}\boldsymbol{S}^{-1}\bar{\boldsymbol{K}}^{\mathrm{T}}\boldsymbol{A}^{(k-1)}]^{-1}(\boldsymbol{A}^{(k-1)})^{\mathrm{T}}\}\boldsymbol{S}^{-1}\bar{\boldsymbol{K}}^{\mathrm{T}}\boldsymbol{M}\bar{\boldsymbol{K}} \tag{8.4.8}$$

式中，$k=2,3,\cdots,d$，$\boldsymbol{S}=\eta\,\bar{\boldsymbol{K}}^{\mathrm{T}}\boldsymbol{G}\bar{\boldsymbol{K}}+(1-\eta)\bar{\boldsymbol{K}}$。

对于新增样本 $\boldsymbol{x}_{\text{new}}$，在低维 NLKOPP 特征空间的映射为

$$\boldsymbol{y}_{\text{new}}=\boldsymbol{A}^{\mathrm{T}}\bar{\boldsymbol{K}}_{\text{new}}(x,x_{\text{new}}) \tag{8.4.9}$$

式中，$\boldsymbol{A}=[a_1,a_2,\cdots,a_k]$，新增样本的中心化核函数 $\bar{\boldsymbol{K}}_{\text{new}}(x,x_{\text{new}})$ 计算如下：

$$\bar{\boldsymbol{K}}_{\text{new}}=\boldsymbol{K}_{\text{new}}-\boldsymbol{eK}-\boldsymbol{K}_{\text{new}}\boldsymbol{E}+\boldsymbol{eKE} \tag{8.4.10}$$

式中，$\boldsymbol{K}_{\text{new}}=\Phi(\boldsymbol{x}_{\text{new}})\Phi(\boldsymbol{x})$，$\boldsymbol{e}=1/N[1,\cdots,1]\in\mathbf{R}^{1/N}$。

系数矩阵 $\boldsymbol{A}$ 的详细推导计算如下。

为获取向量 $\boldsymbol{A}_1$，依据式(8.4.2)构造拉格朗日函数 $L(\boldsymbol{a}_1)$，有

$$L(\boldsymbol{a}_1)=\boldsymbol{a}_1^{\mathrm{T}}\bar{\boldsymbol{K}}^{\mathrm{T}}\boldsymbol{M}\bar{\boldsymbol{K}}\boldsymbol{a}_1-\boldsymbol{\lambda}\,\{\boldsymbol{a}_1^{\mathrm{T}}[\eta(\bar{\boldsymbol{K}}^{\mathrm{T}}\boldsymbol{G}\bar{\boldsymbol{K}}+(1-\eta)\bar{\boldsymbol{K}})]\boldsymbol{a}_1-1\} \tag{8.4.11}$$

令 $\boldsymbol{S}=\eta\,\bar{\boldsymbol{K}}^{\mathrm{T}}\boldsymbol{G}\bar{\boldsymbol{K}}+(1-\eta)\bar{\boldsymbol{K}}$，计算 $L(\boldsymbol{a}_1)$对 $\boldsymbol{a}_1$ 的偏导，并使其为 0，有

$$\frac{\partial L(\boldsymbol{a}_1)}{\partial \boldsymbol{a}_1}=2\bar{\boldsymbol{K}}^{\mathrm{T}}\boldsymbol{M}\bar{\boldsymbol{K}}\boldsymbol{a}_1-2\boldsymbol{\lambda}\boldsymbol{S}\boldsymbol{a}_1=0 \tag{8.4.12}$$

由此，$\boldsymbol{a}_1$ 也就是矩阵 $\boldsymbol{S}^{-1}\bar{\boldsymbol{K}}^{\mathrm{T}}\boldsymbol{M}\bar{\boldsymbol{K}}$ 最小特征值对应的特征向量。

为计算 $\boldsymbol{a}_k$，依据式(8.4.2)构造拉格朗日函数 $L(\boldsymbol{a}_k)$，有

$$L(\boldsymbol{a}_k)=\boldsymbol{a}_k^{\mathrm{T}}\bar{\boldsymbol{K}}^{\mathrm{T}}\boldsymbol{M}\bar{\boldsymbol{K}}\boldsymbol{a}_k-\boldsymbol{\lambda}\,\{\boldsymbol{a}_k^{\mathrm{T}}[\eta\bar{\boldsymbol{K}}^{\mathrm{T}}\boldsymbol{G}\bar{\boldsymbol{K}}+(1-\eta)\bar{\boldsymbol{K}}]\boldsymbol{a}_k-1\}-\sum_{i=1}^{k-1}u_i\boldsymbol{a}_k^{\mathrm{T}}\bar{\boldsymbol{K}}^{\mathrm{T}}\boldsymbol{a}_k \tag{8.4.13}$$

将 $\boldsymbol{S}$ 的表达式代入式(8.4.13)，计算 $L(\boldsymbol{a}_k)$的偏导数并使其为 0，有

$$L(\boldsymbol{a}_k)=\boldsymbol{a}_k^{\mathrm{T}}\bar{\boldsymbol{K}}^{\mathrm{T}}\boldsymbol{M}\bar{\boldsymbol{K}}\boldsymbol{a}_k-\boldsymbol{\lambda}\,(\boldsymbol{a}_k^{\mathrm{T}}\boldsymbol{S}\boldsymbol{a}_k-1)-\sum_{i=1}^{k-1}u_i\boldsymbol{a}_k^{\mathrm{T}}\bar{\boldsymbol{K}}^{\mathrm{T}}a_i \tag{8.4.14}$$

$$\frac{\partial L(\boldsymbol{a}_k)}{\partial \boldsymbol{a}_k}=2\bar{\boldsymbol{K}}^{\mathrm{T}}\boldsymbol{M}\boldsymbol{K}\boldsymbol{a}_k-2\boldsymbol{\lambda}\boldsymbol{S}\boldsymbol{a}_k-\sum_{i=1}^{k-1}u_i\bar{\boldsymbol{K}}^{\mathrm{T}}a_i=0 \tag{8.4.15}$$

在式(8.4.15)左侧乘以 $a_i^{\mathrm{T}}\boldsymbol{S}^{-1}$，有

$$a_i^{\mathrm{T}}S^{-1}\sum_{i=1}^{k-1}u_i\bar{\boldsymbol{K}}^{\mathrm{T}}a_i=2a_i^{\mathrm{T}}\boldsymbol{S}^{-1}\bar{\boldsymbol{K}}^{\mathrm{T}}\boldsymbol{M}\bar{\boldsymbol{K}}\boldsymbol{a}_k \tag{8.4.16}$$

$i=1,2,\cdots,k-1$，式(8.4.16)可展开为

$$\begin{bmatrix} a_1^{\mathrm{T}} \\ \vdots \\ a_{k-1}^{\mathrm{T}} \end{bmatrix} \boldsymbol{S}^{-1}\bar{\boldsymbol{K}}^{\mathrm{T}}[a_1,\cdots,a_{k-1}] \begin{bmatrix} u_1 \\ \vdots \\ u_{k-1} \end{bmatrix} = 2 \begin{bmatrix} a_1^{\mathrm{T}} \\ \vdots \\ a_{k-1}^{\mathrm{T}} \end{bmatrix} \boldsymbol{S}^{-1}\bar{\boldsymbol{K}}^{\mathrm{T}}\boldsymbol{M}\bar{\boldsymbol{K}}\boldsymbol{a}_k \tag{8.4.17}$$

令 $\boldsymbol{U}^{(k-1)}=[u_1,u_2,\cdots,u_{k-1}]^{\mathrm{T}}$，$\boldsymbol{A}^{(k-1)}=[a_1,a_2,\cdots,a_{k-1}]$，可得到

$$\boldsymbol{U}^{(k-1)}=2[(\boldsymbol{A}^{(k-1)})^{\mathrm{T}}\boldsymbol{S}^{-1}\bar{\boldsymbol{K}}^{\mathrm{T}}\boldsymbol{a}^{(k-1)}]^{-1}(\boldsymbol{a}^{(k-1)})^{\mathrm{T}}\boldsymbol{S}^{-1}\bar{\boldsymbol{K}}^{\mathrm{T}}\boldsymbol{M}\bar{\boldsymbol{K}}\boldsymbol{a}_k \tag{8.4.18}$$

在式(8.4.15)左侧乘以 $\boldsymbol{S}^{-1}$，并将其代入式(8.4.18)，可得

$$\{\boldsymbol{I}-\boldsymbol{S}^{-1}\bar{\boldsymbol{K}}^{\mathrm{T}}\boldsymbol{A}^{(k-1)}[(\boldsymbol{A}^{(k-1)})^{\mathrm{T}}\boldsymbol{S}^{-1}\bar{\boldsymbol{K}}^{\mathrm{T}}\boldsymbol{A}^{(k-1)}]^{-1}(\boldsymbol{A}^{(k-1)})^{\mathrm{T}}\}\boldsymbol{S}^{-1}\bar{\boldsymbol{K}}^{\mathrm{T}}\boldsymbol{M}\bar{\boldsymbol{K}}\boldsymbol{a}_k=\boldsymbol{\lambda}\boldsymbol{a}_k \tag{8.4.19}$$

由此，$\boldsymbol{a}_k$ 是矩阵 $\boldsymbol{Q}^{(k)}$ 的最小特征值对应的特征向量，$\boldsymbol{Q}^{(k)}$ 的表达式如下：

$$\boldsymbol{Q}^{(k)}=\{\boldsymbol{I}-\boldsymbol{S}^{-1}\bar{\boldsymbol{K}}^{\mathrm{T}}\boldsymbol{A}^{(k-1)}[(\boldsymbol{A}^{(k-1)})^{\mathrm{T}}\boldsymbol{S}^{-1}\bar{\boldsymbol{K}}^{\mathrm{T}}\boldsymbol{A}^{(k-1)}]^{-1}(\boldsymbol{A}^{(k-1)})^{\mathrm{T}}\}\boldsymbol{S}^{-1}\bar{\boldsymbol{K}}^{\mathrm{T}}\boldsymbol{M}\bar{\boldsymbol{K}} \tag{8.4.20}$$

2. 自适应参数 k 的选择

在 NLKOPP 算法中，存在各样本近邻参数 k 难以选择的问题，通常 k 依据经验取值。邻域的选择是为了满足样本的近邻点近似在同一线性结构上，并尽量包含较多的近邻点，以获得连通的邻域图。当 k 取值过大时，易导致“短路边”，非近邻点或者噪声可能会被归为邻域点；当 k 取值过小时，会使邻域图不连通，无法得到统一的低维嵌入坐标。

为解决 NLKOPP 算法存在的不足，通过分析样本点在时空分布的特性，本章提出自适应 k 参数非局部核正交保持投影算法（nonlocal kernel orthogonal preserving projection with adaptive k selection，Ak-NLKOPP）。

在时间尺度上，采集样本的时间跨度越小，这些样本分布在同一流形结构上的概率越大。假设样本集 $X=\{x_1,x_2,\cdots,x_N\}\in\mathbf{R}^{m\times N}$，令各样本初始邻域点个数为 k_1，这里 k_1 取大于 0 的偶数。由此，样本点 x_1 的邻域中包含的样本为 $[x_2,x_3,\cdots,x_{k_1+1}]$，样本点 x_2 的邻域中包含的样本为 $[x_1,x_3,\cdots,x_{k_1+1}]$，以此类推，样本点 k_1 的邻域包含的样本为 $[x_{k_1-k_1/2},\cdots,x_{k_1-1},x_{k_1+1},\cdots,x_{k_1+k_1/2}]$。

在空间尺度上，距离越近的样本分布在同一流形结构上的概率越大。假设样本集 $X=\{x_1,x_2,\cdots,x_N\}\in\mathbf{R}^{m\times N}$，令各样本初始邻域点个数为 k_2，$k_2=k_1$。这里借鉴第 3 章中提出的自适应邻域选择的局部切空间排列算法，采用局部流形弯曲度和局部流形密度准则对各样本 k_2 个邻域点进行筛选。

流形曲率高，弯曲度大，局部非线性程度也高，邻域应该取较少的近邻点；弯曲度小，局部线性程度高，邻域能选择较多的近邻点。文献[206]提出利用样本点邻域的欧氏距离与测地距离之间的关系来反映流形局部的弯曲度，其计算公式为

$$r_i = \sum_{x_k, x_j \in x_i} d_e(x_k, x_j) \Big/ \sum_{x_k, x_j \in x_i} d_g(x_k, x_j) \tag{8.4.21}$$

$$k_i = \frac{k_2 \cdot r_i}{\left(\sum_{i=1}^{N} r_i\right) \Big/ N} \tag{8.4.22}$$

式中，x_k，x_j 为样本 x_i 邻域中的近邻点，$d_e(x_k, x_j)$为邻域中任意两点间的欧氏距离；$d_g(x_k, x_j)$为邻域中任意两点间的测地距离，N 为样本数量。

维数约简受流形上数据分布非均匀程度的影响，调整邻域的大小构建线性的局部结构能减弱这一影响。用样本邻域内近邻点与样本之间的欧氏距离总和表示样本处局部流形密度。基于局部流形密度的邻域选择计算公式如下：

$$d_i = \sum_{x_k, x_j \in x_i} d_e(x_k, x_j) \tag{8.4.23}$$

$$k'_i = \frac{k_2 \cdot \sum_{i=1}^{N} d_i \Big/ N}{d_i} \tag{8.4.24}$$

d_i 值越小，邻域越密集，局部流形密度越大，k'_i尽可能取较多的近邻点数，使相连的邻域尽可能重叠以获得连通的邻域图；d_i 值越大，邻域越稀疏，为尽量避免将非近邻的样本或噪声归为邻域，k'_i取较小值。

结合式(8.4.22)和式(8.4.24)，在空间尺度上，各样本近邻点 L_i 的选择如下：

$$L_i = \begin{cases} \max(k_i, k'_i), & r_i \geqslant \sum_{i=1}^{N} r_i \Big/ N \\ \min(k_i, k'_i), & r_i < \sum_{i=1}^{N} r_i \Big/ N \end{cases} \tag{8.4.25}$$

综合衡量样本点在时间尺度和空间尺度上的关系，如图 8.2 所示，NLKOPP 方法中的近邻点数量 K_i 为时间尺度上的邻域点 k_1 和空间尺度上的邻域点 L_i 的交集，有

$$K_i = k_1 \cap L_i \tag{8.4.26}$$

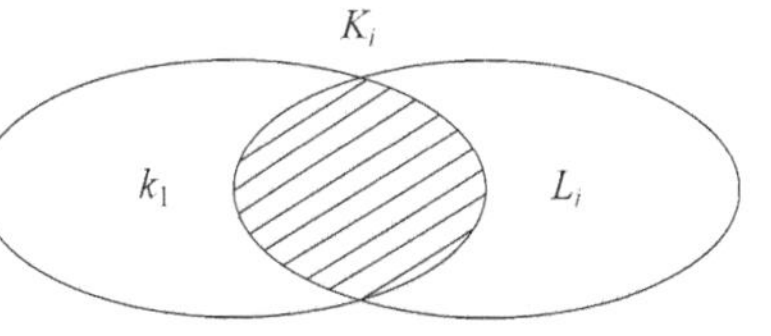

图 8.2　NLKOPP 方法中近邻点的选择

3. 参数 η 的计算

Ak-NLKOPP 模型的目标函数优化问题在实质上也是一个双目标的优化问题，参照 8.3 节中提出的 NLKOPE 方法，Ak-NLKOPP 方法中参数 η 的计算如下：

$$\eta = \frac{\rho(\hat{\mathbf{L}})}{\rho(\mathbf{L}) + \rho(\hat{\mathbf{L}})} \tag{8.4.27}$$

式中，$\rho(\cdot)$是矩阵的谱半径，矩阵$\hat{\boldsymbol{L}}$和矩阵$\boldsymbol{L}$的定义如式(8.4.2)。

8.4.2 基于 A*k*-NLKOPP 算法的状态监测与性能退化评估

参照8.3节中提出的NLKOPE监测模型，A*k*-NLKOPP模型的监测指标也同样采用EWMA监测量。其中，霍特林T^2和SPE统计量的计算如式(8.3.35)和式(8.3.36)所示，EWMA监测量的计算如式(8.3.39)所示。

离线建模步骤如下。

(1) 将正常样本用作训练样本，对每一个训练样本提取如表6.1所示的24个时域、频域特征，构造为高维特征样本，并将高维特征样本x标准化。

(2) 计算核矩阵$\boldsymbol{K}$，并利用式(8.3.15)对$\boldsymbol{K}$进行中心化。

(3) 由式(8.4.7)～式(8.4.8)计算投影系数矩阵$\boldsymbol{A}$。

(4) 计算所有训练样本的T^2和SPE统计量，同时，计算控制限L_{T^2}和L_{SPE}，再计算监测指标EWMA及其控制限L_{EWMA}。

在线监测步骤如下。

(1) 与训练样本提取特征一样，将各测试样本转换为高维测试样本，并利用训练特征样本x的均值和方差，对高维测试样本x_{new}进行标准化。

(2) 计算核矩阵$\boldsymbol{K}_{\mathrm{new}}(x,x_{\mathrm{new}})$，由式(8.4.10)对其进行中心化得到$\bar{\boldsymbol{K}}_{\mathrm{new}}(x,x_{\mathrm{new}})$。

(3) 由式(8.4.9)计算测试样本在低维特征空间的投影y_{new}。

(4) 计算测试样本x_{new}对应的监测量EWMA，判断其是否超出监控限L_{EWMA}。

通过计算监测指标EWMA，即可对机械装备进行状态监测、故障诊断以及性能退化的评估。

8.5 实验与分析

8.5.1 故障诊断

(1) 恒工况下齿轮箱故障诊断

为了验证本章提出的两种监测算法的故障诊断能力，采用IEEE PHM Challenge齿轮箱故障数据[211]进行检验。齿轮箱由4个齿轮、6个轴承和3根轴组成，实验数据由2个加速度传感器和1个测速计采集，采样频率为66.67kHz，齿轮箱的整体概况如图8.3所示。在本节中，选择低负载情况下斜齿轮这一组的

3 种不同类型的实验数据进行分析，输入轴转速为 1800r/min。实验数据类型见表 8.1。在健康模式这一组中，齿轮箱中所有的部件都正常；在故障 1 这一组中，位于惰轮轴(idler shaft)上的 24 齿齿轮存在缺口损伤；在故障 2 这一组中，位于惰轮轴上的 24 齿齿轮存在断齿损伤，位于惰轮轴输出端的轴承存在内圈损伤。

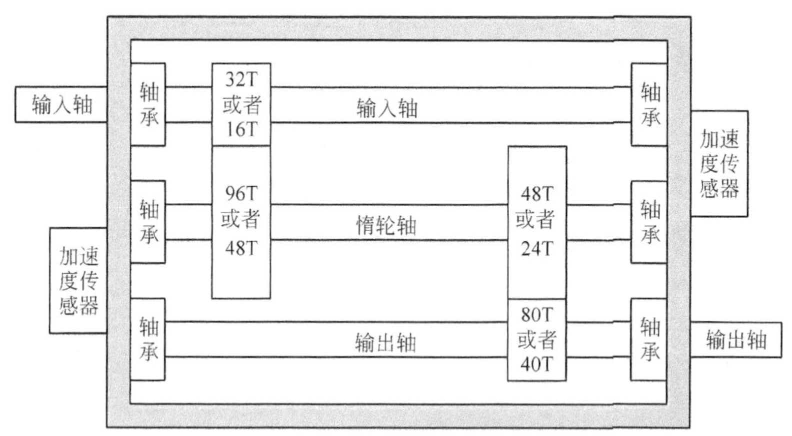

(a) 齿轮箱结构

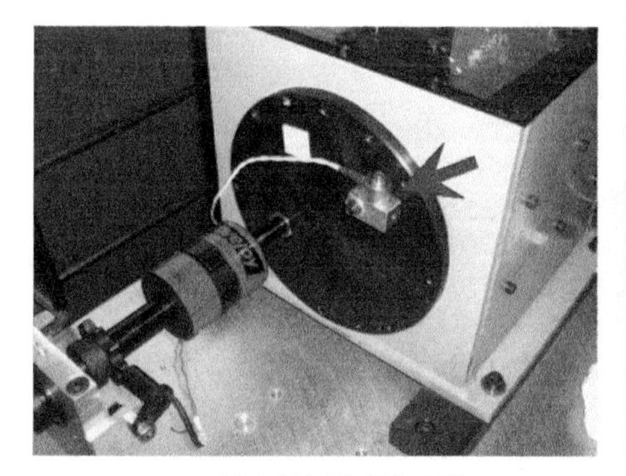

(b) 输入轴加速度传感器

(c) 输出轴加速度传感器

图 8.3　齿轮箱示意图

表 8.1　齿轮箱的实验数据类型

故障模式	齿轮				轴承						轴	
	16T	48T	24T	40T	输入端输入轴	输入端惰轮轴	输入端输出轴	输出端输入轴	输出端惰轮轴	输出端输出轴	输入端	输出端
正常	正常	正常	正常	正常	正常	正常	正常	正常	正常	正常	正常	正常
故障 1	正常	正常	裂纹	正常	正常	正常	正常	正常	正常	正常	正常	正常
故障 2	正常	正常	断齿	正常	正常	正常	正常	正常	内圈	正常	正常	正常

本实验中每个样本采集 1024 个数据，每种故障模式包含 30 个样本，由此，本节的实验数据共有 90 个样本。其中，将前 30 个正常状态的样本作为训练样本，余下 60 个分别来自故障 1 和故障 2 模式的样本作为测试样本，即利用监测算法和这 90 个样本来诊断齿轮箱是否出现了故障。实际上，齿轮箱中的零件在第 31 个样本处已经出现了损伤。

分别采用 KPCA，KONPE，NLOPE，KGLPP[163]，NLKOPE 和 Ak-NLKOPP 对上述齿轮箱故障数据进行分析，故障诊断结果如图 8.4 所示，利用 KPCA 和 KONPE 方法在第 33 个样本处诊断出齿轮箱故障，NLOPE 和 KGLPP 方法在第 32 个样本处诊断出故障，采用本章提出的 NLKOPE 和 Ak-NLKOPP 方法在第 31 个样本处诊断出故障，符合齿轮箱的实际状态。各算法的故障诊断正确率见表 8.2。

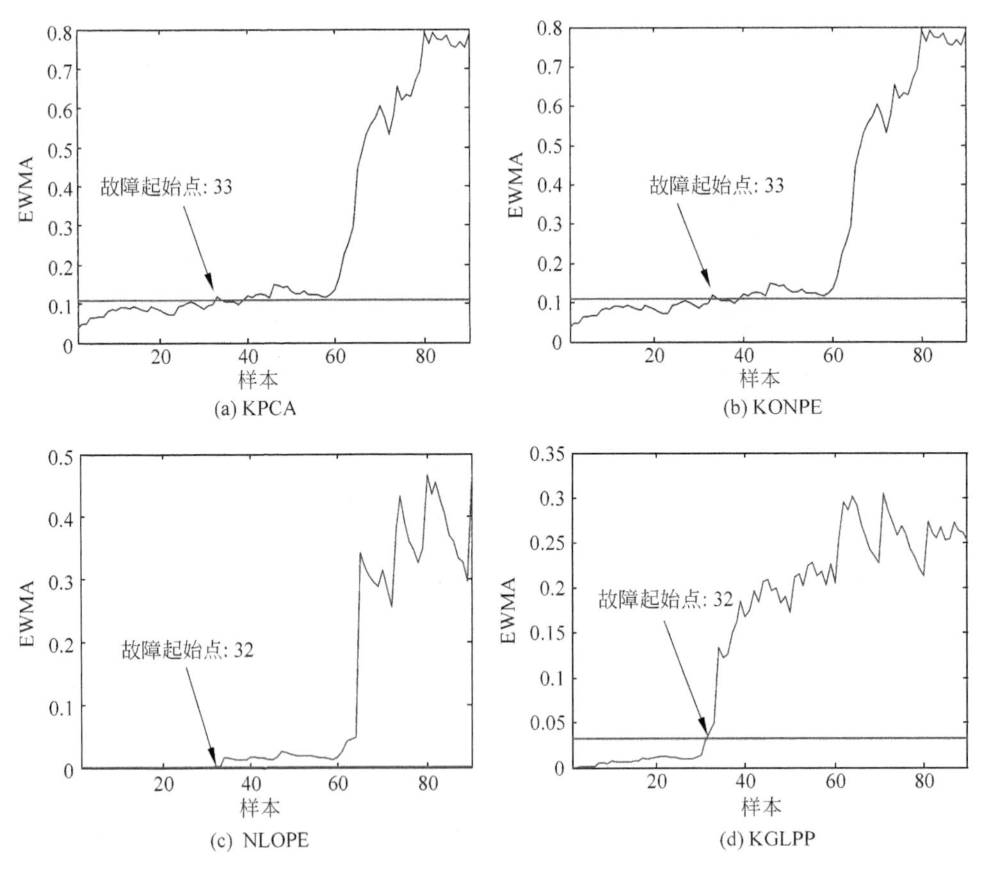

图 8.4 故障诊断结果

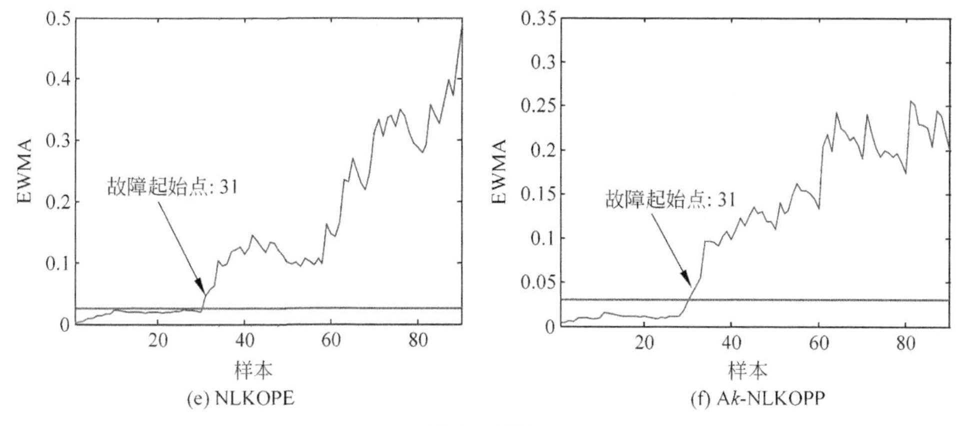

(e) NLKOPE (f) A*k*-NLKOPP

图 8.4(续)

表 8.2 故障诊断正确率

算法	KPCA	KONPE	NLOPE	KGLPP[163]	NLKOPE	A*k*-NLKOPP
故障诊断正确率/%	90	96.67	98.33	98.33	100	100

(2) 变工况下轴承故障诊断

为了验证本章提出的两种监测算法在转速及负载变化情况下的故障诊断能力,采用凯斯西储大学电气工程实验室的滚动轴承故障实验数据,采样频率为12kHz。在 2 种工况下构造 3 种类型的数据,第 1 类:轴承状态正常,轴转速为1730r/min,负载为 3hp,构造 30 个样本作为训练样本,每个样本由采集的 1024 个振动数据组成;第 2 类:轴承状态正常,轴转速为 1750r/min,负载为 2hp,构造 30 个样本作为测试样本;第 3 类:轴承外圈故障,裂纹直径为 0.36mm,轴转速为1750r/min,负载为 2hp,构造 30 个样本作为测试样本。此实验数据共有 90 个样本,其中,前 30 个样本在第 1 种工况下采集得到,轴承正常;第 31 至 60 个样本在第 2 种工况下采集得到,轴承正常;第 61 至 90 个样本在第 2 种工况下采集得到,轴承故障。因此,从第 61 个样本开始,轴承出现故障。

由于计算得到的 EWMA 监测量数值较小,这里将 EWMA 更换为 log(EWMA),便于观察。分别采用 KPCA, KONPE, NLOPE, KGLPP[163], NLKOPE 和 A*k*-NLKOPP 对上述变工况下轴承振动数据进行分析,故障诊断结果如图 8.5 所示。利用 KPCA 方法在第 31 个样本处诊断出轴承故障,实际上在第 31 个样本处只是轴承运转的工况发生了变化,轴承还是正常状态,因此,工况的变化导致监测出现了误诊断;利用 KONPE 方法在第 63 个样本处诊断出轴承故障,相对于真实的轴承出现故障的时刻出现了诊断延迟;利用 NLOPE 方法能在第 61 个样本处诊断出轴承故障,但是在这之前第 39 个样本处的监测量也超出了监控限,出现误诊断;利用 KGLPP 方法也在第 61 个样本之后都能诊断出轴承故障,但是在第 41 个样本处也出现了误诊断;采用本章提出的 NLKOPE 和 A*k*-NLKOPP 方法都在第 61 个样本处诊断出了轴承故障,并且第 61 个样本之后的监测量都超出了监控限,符合轴承的实际状态。该结果表明本章提出的监测模型和监测指标在机械装备变工况下也能取得较准确的诊断结果。

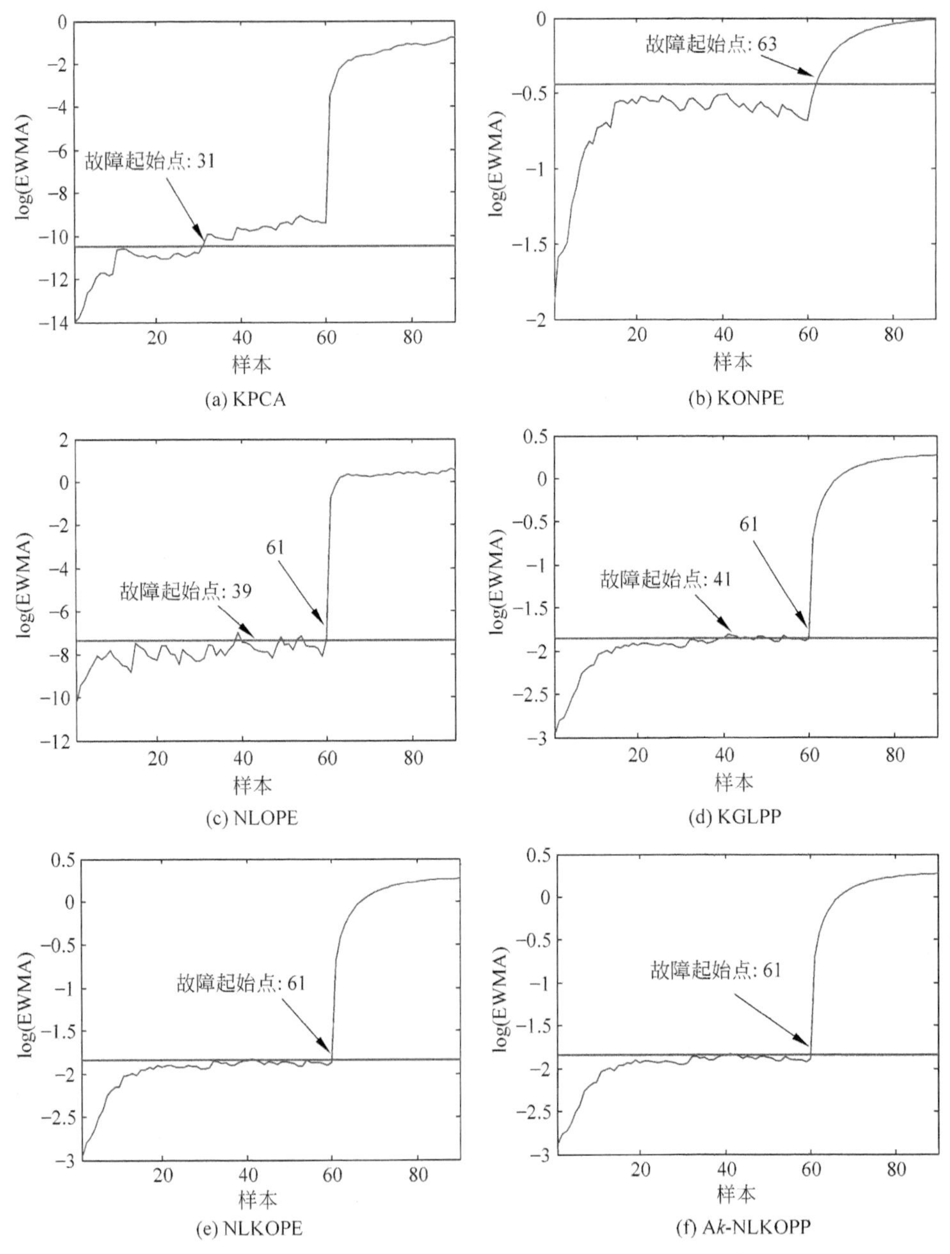

图 8.5　故障诊断结果

8.5.2 降维效果评估

本节中的实验数据来源于凯斯西储大学。数据采集于驱动端的深沟球轴承,轴承型号为 6205-2RS JEM SKF。实验中轴的转速为 1797r/min,负载为 0hp,采样频率为 12kHz。这里选择 7 种不同损伤类型的样本集,包括正常健康、4 种不同程度的内圈损伤(损伤尺寸: 0.007in,0.014in,0.021in,0.028in)、外圈损伤(损伤尺寸: 0.014in)、滚动体损伤(损伤尺寸: 0.014in)。每种损伤类型包含 70 个样本,每个样本由 1014 个采样点组成,将每类损伤数据的前 35 个样本作为训练样本,余下 35 个样本作为测试样本,由此,实验数据共有 245 个训练样本,245 个测试样本。

对不同故障类型的数据进行降维,目的是为了使分属同一类的低维样本聚集,分属不同类的低维样本分离,有助于提高故障分类的正确率。本节采用聚集度指标评估各方法的降维效果,聚集度的定义为

$$J=\frac{S_{\mathrm{w}}}{S_{\mathrm{b}}} \tag{8.5.1}$$

$$\begin{cases} S_{\mathrm{w}}=\dfrac{1}{n_i}\displaystyle\sum_{i=1}^{C}\sum_{y\in A_i}(y-m_i)(y-m_i)^{\mathrm{T}} \\ S_{\mathrm{b}}=\displaystyle\sum_{i=1}^{C}(m_i-m)(m_i-m)^{\mathrm{T}} \end{cases} \tag{8.5.2}$$

式中,C 为故障类型的数量,n_i 为第 i 类故障类型的样本数量,y 为高维样本降维后在低维特征空间的表示,$A_i=(y_i^1 y_i^2,\cdots,y_i^{n_i})$,$m_i$ 为第 i 类故障类型的低维样本的均值,m 为所有样本降维后得到低维样本的均值。

本节选择表 6.1 中的 11 个时域和 13 个频域特征来表征样本的特性,每个样本提取这 24 个特征作为变量并组成高维特征样本。为了便于可视化,将各高维样本维数约简至三维。分别采用 KPCA,KONPE,NLOPE,KGLPP,NLKOPE 和 A*k*-NLKOPP 对训练样本和测试样本进行降维,三维散点图如图 8.6 所示。图中,健康,故障 1、故障 2、故障 3、故障 4、故障 5 和故障 6 分别表示 7 种不同的轴承故障类型,包括正常、4 种不同程度的内圈损伤(损伤尺寸: 0.007in,0.014in,0.021in,0.028in)、外圈损伤(损伤尺寸: 0.014in)、滚动体损伤(损伤尺寸: 0.014in); x,y,z 表示从训练样本和测试样本中提取出的三维特征在三维空间的坐标表示; 图中同一故障类型的样本用同一种颜色表示。

如表 8.3 所示,采用 NLKOPE 和 A*k*-NLKOPP 方法维数约简后的样本间聚类度相对较小,更利于区分轴承的不同故障类型及故障程度。

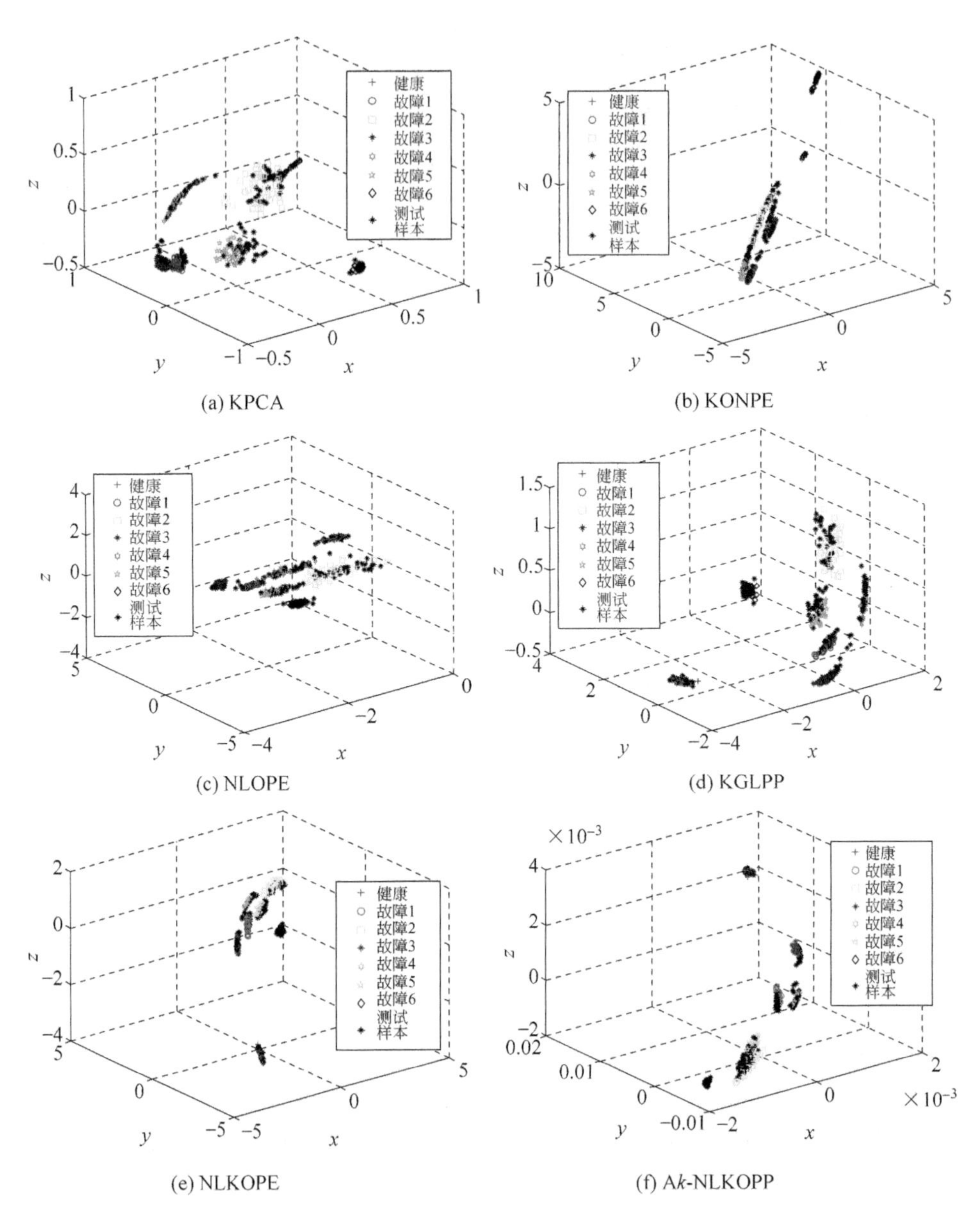

图 8.6 各算法对训练样本和测试样本降维后的三维散点图(后附彩图)

表 8.3 各算法降维后样本的聚类度

算法	KPCA	KONPE	NLOPE	KGLPP	NLKOPE	Ak-NLKOPP
聚类度 J	0.0198	0.0182	0.0185	0.0102	0.0088	0.0080

8.5.3 轴承性能退化评估

为了验证本章所提方法在机械传动部件状态监测和性能退化评估方面的效果,采用 IMS 轴承性能退化实验数据[203]。评估轴承的运行状态,退化性能指标是关键,因此,最好能在轴承性能退化的早期阶段就检测出异常,避免轴承状态的恶化,减少机械装备停机带来的损失。轴承试验台如图 5.13 所示,轴转速保持在 2000r/min,采样频率为 20kHz。轴承的结构参数和运动学参数(轴转频 f_r,内圈故障特征频率 f_i,滚动体故障特征频率 f_b,外圈故障特征频率 f_o)见表 8.4。

表 8.4 轴承的运动学参数和结构参数

轴承参数	滚动体数量/个	节径/in	接触角/(°)	滚动体直径/in
	16	2.815	15.17	0.331
特征频率	f_r/Hz	f_i/Hz	f_b/Hz	f_o/Hz
	33	296.9	279.8	236.4

选择轴承 1 外圈损伤数据对提出的算法进行验证。此数据集共有 984 组数据,记录了 1 号轴承从正常到外圈出现故障的全寿命过程,实验中每隔 10 分钟采集一组振动信号,每组数据长度为 20480 个点。文献[230]也采用了相同的数据进行研究,在去除了前 4 组磨合阶段的数据后,对余下 980 组数据进行监测分析,最终在第 529 组数据处检测出 1 号轴承的外圈故障,实际上考虑前 4 组去掉的数据,应该是在第 533 组数据处检测出故障。

如图 8.7 所示,4 个轴承各装有一个加速度传感器,编号依次为传感器 1、传感

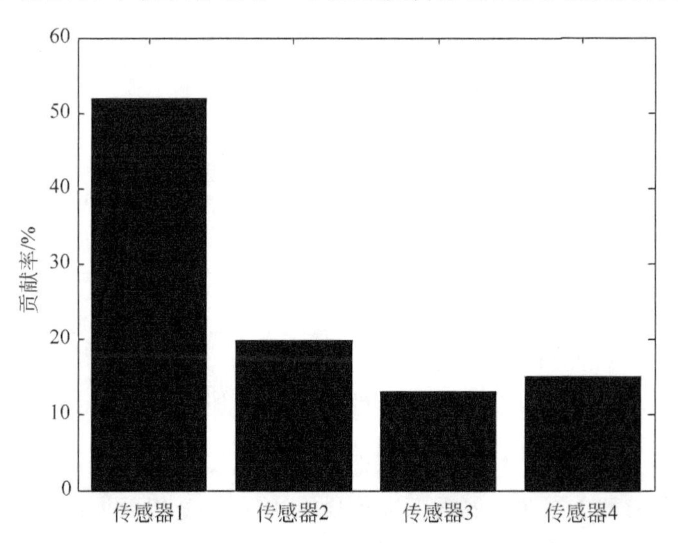

图 8.7 各传感器贡献率

器 2、传感器 3 和传感器 4，通过对 4 个传感器的数据进行分析，可知，传感器 1 测得的数据比重最大，也即最有利于分析数据中出现的异常情况。

采用 NLKOPE 方法对 4 个传感器采集得到的数据进行监测分析，如图 8.8 所示，4 个传感器分别在第 533 组、第 689 组、第 853 组和第 649 组数据处检测出轴承的性能开始出现下降。因此，在传感器 1 采集的振动信号中最早检测出异常，说明轴承 1 可能存在故障。由于在正常阶段计算的 EWMA 监测量非常小，为便于观察监测曲线超出监控限的位置，图 8.8 中的纵坐标由 EWMA 更换为 log(EWMA)。

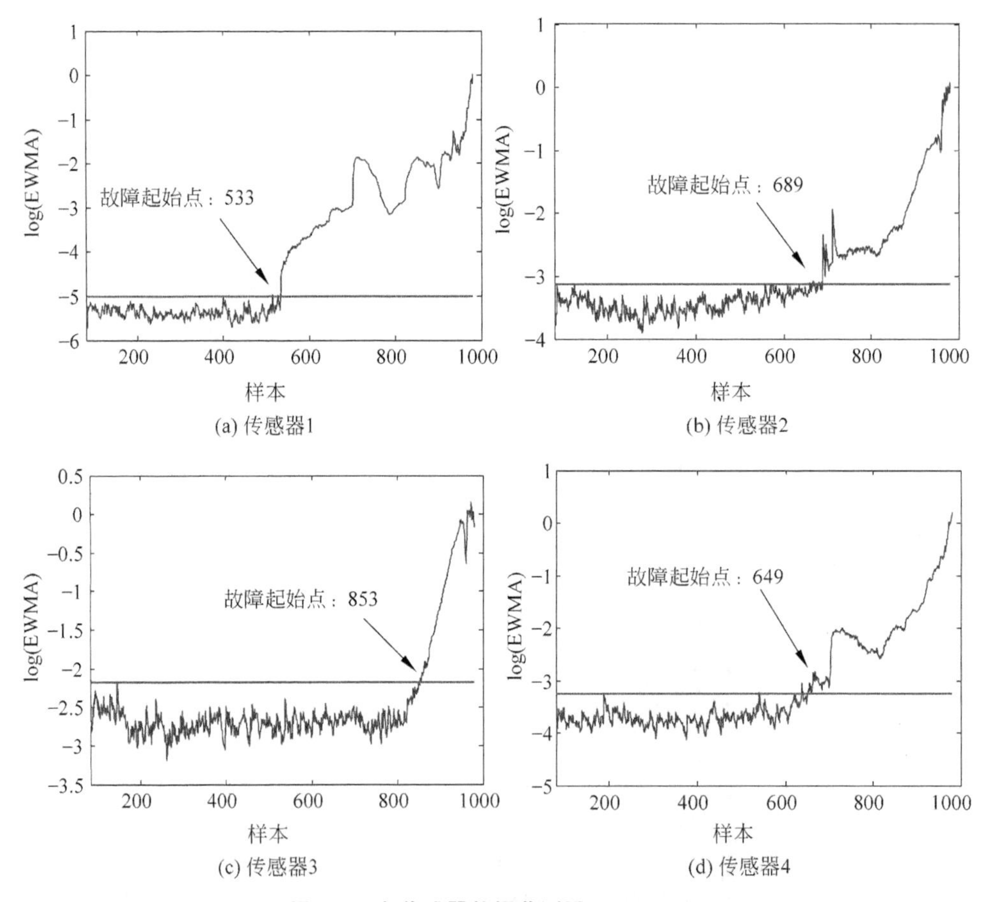

图 8.8 各传感器数据监测图(NLKOPE)

分别采用 KPCA，KONPE，NLOPE，KGLPP，NLKOPE 和 A*k*-NLKOPP 方法对轴承 1 上传感器 1 采集到的数据进行分析，将前 480 组数据作为训练样本，全部 984 组数据作为测试样本，状态监测如图 8.9 所示。KPCA 和 KONPE 方法都是在第534组数据处检测出轴承性能开始出现下降，而NLOPE，KGLPP，NLKOPE和Ak-NLKOPP方法都检测出轴承的性能初始衰减点是在第533组数据处，也与文献[230]中的结论一致。如图8.9(c)，(e)，(f)所示，采用NLOPE，NLKOPE和Ak-NLKOPP方法的监测曲线随着轴承运行时间的增长而逐渐上升，并在第533组数据处超出监控限。随着轴承出现早期微弱损伤并逐渐加重，振动幅度加剧，监测曲线持续上升，直到轴承故障部位出现磨合，振动程度变缓，监测指标开始小幅下降，当轴承状态继续严重恶化，监测曲线又开始呈现上升的趋势。对比图8.9(d)，采用NLOPE，NLKOPE和Ak-NLKOPP方法相较于KGLPP方法更能反映轴承性能退化的变化情况。

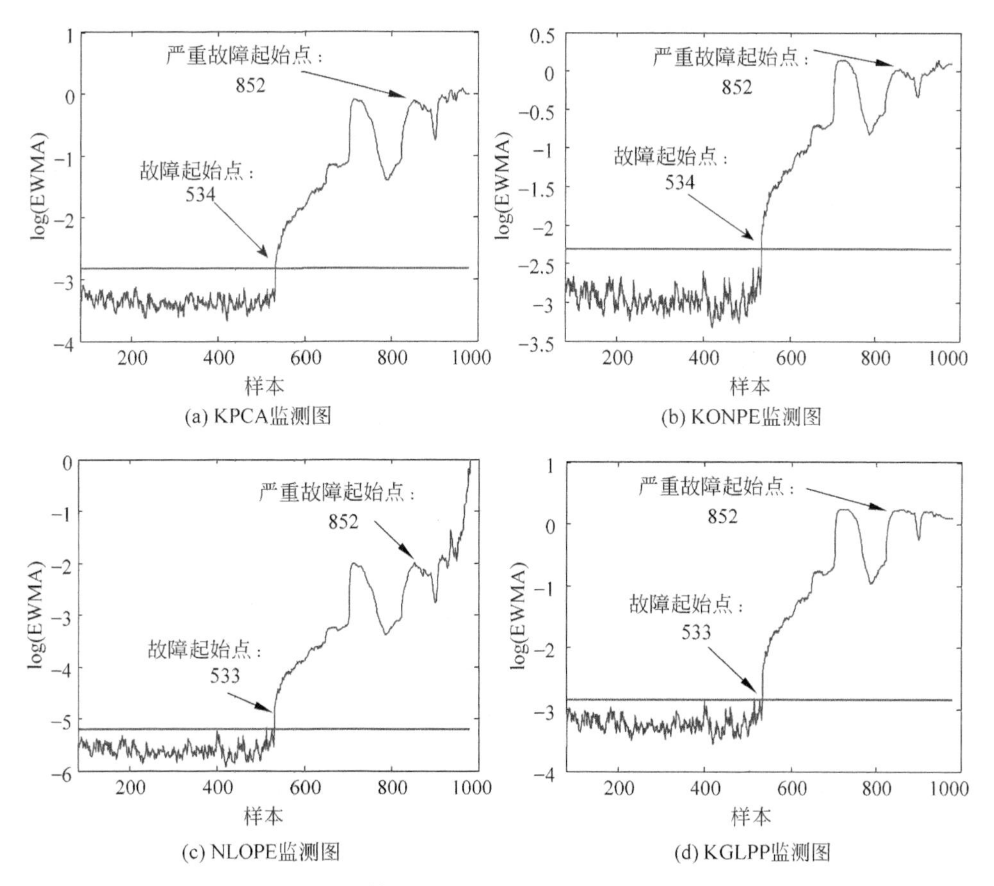

图8.9　轴承1状态监测图(传感器1数据)

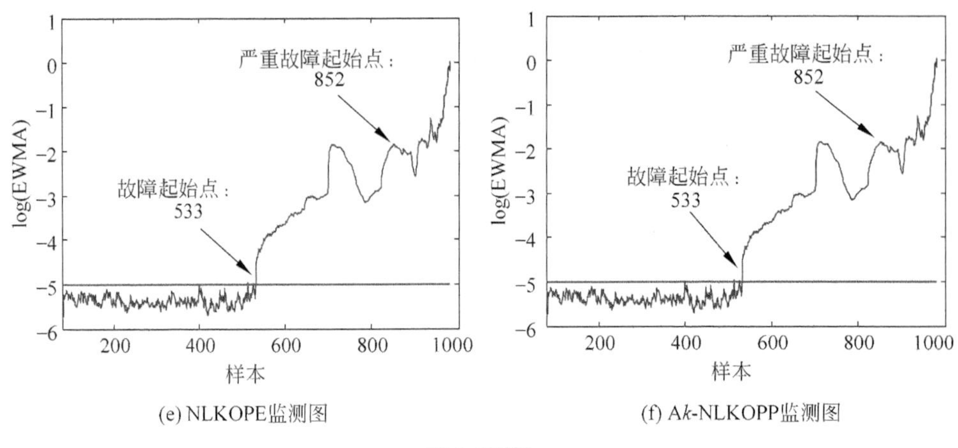

图 8.9(续)

如图 8.9(e),(f)所示,根据本章提出的 NLKOPE 和 Ak-NLKOPP 方法的监测曲线,轴承 1 在第 533 组数据处开始出现性能下降,在第 852 组数据处轴承的性能已出现了严重的恶化。提取第 533 组数据,时域图如图 8.10 所示,振动信号杂乱,信噪比低,没有明显的周期性冲击特征,这也符合轴承开始出现性能退化的状态特征,冲击特征较微弱。采用第 2 章中提出的双树复小波包主流形重构去噪方法,去噪后的信号时域如图 8.11 所示,信号中存在明显的冲击性特征,将信号进行希尔伯特包络分析,包络谱如图 8.12 所示,谱图中峰值为 234.4Hz 和 468.8Hz,接近于轴承的外圈故障特征频率 $f_o = 236.4$Hz,由于误差因素影响,可以认为图 8.12 中存在轴承外圈故障特征频率的 1 倍频和 2 倍频。因此,也证明轴承 1 的外圈出现了故障,与轴承 1 的真实状态一致。

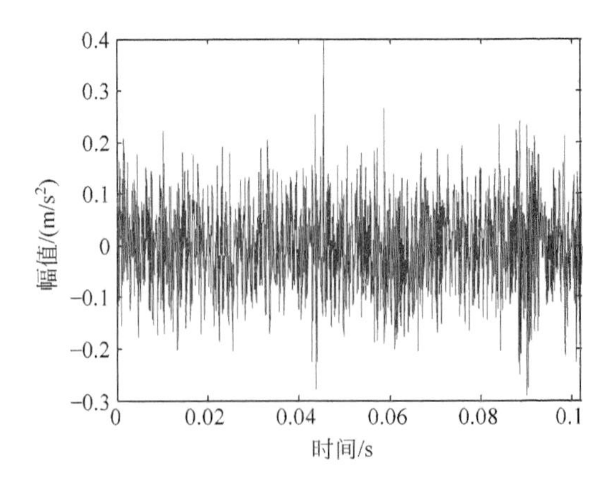

图 8.10　第 533 组数据时域图

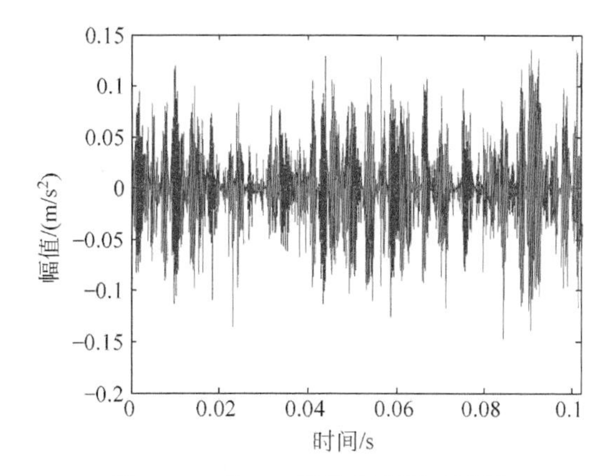

图 8.11 第 533 组数据去噪时域图

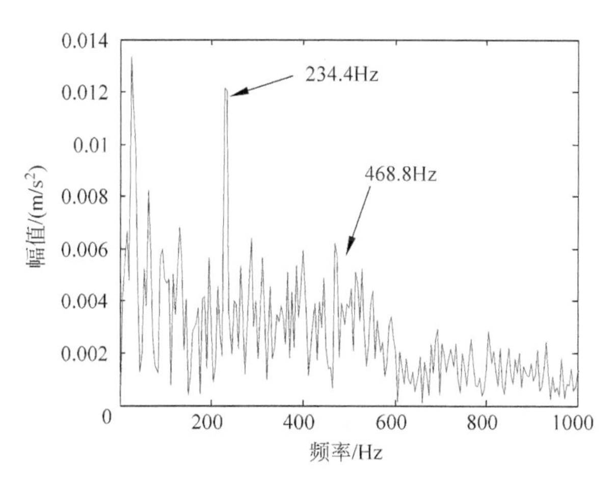

图 8.12 第 533 组数据去噪包络谱图

提取第 852 组数据，时域图如图 8.13 所示，振动信号有明显的周期性冲击特征，而且振动幅值最大为 0.6 左右，相对于图 8.10 中的幅值有较大程度的增加，说明轴承的状态可能存在异常，并且处于较严重的阶段。采用第 5 章提出的双树复小波包主流形重构去噪方法，去噪后的信号时域如图 8.14 所示，信号中存在明显的冲击性特征，信噪比得以提高，将信号进行希尔伯特包络分析，包络谱如图 8.15 所示，谱图中峰值分别为轴承外圈故障特征频率的 1～5 倍频，相对于初期故障时刻的包络谱，谐波更加突出，辨识性更强。因此，也证明在第 852 组数据时刻，轴承 1 的外圈状态出现了恶化，与轴承 1 的真实状态一致。

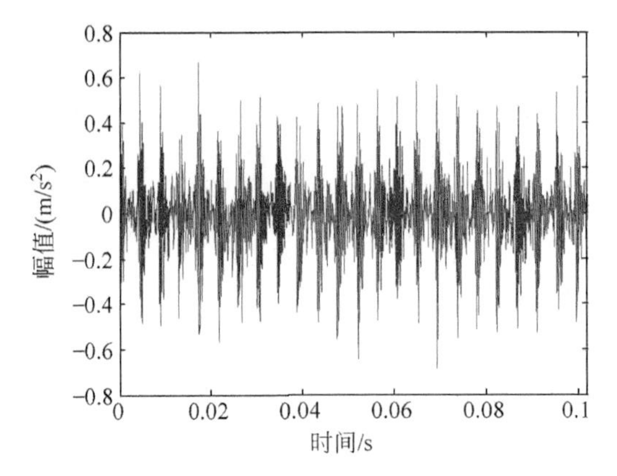

图 8.13　第 852 组数据时域图

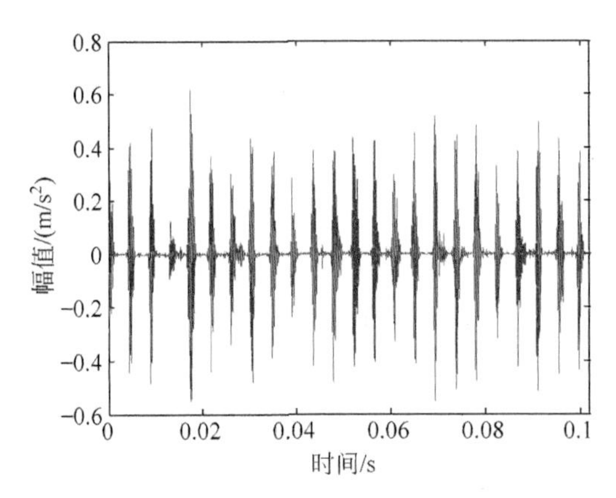

图 8.14　第 852 组数据去噪时域图

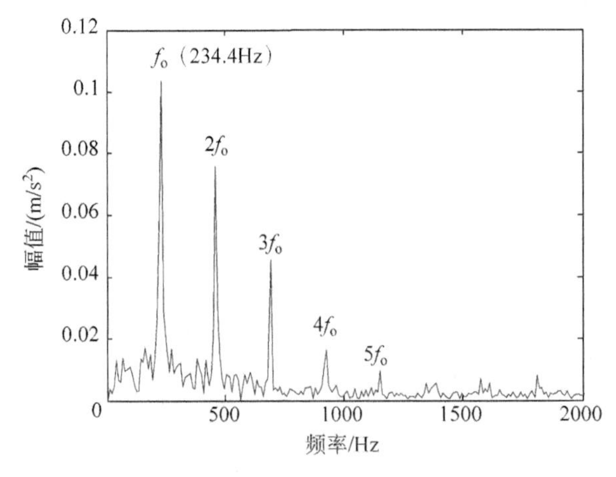

图 8.15　第 852 组数据去噪包络谱图

第9章 CHAPTER 9 总结与展望

9.1 全书内容总结

本书以机电装备中机械传动部件为研究对象，梳理了当前机械故障诊断领域研究的热点和难点，采用流形学习、深度学习、双树复小波包变换、包络谱分析等信号处理方法，对基于数据驱动的机械传动部件故障诊断与性能退化评估方法展开了研究，并以仿真数据、齿轮箱轴承振动数据、离心泵振动数据和火炮振动数据等对书中提出方法的有效性进行了验证，在受到噪声、随机扰动和变工况等因素干扰时，提出的诊断模型方法和监测指标具有更高的准确性、敏感性和更强的健壮性。全书主要的研究内容和成果总结如下。

(1) 提出了一种基于双树复小波包主流形重构的故障诊断方法。将振动信号进行 DTCWPT 分解，依据各尺度小波包系数香农熵值搜索最佳小波包基；针对经典软、硬阈值函数存在振荡、不连续及去噪后信号幅值衰减较大的缺陷，设计了一种更灵活的新阈值函数，通过计算子频带的峭度、排列熵和能量占比，提出了双树复小波包阈值去噪准则，减小信号中有用成分的损失；利用新阈值函数和去噪准则对最佳小波包基中部分节点的小波包系数进行量化处理，并单支重构所有子频带组成高维子频带空间。为进一步去除噪声成分，利用 t-SNE 提取高维子频带空间的主流形，对获取的低维信号序列采用新阈值函数量化处理，并采用谱回归分析将其重构回一维信号序列，达到去噪的效果。将去噪后的信号进行谱分析，即能诊断机械传动部件的故障。另外，本书也分析了 DTCWPT 分解存在频带错位和重叠缺陷的原因，并采用子频带交换和切比雪夫 Ⅰ 型滤波器消除了缺陷。

(2) 研究了基于自适应流形学习的故障诊断方法。敏感特征的提取一般采用特征选择或者特征融合的方法，本书首先构造了多维特征集，利用皮尔森相关系数法改进费希尔准则,进行特征的初步选择,减少信息的冗余,再采用LTSA流形学习方法进行特征融合,获取判别性强的敏感特征。由于近邻参数影响邻域图的构建,其过大或者过小都将破坏各样本的局部几何结构。于是通过研究流形采样密度、局部弯曲度和偏离角度对流形局部几何特征的影响,提出了一种自适应邻域选择的局部切空间排列算法,较好地解决了LTSA算法中近邻参数合理选择的难题。LTSA是一类批量处理的维数约简方法,随着动态数据的增加,批处理的方式耗时过长,为提高工作效率,提出了一种增量式监督局部切空间排列算法,在计算新增样本低维坐标的同时也更新了原始样本低维坐标,使得各样本在空间的分布更加准确,适合用于转速与负载不变的恒工况下在线敏感特征提取与故障诊断。

(3) 提出了一种基于深度卷积变分自动编码的故障诊断方法。为进行转速和负载变化工况下的故障诊断,本书提出了一种深度卷积变分自动编码网络,以振动信号的频谱数据作为模型的输入,减少了依赖经验提取敏感特征的数据预处理步骤,在网络中加入非固定的Dropout参数和自适应变化的学习率,能提高模型的泛化性能,使得深层网络自动学习判别性与健壮性强的特征。为提高工作效率,适应新的数据特性,当完成DCVAEN模型的训练时,利用迁移学习方法,保留网络模型大部分结构的参数不变,只重新训练少部分网络结构的参数,减少了网络训练的耗时,根据样本有无标签信息,提出了一种基于小样本的监督模型迁移和一种基于标签传递的无监督模型迁移。为了充分利用多传感器测量的数据,以DCVAEN模型为基学习机,综合基学习机间的互信息度量和准确度的估计,提出了模型选择的量化指标SI,结合加权D-S证据理论,提出了一种多传感器多模型的选择性集成学习方法。通过实例验证,所提模型方法具有更高的诊断正确率和可信度。

(4) 研究了基于流形特征增强的状态监测与性能退化评估方法。状态监测指标要求有高敏感性和稳定性,单一的特征不能有效地进行评估,为此,构造能多角度反映机械装备振动特性的多维特征集,采用流形学习方法挖掘特征集的低维本质信息并计算霍特林T^2和SPE统计量,将其归一化后组成EWMA监测指标。针对PCA,LPP,LTSA,NPE等方法都只单一地利用了样本全局结构或者局部结构关系,综合考虑样本局部与全局结构,保留更多的有用信息,本书提出了两种状态监测方法:非局部核正交保持嵌入算法和自适应k参数非局部核正交保持投影算法,由于难以同时使各算法中的两个子目标函数达到最优,考虑矩阵能量的分布情况计算平衡因子η可使各算法中的两个子目标函数获取相对较优的解。齿轮箱状态监测实例验证了所提方法能检测出传动部件的早期微弱损伤、定位故障,以及评估故障程度、跟踪其性能退化趋势。

综上，本书在分析非平稳振动信号的基础上，研究了机械传动部件故障诊断、状态监测与性能退化评估方法。利用第8章提出的状态监测与性能退化评估方法，检测传动部件的异常状态，通过截取异常状态的振动信号，采用第5章提出的基于谱分析的故障诊断方法，或者第6章及第7章提出的智能诊断方法对截取的振动信号进行处理，都能实现机械传动部件的故障诊断；第6章提出的基于自适应流形的故障诊断方法，算法效率较高，较适合恒工况下的在线复合故障诊断；第7章提出的DCVAEN模型是深层网络，模型的训练相对耗时，较适合变工况下的离线复合故障诊断。

9.2 展望

本书立足于机械传动部件的故障诊断与性能退化评估，利用流形学习、深度学习、包络谱分析等理论方法对非平稳信号去噪、敏感特征提取、故障诊断及状态监测与性能退化评估进行了研究。由于时间与实验条件等因素的限制，在以下方面尚需进一步的深入研究。

（1）书中的实例数据集都是来自加速度传感器测得的振动信号，实际上，相对于正常状态下的机电装备，当其出现损伤时，电流信号、电压信号、声音及温度都有所变化。因此，需要进一步规划实验，利用多种类型传感器采集的数据进行分析，这也更符合机械故障诊断研究的趋势。

（2）书中提出的深度卷积变分自动编码网络模型中存在多个超参数，如网络层数、神经元个数、特征面个数、卷积核大小等的取值，都是在多次训练中逐步调整大小，使模型能达到较优的性能。通过人工调试确定参数非常耗时，下一步需要研究简单可行的超参数自适应学习方法。

（3）书中研究了选择性集成学习方法，但各模型的输入都是频谱数据，而将振动信号转换为二维或者三维时频图，在时频尺度上表征机械传动部件振动特性，将频域、时频图等分别作为模型的输入，能增加基学习机的差异性，利于选择性集成学习更加全面地描述机电装备的状态。

参考文献

[1] 国家中长期科学和技术发展规划纲要(2006—2020年)[N]. 中华人民共和国国务院公报，2006,9：7-37.

[2] 国家自然科学基金委员会工程与材料科学部. 机械工程学科发展战略报告(2011—2020年)[M]. 北京：科学出版社，2010.

[3] 马婧华. 基于流形学习的旋转机械早期故障融合诊断方法研究[D]. 重庆：重庆大学，2015.

[4] TSAI N C，KING Y H，LEE R M. Fault diagnosis for magnetic bearing systems[J]. Mechanical Systems and Signal Processing，2009，23(4)：1339-1351.

[5] LIU Y H，YU Z W，ZENG M，et al. LLE for submersible plunger pump fault diagnosis via joint wavelet and SVD approach[J]. Neurocomputing，2016，185：202-211.

[6] ZHAO M，JIA X D. A novel strategy for denoising using reweighted SVD and its applications to weak fault feature enhancement of rotating machinery[J]. Mechanical Systems and Signal Processing，2017，94：129-147.

[7] 赵洪山，郭双伟，高夺. 基于奇异值分解和变分模态分解的轴承故障特征提取[J]. 振动与冲击，2016，35(22)：183-188.

[8] 王建国，李健，万旭东. 基于奇异值分解和局域均值分解的滚动轴承故障特征提取方法[J]. 机械工程学报，2015，51(3)：104-110.

[9] 曾鸣，杨宇，郑近德，等. u-SVD降噪算法及其在齿轮故障诊断中的应用[J]. 机械工程学报，2015，51(3)：95-103.

[10] 郭远晶，魏燕定，周晓军. S变换时频谱SVD降噪的冲击特征提取方法[J]. 振动工程学报，2014，27(4)：621-627.

[11] ZHAO X Z，YE B Y. Selection of effective singular values using difference spectrum and its application to fault diagnosis of headstock[J]. Mechanical Systems and Signal Processing，2011，25(5)：1617-1631.

[12] 王树青，林裕裕，孟元栋，等. 一种基于奇异值分解技术的模型定阶方法[J]. 振动与冲击，2012，31(15)：87-91.

[13] 崔伟成，许爱强，李伟，等. 基于拟合误差最小化原则的奇异值分解降噪有效秩阶次确定方法[J]. 振动与冲击，2017，36(3)：132-137.

[14] 陈仁祥，汤宝平，吕中亮. 基于相关系数的EEMD转子振动信号降噪方法[J]. 振动、测试与诊断，2012，32(4)：542-546.

[15] 张志刚，石晓辉，施全，等. 基于改进EMD和谱峭度法滚动轴承故障特征提取[J]. 振动、测试与诊断，2013，33(3)：478-482.

[16] 余发军，周凤星. 基于EEMD和自相关函数特性的自适应降噪方法[J]. 计算机应用研究，2015，32(1)：206-209.

[17] 张文忠，周蓉，武旭红，等. 利用白噪声分解特征的EEMD阈值降噪方法[J]. 测绘科学技

术学报,2013,30(3):255-259.

[18] 徐元博,魏振东.形态滤波与EEMD在振动筛轴承故障诊断中的应用[J].轴承,2015,(10):41-44.

[19] 王志坚,韩振南,刘邱祖.基于MED-EEMD的滚动轴承微弱故障特征提取[J].农业工程学报,2014,30(23):70-77.

[20] Donoho D L. De-noising by soft-thresholding[J]. IEEE Transactions on Information Theory,1995,41(3):613-627.

[21] 秦毅,王家序,毛永芳.基于软阈值和小波模极大值重构的信号降噪[J].振动、测试与诊断,2011,31(5):543-547.

[22] 张翠芳.基于小波变换的模极大值降噪法的实现与改进[J].南京邮电大学学报,2009,29(1):74-77.

[23] LIU J,MOULIN P. Information theoretic analysis of interscale and intrascale dependencies between image wavelet coefficients[J]. Image Processing, IEEE Transactions, 2001, 10(11):1647-1658.

[24] 杨绍普,赵志宏.改进的小波相邻系数降噪方法及其在机械故障诊断中的应用[J].机械工程学报,2013,49(17):137-141.

[25] 苏文胜,王奉涛,朱泓.双树复小波域隐马尔可夫树模型降噪及在机械故障诊断中的应用[J].振动与冲击,2011,30(6):47-52.

[26] 吴定海,张培林,任国全,等.基于双树复小波包的发动机振动信号特征提取研究[J].振动与冲击,2010,29(4):160-164.

[27] 胥永刚,孟志鹏,陆明.基于双树复小波包变换的滚动轴承故障诊断[J].农业工程学报,2013,29(10):49-56.

[28] 胥永刚,赵国亮,马朝永.双树复小波域MCA降噪在齿轮故障诊断中的应用[J].航空动力学报,2016,31(1):219-216.

[29] 王奉涛,陈守海,闫达文,等.对偶树复小波流形域降噪方法及其在故障诊断中的应用[J].机械工程学报,2014,50(21):159-163.

[30] 黄艳林,李有荣,肖涵,等.基于相空间重构与独立分量分析的局部独立投影降噪算法[J].振动与冲击,2011,30(1):33-36.

[31] QIU H,LEE J,LIN J,et al. Wavelet filter-based weak signature detection method and its application on rolling element bearing prognostics[J]. Journal of Sound and Vibration, 2006,289(4-5):1066-1090.

[32] WANG G B. Signal denoise method based on fractal dimension,the higher order statistics and local tangent space arrangement[J]. Journal of Computers,2012,7(6):1482-1489.

[33] 苏祖强,萧红,张毅,等.基于小波包分解与主流形识别的非线性降噪[J].仪器仪表学报,2016,37(9):1954-1960.

[34] SEUNG H S,LEE DD. The manifold ways of perception[J]. Science,2000,290(5500):2268-2269.

[35] TENENBAUM J B,SILVA V D,LANGFORD J C. A global geometric framework for nonlinear dimensionality reduction[J]. Science,2000,290(5500):2319-2323.

[36] ROWEIS S T,SAUL LK. Nonlinear dimensionality reduction by locally linear embedding

[J]. Science，2000，290(5500)：2323-2326.

[37] BELKIN M，NIYOGI P. Laplacian eigenmaps for dimensionality reduction and data representation[J]. Neural Computation，2003，15(6)：1373-1396.

[38] HINTON G，ROWEISS. Stochastic neighbor embedding [J]. Advances in Neural Information Processing Systems，2003，41(4)：833-840.

[39] ZHANG Z Y，ZHA H Y. Principal manifolds and nonlinear dimensionality reduction via tangent space alignment[J]. SIAM Journal of Scientific Computing，2004，26(1)：313-338.

[40] HE X，NIYOGI P. Locality preserving projections[J]. Advances in neural information processing systems，2004，16：153-160.

[41] WEINBERGER K Q，SAUL L K. An introduction to nonlinear dimensionality reduction by maximum variance unfolding[C]//Proceedings of the 21st National Conference on Artificial Intelligence，2006. Palo Alto：AAAI Press，2006：1683-1686.

[42] HE X F，CAI D，YAN S C，et al. Neighborhood preserving embedding[C]//Proceedings of the Tenth IEEE International Conference on Computer Vision，2005. Piscataway：IEEE Press，2005：1208-1213.

[43] 阳建宏，徐金梧，杨德斌，等. 基于主流形识别的非线性时间序列降噪方法及其在故障诊断中的应用[J]. 机械工程学报，2006，42(8)：154-158.

[44] 张赟，李本威. 基于最大方差展开的非线性信号降噪方法及其在故障诊断中的应用[J]. 中国科学，2010，40(8)：940-945.

[45] 栗茂林，梁霖，王孙安，等. 基于连续小波系数非线性流形学习的冲击特征提取方法[J]. 振动与冲击，2012，31(1)：106-111.

[46] 马婧华，汤宝平，宋涛. 基于自适应本征维数估计流形学习的相空间重构降噪方法[J]. 振动与冲击，2015，34(11)：29-34.

[47] 张晓涛，唐力伟，王平，等. 基于多尺度正交 PCA-LPP 流形学习算法的故障特征增强方法[J]. 振动与冲击，2015，34(13)：66-71.

[48] DONG S J，CHEN LL，TANG B P，et al. Rotating machine fault diagnosis based on optimal morphological filter and local tangent space alignment[J]. Shock and Vibration，2015，20：1-10.

[49] LI F，TANG B P，YANG R S. Rotating machine fault diagnosis using dimension reduction with linear local tangent space alignment[J]. Measurement，2013，46：2525-2539.

[50] 万鹏，王红军，徐小力. 局部切空间排列和支持向量机的故障诊断模型[J]. 仪器仪表学报，2012，33(12)：2789-2795.

[51] WANG J，ZHANG Z，ZHA H. Adaptive manifold learning[J]. IEEE Transactions on Pattern Analysis and Machine Intelligence，2012，34(2)：253-265.

[52] 詹宇斌，殷建平，刘新旺，等. 流形学习中基于局部线性结构的自适应邻域选择[J]. 计算机研究与发展，2011，48(4)：576-583.

[53] MEKUZ N，TSOTSOS J K. Parameterless Isomap with adaptive neighborhood selection [C]//Proceedings of the 28th DAGM Symposium. Berlin：Springer，2006：364-373.

[54] ZAPIEN K，GASSO G，CANUS. Estimation of tangent planes for neighborhood graph correction[C]//Proceedings of the European Symposium on Artificial Neural Networks，

2007.[S.l.]: DBLP,2007: 25-27.

[55] WANG Y,JIANG Y,WU Y,et al. Spectral clustering on multiple manifolds[J]. IEEE Transaction on Neural Networks,2011,22(7): 1149-1161.

[56] GAO X F,LIANG J Y. The dynamical neighborhood selection based on the sampling density and manifold curvature for isometric data embedding[J]. Pattern Recognition Letters,2011,32(2): 202-209.

[57] ZHAO M B,JIN X H,ZHANG Z,et al. Fault diagnosis of rolling element bearings via discriminative subspace learning: Visualization and classification[J]. Expert Systems with Applications,2014,41: 3391-3401.

[58] LIU Y H,ZHANG Y S,YU Z W,et al. Incremental supervised locally linear embedding for machinery fault diagnosis[J]. Engineering Application of Artificial Intelligence,2016,50: 60-70.

[59] SU Z Q, TANG B P, MA J H, et al. Fault diagnosis method based on incremental enhanced supervised locally linear embedding and adaptive nearest neighbor classifier[J]. Measurement,2014,48: 136-148.

[60] SU Z Q,TANG B P,DENG F,et al. Fault diagnosis method using supervised extended local tangent space alignment for dimension reduction[J]. Measurement,2015,62: 1-14.

[61] CHENG J,LIU H J,WANG F,et al. Silhouette analysis for human action recognition based on supervised temporal t-SNE and incremental learning[J]. IEEE Transaction on Image Processing,2015,24(10): 3203-3217.

[62] 宋涛,汤宝平,邓蕾.动态增殖流形学习算法在机械故障诊断中的应用[J].振动与冲击,2014,33(23): 15-19.

[63] HAN Z,MENG D Y,XU Z B,et al. Incremental alignment manifold learning[J]. Journal of Computer Science and Technology,2011,26(1): 153-165.

[64] GAO X F,LIANG J Y. An improved incremental nonlinear dimensionality reduction for isometric data embedding[J]. Information Processing Letters,2015,115: 492-501.

[65] TAN C,JI G L. A manifold learning algorithm based on incremental tangent space alingment[C]//Proceedings of 2th International Conference on Cloud Computing and Security. Berlin: Springer,2016: 541-552.

[66] 赵辽英,李富杰,厉小润.泛化改进的局部切空间排列算法[J].计算机工程,2014,40(11): 160-166.

[67] LI J,XUAN J P,SHI T L. Feature extraction based on semi-supervised kernel marginal fisher analysis and its application in bearing fault diagnosis[J]. Mechanical Systems and Signal Processing,2013,41: 113-126.

[68] 李宏坤,周帅,黄文宗.基于时频图像特征提取的状态识别方法研究与应用[J].振动与冲击,2010,29(7): 184-188.

[69] 刘占生,窦唯.旋转机械振动参数图形边缘纹理提取的数学形态学方法[J].振动工程学报,2008,21(3): 268-273.

[70] 窦唯,刘占生.基于灰度-梯度共生矩阵的旋转机械振动时频图像识别方法[J].振动工程学报,2009,22(1): 85-91.

[71] 时建峰,程珩,许征程,等.小波包与改进BP神经网络相结合的齿轮箱故障识别[J].振动、测试与诊断,2009,29(3):321-325.

[72] 游子跃,王宁,李明明.基于EEMD和BP神经网络的风机齿轮箱故障诊断方法[J].东北电力大学学报,2015,35(1):64-72.

[73] 江航,尚春阳,高瑞鹏.基于EMD和神经网络的轮轨故障噪声诊断识别方法研究[J].振动与冲击,2014,33(17):34-38.

[74] 刘永前,徐强,DAVID I.基于引力搜索神经网络的风电机组传动链故障识别[J].振动与冲击,2015,34(2):134-137.

[75] 阳同光,蒋新华,付强.混合蛙跳脊波神经网络观测器电机故障诊断研究[J].仪器仪表学报,2013,34(1):193-199.

[76] 刘景艳,王福忠,杨占山.基于RBF神经网络和自适应遗传算法的变压器故障诊断[J].武汉大学学报(工学版),2016,49(2):88-93.

[77] WU F,MENG G. Compound rub malfunctions feature extraction based on full-spectrum cascade analysis and SVM[J]. Mechanical Systems and Signal Processing,2006,20(8):2007-2021.

[78] SAKTHIVEL N R,SARAVANMURUGAN S,NAIR B B. Effect of kernel function in support vector machine for the fault diagnosis of pump[J]. Journal of Engineering Science and Technology,2016,11(6):826-838.

[79] WIDODO A,YANG B S,HANT. Combination of independent component analysis and support vector machines for intelligent faults diagnosis of induction motors[J]. Expert Systems with Applications,2007,32(2):299-312.

[80] WU C H,ZENG G H,GOO Y J. A real-valued genetic algorithm to optimize the parameters of support vector machine for predicting bankruptcy[J]. Expert Systems with Applications,2007,32(2):397-408.

[81] YUAN S,CHU F. Fault diagnosis based on support vector machine with parameter optimization by artificial immunisation algorithm[J]. Mechanical Systems and Signal Processing,2007,21(3):1318-1330.

[82] LV Z L,TANG B P,ZHOU Y,et al. A novel method for mechanical fault diagnosis based on variational mode decomposition and multikernel support vector machine[J]. Shock and Vibration,2016,2016:1-11.

[83] HINTON G,SALAKHUTDINOV R R. Reducing the dimensionality of data with neural networks[J]. Science,2006,313(5786):504-507.

[84] LECUN Y,BENGIO Y,HINTON G. Deep learning[J]. Nature,2015,521(14539):436-444.

[85] YIN H,JIAO X,CHAI Y,et al. Scene classification based on single-layer SAE and SVM[J]. Expert Systems with Applications,2015,42(7):3368-3380.

[86] ZHANG X Y,YIN F,ZHANG Y M,et al. Drawing and recognizing Chinese characters with recurrent neural network[J]. IEEE Transactions on Pattern Analysis and Machine Intelligence,2018,40(4):849-862.

[87] TAMILSELVAN P,WANG P. Failure diagnosis using deep belief learning based health

state classification[J]. Reliability Engineering and Systems Safety,2013,115(7): 124-135.

[88] BENGIO Y,LAMBLIN P,POPOVICI D,et al. Greed layer-wise training of deep networks[J]. Advances in Neural Information Processing Systems,2007,19: 153-160.

[89] HINTON G,OSINDERO S,TEH Y W. A fast learning algorithm for deep belief nets[J]. Neural Computation,2006,18(7): 1527-1554.

[90] LECUN Y,BOSER B,DENKER J S,et al. Backpropagation applied to handwritten zip code recognition[J]. Neural Computation,1989,11(4): 541-551.

[91] LECUN Y,BOTTOU L,BENGIO Y,et al. Gradient-based learning applied to document recognition[C]//Proceedings of the IEEE. Piscataway: IEEE Press, 1998, 86(11): 2278-2324.

[92] HE K,ZHANG X,REN S,et al. Deep residual learning for image recognition[C]//2016 IEEE Conference on CVPR. Piscataway: IEEE Press,2016: 770-778.

[93] JIA F,LEI Y,LIN J,et al. A neural network constructed by deep learning technique and its application to intelligent fault diagnosis of machines[J]. Neurocomputing,2018,272: 619-628.

[94] SHAO H D,JIANG H K,WANG F. An enhancement deep feature fusion method for rotating machinery fault diagnosis[J]. Knowledge Based Systems,2017,119: 200-220.

[95] ABDELJABER O,AVCI O,KIRANYAZ S,et al. Real-time vibration-based structural damage detection using one-dimensional convolutional neural networks[J]. Journal of Sound and Vibration,2017,388: 154-170.

[96] KANG J,PARK Y J,LEE J,et al. Novel Leakage Detection by Ensemble CNN-SVM and Graph-Based Localization in Water Distribution Systems[J]. IEEE Transactions on Industrial Electronics,2018,65(5): 4279-4289.

[97] JING L Y,ZHAO M,LI P,et al. A convolutional neural network based feature learning and fault diagnosis method for the condition monitoring of gearbox[J]. Measurement, 2017,111: 1-10.

[98] JIANG G Q,HE H B,XIE P. Stacked multilevel-denoising autoencoders: a new representation learning approach for wind turbine gearbox fault diagnosis[J]. IEEE Transactions on Instrumentation and Measurement,2017,66(9): 2391-2402.

[99] WANG F,JIANG H K,SHAO H D,et al. An adaptive deep convolutional neural network for rolling bearing fault diagnosis[J]. Measurement Science and Technology,2017,28(9): 1-25.

[100] CHEN Z Q,DENG S C,CHEN X D,et al. Deep neural networks-based rolling bearing fault diagnosis[J]. Microelectronics Reliability,2017,75: 327-333.

[101] SHAO H D,JIANG H K,WANG F,et al. Rolling bearing fault diagnosis using adaptive deep belief network with dual-tree complex wavelet packet[J]. ISA Transactions,2017, 69: 187-201.

[102] CHEN Z Y,LI W H. Multisensor feature fusion for bearing fault diagnosis using sparse autoencoder and deep belief network[J]. IEEE Transactions on Instrumentation and Measurement,2017,66(7): 1693-1702.

[103] LIU J,HU Y M,WANG Y. An integrated multi-sensor fusion-based deep feature learning approach for rotating machinery diagnosis[J]. Measurement Science and

Technology,2018,29(5): 1-13.

[104] SHAO H D,JIANG H K,WANG F,et al. Rolling bearing fault diagnosis using adaptive deep belief network with dual-tree complex wavelet packet[J]. ISA Transactions,2017, 69: 187-201.

[105] SUN W F,YAO B,ZENG N Y,et al. An intelligent gear fault diagnosis methodology using a complex wavelet enhanced convolutional neural network[J]. Materials,2017, 10(7): 1-18.

[106] JIANG L Y,ZHAO M,LI P,et al. A convolutional neural network based feature learning and fault diagnosis method for the condition monitoring of gearbox[J]. Measurement, 2017,111: 1-20.

[107] VERSTRAETE D,FERRADA A,DROGUETT E L,et al. Deep learning enabled fault diagnosis using time-frequency image analysis of rolling element bearings[J]. Shock and Vibration,2017,2017: 1-17.

[108] LU C, WANG Z Y, ZHOU B. Intelligent fault diagnosis of rolling bearing using hierarchical convolutional network based health state classification [J]. Advanced Engineering Information,2017,32: 139-151.

[109] LI S B,LIU G K,TANG X H,et al. An ensemble deep convolutional neural network model with improved DS evidence fusion for bearing fault diagnosis[J]. Sensors,2017, 17(8): 1-19.

[110] ZHAO M H,KANG M S,TANG B P,et al. Deep residual networks with dynamically weighted wavelet coefficients for fault diagnosis of planetary gearboxes [J]. IEEE Transactions on Industrial Electronics,2018,65(5): 4290-4300.

[111] GUO M F,ZENG X D,CHEN D Y,et al. Deep-learning-based earth fault detection using continuous wavelet transform and convolutional neural network in resonant grounding distribution systems[J]. IEEE Sensors Journal,2018,18(3): 1291-1300.

[112] ZHANG W D,ZHANG F,CHEN W,et al. Fault state recognition of rolling bearing based fully convolutional network[J]. Computing in Science and Engineering,2018,1-13.

[113] WEN L,LI X Y,GAO L,et al. A new convolutional neural network based data-driven fault diagnosis method[J]. IEEE Transactions on Industrial Electronics,2018,65(7): 5990-5998.

[114] GU J X,WANG Z H,KUEN J,et al. Recent advances in convolutional neural networks [J]. Pattern Recognition,2018,77: 354-377.

[115] CHEN J W,LIU Z G,WANG H R,et al. Automatic defect detection of fasteners on the catenary support device using deep convolutional neural network[J]. IEEE Transactions on Instrumentation and Measurement,2018,67(2): 257-269.

[116] SHAO H D,JIANG H K,ZHANG H Z,et al. Electric locomotive bearing fault diagnosis using a novel convolutional deep belief network[J]. IEEE Transactions on Industrial Electronics,2018,65(3): 2727-2736.

[117] KRIZHEVSKY A, SUTSKEVER I, HINTON G. Imagenet classification with deep convolutional neural networks[C]//Proceedings of the Advances in Neural Information

Processing Systems. Red Hook: Curran Associates Inc. ,2012: 1097-1105.

[118] HUANG J T, LI J Y, GONG Y T. An analysis of convolutional neural networks for speech recognition[C]//Proceedings of the IEEE International Conference on Acoustics, Speech and Signal Processing (ICASSP). Piscataway: IEEE Press, 2015: 4898-4993.

[119] HAN T, LIU C, YANG W G, et al. Deep transfer network with joint distribution adaptation a new intelligent fault diagnosis framework for industry application[Z]. 2018, arXiv: 1804.07265.

[120] ZHANG B, LI W, HAO J, et al. Adversarial adaptive 1-D convolutional neural networks for bearing fault diagnosis under varying working condition[Z]. 2018, arXiv: 1805.00778.

[121] MA J, NI S H, XIE W J, et al. Deep auto-encoder observer multiple-model fast aircraft actuator fault diagnosis algorithm[J]. International Journal of Control, Automation and Systems, 2017, 15(4): 1641-1650.

[122] SHAO H D, JIANG H K, ZHAO H W. A novel deep autoencoder feature learning method for rotating machinery fault diagnosis[J]. Mechanical Systems and Signal Processing, 2017, 95: 187-204.

[123] JING L Y, WANG T Y, ZHAO M. An adaptive multi-seneor data fusion method based on deep convolutional neural networks for fault diagnosis of planetary gearbox[J]. Sensors, 17(2): 1-15.

[124] 李艳峰,王新晴,张梅军,等.基于奇异值分解和深度信度网络多分类器的滚动轴承故障诊断方法[J].上海交通大学学报,2015,49(5): 681-686.

[125] 李鑫滨,陈云强,张淑清.基于LS-SVM多分类器融合决策的混合故障诊断算法[J].振动与冲击,2013,32(19): 159-164.

[126] LI C, SANCHEZ R V, ZURITA G, et al. Multimodal deep support vector classification with homologous features and its application to gearbox fault diagnosis[J]. Neurocomputing, 2015, 168: 119-127.

[127] HUI K H, LIM M H, LEONG M S, et al. Dempster-Shafer evidence theory for muti-bearing faults diagnosis[J]. Engineering Applications of Artifical Intelligence, 2017, 57: 160-170.

[128] 汤宝平,马婧华.多准则融合敏感特征选择和自适应邻域的流形学习故障诊断[J].仪器仪表学报,2014,35(11): 2415-2422.

[129] YU C, YANG J H, YANG D B, et al. An improved conflicting evidence combination approach based on a new supporting probability distance[J]. Expert Systems with Applications, 2015, 42(12): 5139-5149.

[130] 朱建渠,金炜东,郑高,等.基于多源信息的高速列车走行部故障识别方法[J].振动与冲击,2014,33(21): 183-188.

[131] 耿涛,卢广山,张安.基于直觉模糊证据合成的多传感器目标识别[J].控制与决策,2012,27(11): 1724-1728.

[132] 孙伟超,李文海,李文峰.融合粗糙集与D-S证据理论的航空装备故障诊断[J].北京航空航天大学学报,2015,41(10): 1902-1909.

[133] 张彼德,田源,邹江平,等.基于Choquet模糊积分的水电机组振动故障诊断[J].振动与冲击,2013,32(12): 61-66.

[134] WEN Y,TAN J W,ZHAN H,et al. Research on the method of fault diagnosis based on multiple classifiers fusion[J]. International Journal of Hybrid information Technology, 2016,9(2): 195-202.

[135] ZHOU Z H, WU J X, TANG W. Ensembling neural networks: Many could be better than all[J]. Artificial Intelligence,2002,137(1-2): 239-263.

[136] UNAL M, SAHIN Y, ONAT M, et al. Fault diagnosis of rolling bearing using data mining techniques and boosting[J]. Journal of Dynamic Systems, Measurement, and Control,2016,139(2): 1435-1459.

[137] XING H J,WANG X Z. Selective ensemble of SVDDs with Renyi entropy based diversity measure[J]. Pattern Recognition,2017,61: 185-196.

[138] XU Z B,LI Y R, WANG Z G, et al. A selective fuzzy ARTMAP ensemble and its application to the fault diagnosis of rolling element bearing[J]. Neurocomputing,2016, 182: 25-35.

[139] WANG Z Y. LU C, ZHOU B. Fault diagnosis for rotary machinery with selective ensemble neural networks[J]. Mechanical Systems and Signal Processing, 2018, 113: 112-130.

[140] YU J B. Machinery fault diagnosis using joint global and local/nonlocal discriminant analysis with selective ensemble learning[J]. Journal of Sound and Vibration,2016,382: 340-356.

[141] SHAO H D,JIANG H K,LIN Y,et al. A novel method for intelligent fault diagnosis of rolling bearings using ensemble deep auto-encoders[J]. Mechanical Systems and Signal Processing,2018,102: 278-297.

[142] EFTEKHARNEJAD B, CARRASCO M R, CHARNLEY B, et al. The application of spectral kurtosis on acoustic emission and vibrations from defective bearing [J]. Mechanical Systems and Signal Processing,2011,25(1): 266-284.

[143] ZHU X,ZHANG Y Y,ZHU Y S. Bearing performance degradation assessment based on the rough support vector data description[J]. Mechanical Systems and Signal Processing, 2013,34(1-2): 203-217.

[144] YAN J H, GUO C Z, WANG X. A dynamic multi-scale Markov model based methodology for remaining life prediction[J]. Mechanical Systems and Signal Processing, 2011,25(4): 1364-1376.

[145] TOBON-MEJIA D A, MEDJAHER K, ZERHOUNI N, et al. A data-driven failure prognostics method based on mixture of gaussians hidden markov models[J]. IEEE Transactions on Reliability,2012,61(2): 491-503.

[146] CAESARENDRA W,KOSASIH B,TIEU A K,et al. Application of the largest Lyapunov exponent algorithm for feature extraction in low speed slew bearing condition monitoring [J]. Mechanical Systems and Signal Processing,2015,50-51: 116-138.

[147] RAI A,UPADHYAY S H. Intelligent bearing performance degradation assessment and remaining useful life prediction based on self-organising map and support vector regression[J]. Journal of Mechanical Engineering Science,2017,232(6): 1118-1132.

[148] LIU J,HU Y M,WU B,et al. A hybrid generalized hidden Markov model-based condition monitoring approach for rolling bearings[J]. Sensors,2017,17(5): 1-19.

[149] PANDIYAN V, CAESARENDRA W, TJAHJOWIDODOT, et al. In-process tool condition monitoring in compliant abrasive belt grinding process using support vector machine and genetic algorithm[J]. Journal of Manufacturing Process,2018,31: 199-213.

[150] WANG H C,CHEN J. Performance degradation assessment of rolling bearing based on bispectrum and support vector data description[J]. Journal of Vibration and Control, 2014,20(13): 2032-2041.

[151] GUO L,GAO H L,HUANG H F,et al. Multifeatures fusion and nonlinear dimension reduction for intelligent bearing condition monitoring[J]. Shock and Vibration,2016(pt. 3): 1-10.

[152] WEI J H,LIU C,REN T Q,et al. Online condition monitoring of a rail fastening system on high-speed railways based on wavelet packet analysis[J]. Sensors,2017,17(2): 1-12.

[153] AOUABDI S, TAIBI M, BOURAS S, et al. Using multi-scale entropy and principal component analysis to monitor gears degradation via the motor current signature analysis [J]. Mechanical Systems and Signal Processing,2017,90: 298-316.

[154] JIANG Q C, YANG X F, HUANGB. Performance-driven distributed PCA process monitoring based on fault-relevant variable selection and Bayesian inference[J]. IEEE Transactions on Industrial Electronics,2016,63(1): 377-386.

[155] KETELAERE B D. Overview of PCA-based statistical process-monitoring methods for time-dependent and high-dimensional data[J]. Journal of Quality Technology, 2015, 47(4): 318-352.

[156] RAFFERTY M, LIU X, LAVERTYD. Real-time multiple event detection and classification using moving window PCA[J]. IEEE Transactions on Smart Grid,2016, 7(5): 2537-2548.

[157] LI S,WEN J. A model-based fault detection and diagnostic methodology based on PCA method and wavelet transform[J]. Engery and Buildings,2014,68: 63-71.

[158] ZVOKELJ M,ZUPAN S,PREBIL L. Multivariate and multiscale monitoring of large-size low-speed bearings using ensemble empirical mode decomposition method combined with principal component analysis[J]. Mechanical Systems and Signal Processing,2010(24): 1049-1067.

[159] ZVOKELJ M,ZUPAN S,PREBIL L. Non-linear multivariate and multiscale monitoring and signal denoising strategy using kernel principal component analysis combined with ensemble empirical mode decomposition method[J]. Mechanical Systems and Signal Processing,2011,25(7): 2631-2653.

[160] ZHANG S,ZHANG Y X,LI L,et al. An effective health indicator for rolling elements bearing based on data space occupancy[J]. Structural Health Monitoring,2016,17(1): 3-14.

[161] YU J B. Local and global principal component analysis for process monitoring[J]. Journal of Process Control,2012,22(7): 1358-1373.

[162] WANG J, FENG J, HAN Z Y. Locally preserving PCA method based on manifold learning and its application in fault detection. [J]. Control and Decision, 2013, 22(5): 683-687.

[163] LUO L J, BAO S Y, MAO J F, et al. Nonlinear process monitoring based on kernel global-local preserving projections[J]. Journal of Process Control, 2016, 38: 11-21.

[164] 杨先勇. 基于信号局部特征提取的机械故障诊断方法研究[D]. 杭州：浙江大学，2009.

[165] 苏文胜. 滚动轴承振动信号处理及特征提取方法研究[D]. 大连：大连理工大学，2010.

[166] MCFADDEN D P, SMITH J D. Model for the vibration produced by a single point defect in a rolling element bearing[J]. Journal of Sound and Vibration, 1984, 96: 69-82.

[167] ANTONI J, RANDALL R B. A sochastic model for simulation and diagnostics of rolling element bearings with localized faults [J]. Journal of Vibration and Acoustics Transactions of the ASME, 2005, 125: 282-289.

[168] 左长青. 基于全矢谱的齿轮系统故障诊断方法研究[D]. 郑州：郑州大学，2011.

[169] 叶红仙. 机械系统振动源的盲分离方法研究[D]. 杭州：浙江大学，2008.

[170] 于德介，程军圣，杨宇. 机械故障诊断的 Hilbert-Huang 变换方法[M]. 北京：科学出版社，2006.

[171] 封常生. 小波分析在信号处理中的应用[D]. 上海：上海交通大学，2007.

[172] 基于特征子集区分度与支持向量机的特征选择算法[J]. 计算机学报，2014，37(8): 1704-1718.

[173] 李杨，顾雪平. 基于改进最大相关最小冗余判据的暂态稳定评估特征选择[J]. 中国电机工程学报，2013，33(34): 179-186.

[174] 姚旭，王晓丹，张玉玺，等. 特征选择方法综述[J]. 控制与决策，2012，27(2): 161-166.

[175] 陈维恒. 微分流形初步[M]. 北京：高等教育出版社，2002.

[176] TENENBAUM J B, SILVA V D, LANGFORDJ C. A global geometric framework for nonlinear dimensionality reduction[J]. Science, 2000, 290(5500): 2319-2323.

[177] 王庆刚. 流形学习算法及若干应用研究[D]. 重庆：重庆大学，2009.

[178] 雷印科. 流形学习算法及其应用研究[D]. 合肥：中国科学技术大学，2011.

[179] 孙文珺. 基于深度学习模型的感应电机故障诊断方法研究[D]. 南京：东南大学，2017.

[180] VINCENT P, LAROCHELLE H, BENGIO Y, et al. Extracting and composing robust features with denoising autoencoders [C]//International Conference on Machine Learning. New York: ACM Press, 2008: 1096-1103.

[181] 张娜. 基于深度信念网络的滚动轴承寿命预测方法[D]. 长沙：湖南大学，2018.

[182] 李涛. 基于深度神经网络的语音信号特征学习研究[D]. 西安：陕西师范大学，2018.

[183] 李恒，张氢，秦仙蓉，等. 基于短时傅里叶变换和卷积神经网络的轴承故障诊断方法[J]. 振动与冲击，2018，37(19): 124-131.

[184] 王若恒. 基于 LSTM 的风电功率区间预测研究[D]. 武汉：华中科技大学，2018.

[185] 杨嘉明. 基于 LSTM-BP 神经网络的列控车载设备故障诊断方法[D]. 北京：北京交通大学，2018.

[186] WU Z H, HUANG N E. Ensemble empirical mode decomposition: a noise assisted data analysis method[J]. Advances in Adaptive Data Analysis, 2009, 1(1): 1-41.

[187] SAWALHI N, RANDALL R B, ENDO H. The enhancement of fault detection and diagnosis in rolling element bearing using minimum entropy deconvolution combined with spctral kurtosis [J]. Mechanical System and Signal Processing,2007,21(6): 2616-2633.

[188] 姚成玉,来博文,陈东宁,等.基于最小熵解卷积-变分模态分解和优化支持向量机的滚动轴承故障诊断方法[J].中国机械工程,2017,28(24): 3001-3012.

[189] TEAGER H M,TEAGER S M. Evidence for nonlinear sound production mechanisms in the vocal tract[J]. Speech Production and Speech Modelling,1990,55: 241-261.

[190] 刘晶.基于能量算子的滚动轴承故障诊断研究[D].南昌:华东交通大学,2018.

[191] 向天尧.基于改进能量算子的滚动轴承故障诊断方法[D].长沙:湖南大学,2017.

[192] 罗荣,田福庆,冯昌林,等.冗余小波包改进及其在齿轮箱故障诊断中的应用[J].机械工程学报,2014,50(15): 82-88.

[193] SELESNICK I W,BARANIUK R G,KINGSBURY N G. The dual-tree complex wavelet transform[J]. IEEE Digital Signal Processing Magazine,2005,22(6): 123-151.

[194] 纪跃波.小波包的频率顺序[J].振动与冲击,2005,24(3): 95-98.

[195] ALBERTO C,GIOVANNI L S. A study about Chebyshev nonlinear filters[J]. Signal Processing,2016,122: 24-32.

[196] 胥永刚,孟志鹏,赵国亮,等.基于双树复小波包变换能量泄漏特性分析的齿轮故障诊断[J].农业工程学报,2014,30(2): 72-77.

[197] DONOHO D L,JOHNSTONE I M. Ideal spatial adaptation by wavelet shrinkage[J]. Biometrika,1994,81(3): 425-455.

[198] COIFMAN R R, WICKERHAUSER M V. Entropy based algorithms for best basis selection[J]. IEEE Transactions on Information Theory,1992,38(2): 713-718.

[199] Maaten L, Hinton G. Visualizing data using *t*-SNE[J]. Journal of Machine Learning Research,2008,9: 2579-2605.

[200] 邬战军,牛敏,许冰,等.基于谱回归特征降维与后向传播神经网络的识别方法研究[J].电子与信息学部,2016,38(4): 978-984.

[201] WANG Y, XU G H, LIANG L, et al. Detection of weak transient signals based on wavelet packet transform and manifold learning for rolling element bearing fault diagnosis[J]. Mechanical systems and signal processing,2015,54: 259-276.

[202] QIU H,LEE J, LINJ. Wavelet filter based weak signature detection method and its application on roller bearing prognostics[J]. Journal of Sound and Vibration, 2006, 289(4-5): 1066-1090.

[203] LEE J,QIU H, YU G,et al. Bearing Data Set[EB/OL]. [2017-05-01]. http: //data-acoustics. com/measurements/bearing-faults/bearing-4.

[204] The Case Western Reserve University Bearing Data Center. Bearings vibration data set [EB/OL]. [2017-05-01]. http: //csegroups. case. edu/bearing data center/home.

[205] LEI Y G, HE Z J, ZI Y Y. A new approach to intelligent fault diagnosis of rotating machinery[J]. Expert Systems with Applications,2008,35(4): 1593-1600.

[206] 文贵华,江丽君,文军.邻域参数动态变化的局部线性嵌入[J].软件学报,2008,19(7): 1666-1673.

[207] ZHANG P,QIAO H,ZHANG B. An improved local tangent space alignment method for manifold learning[J]. Pattern Recognition Letters,2011,32: 181-189.

[208] LIU Y H,ZHANG Y S,YU Z W,et al. Incremental supervised locally linear embedding for machinery fault diagnosis[J]. Engineering Applications of Artificial Intelligence, 2016,50: 60-70.

[209] XANTHOPOULOS P,PARDALOS P M,TRAFALIS T B. Linear discriminant analysis [J]. Robust Data Mining,2013,27-33.

[210] LI H S,JIANG H, ROBERTO BA, et al. Incremental manifold learning by spectral embedding methods[J]. Pattern Recognition Letters,2011,32: 1447-1455.

[211] Public data sets 2009 PHM challenge competition data set [EB/OL]. [2016-12-01]. http: //www. Phmsociety. org/references/datasets.

[212] WEI Z X, WANG Y X, HE S L, et al. A novel intelligent method for bearing fault diagnosis based on affinity propagation clustering and adaptive feature selection[J]. Knowledge-Based Systems,2017,116(15): 1-12.

[213] LI Y B,LIANG X H,XU M Q,et al. Early fault feature extraction of rolling bearing based on ICD and tunable Q-factor wavelet transform[J]. Mechanical Systems and Signal Processing,2017,86: 204-223.

[214] KINGMA D P, WELLINGM. Auto-encoding variational bayes [Z]. 2013, arXiv: 1312. 6114v10.

[215] 周飞燕,金林鹏,董军. 卷积神经网络研究综述[J]. 计算机学报,2017,40(6): 1229-1251.

[216] LOFFE S, SZGEDY C. Batch normalization: Accelerating deep network training by reducing internal covariate shift[C]//Proceedings of the 32nd International Conference on Machine Learning. [S. l.]: PMLR,2015: 448-456.

[217] SRIVASTSVA N,HINTON G,Krizhevsky A. Dropout: A simple way to prevent neural networks from overfitting [J]. Journal of Machine Learning Research, 2014 (15): 1929-1958.

[218] BOTTOU L,CURTIS F E,NOCEDAL J. Optimization methods for large-scale machine learning[J]. Society for Industrial and Applied Mathematics,2018,60(2): 223-311.

[219] LU C,WANG Y, RAGULSKIS M, et al. Fault diagnosis for rotating machinery: A method based on image processing[J]. Plos One,2016,11(10): 1-22.

[220] ZHANG W,PENG G L,LI C H,et al. A new deep learning model for fault diagnosis with good anti-noise and domain adaption ability on raw vibration signals[J]. Sensors, 2017,17(2): 1-21.

[221] SUN W J,SHAO S Y,ZHAO R,et al. A sparse auto-encoder-based deep neural network approach for induction motor faults classification[J]. Measurement,2016,89: 171-178.

[222] NIE F P,XIANG S M,JIA Y Q,et al. Semi-supervised orthogonal discriminant analysis via label propagation[J]. Pattern Recognition,2009,42(11): 2615-2627.

[223] KROGH A, VEDELSBY J. Neural network ensembles, cross validation, and active learning[C]//Advances in Neural Information Processing Systems. Cambridge: MIT

Press,1995: 231-238.

[224] DENG Y,SHI W K,ZHU ZF,et al. Combining belief functions based on distance of evidence[J]. Decision Support Systems,2004,38(3): 489-493.

[225] XIA M,LI F,XU L,et al. Fault diagnosis for rotating machinery using multiple sensors and convolutional neural networks[J]. IEEE/ASME Transactions on Mechatronics, 2018,23(1): 101-110.

[226] DOWNS J J, VOGEL E F. A plant-wide industrial process control problem[J]. Computers and Chemical Engineering,1993,17(3)245-255.

[227] LEE J M,QIN S J,LEE I B. Fault detection and diagnosis based on modified independent component analysis[J]. AIChE Journal,2006,52(10): 3501-3514.

[228] ZHANG M G,GE Z Q,SONG Z H,et al. Global-local structure analysis model and its application for fault detection and identification[J]. Industrial and Engineering Chemistry Research,2011,50(11): 6837-6848.

[229] CHO J H,LEE J M,CHOI S W,et al. Fault identification for process monitoring using kernel principal component analysis[J]. Chemical Engineering Science, 2005, 60(1): 279-288.

[230] 张绍辉.基于流形学习的机械状态识别方法研究[D].广州:华南理工大学,2014.

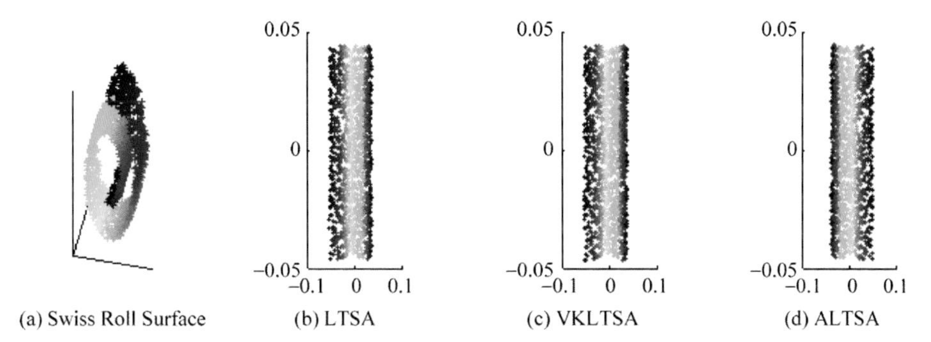

图 6.2　在密集数据集上的嵌入结果(N=1500,k=15)

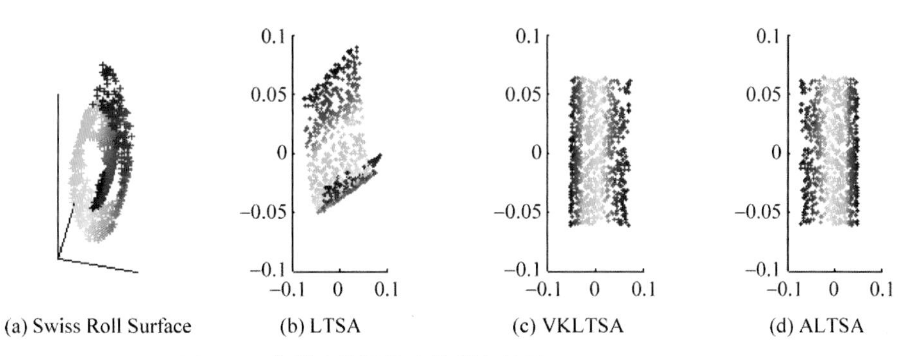

图 6.3　在稀疏数据集上的嵌入结果(N=800,k=10)

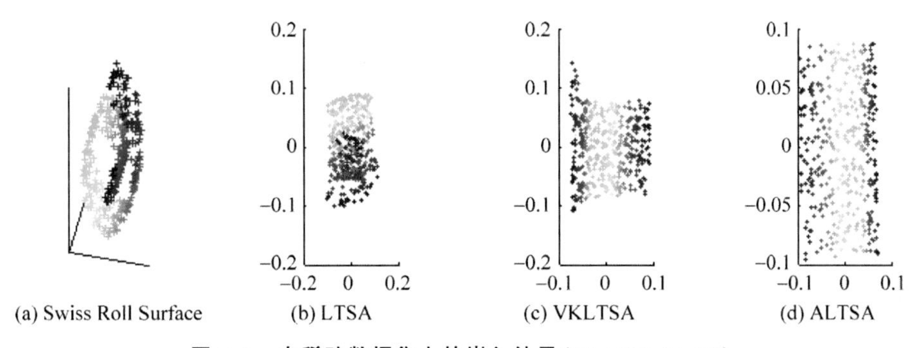

图 6.4　在稀疏数据集上的嵌入结果(N=400,k=10)

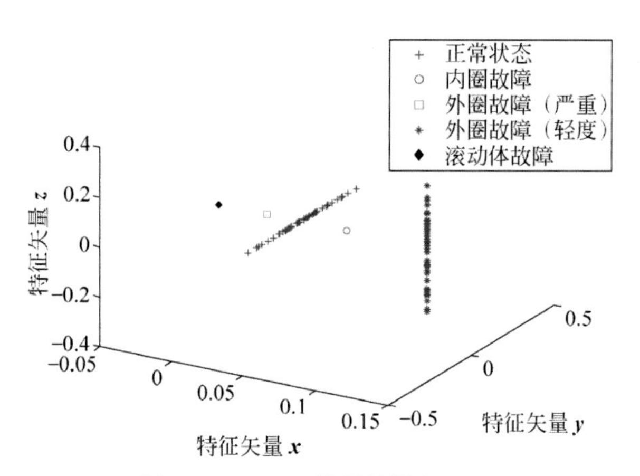

图 6.5　ALTSA 降维结果（$k=35$）

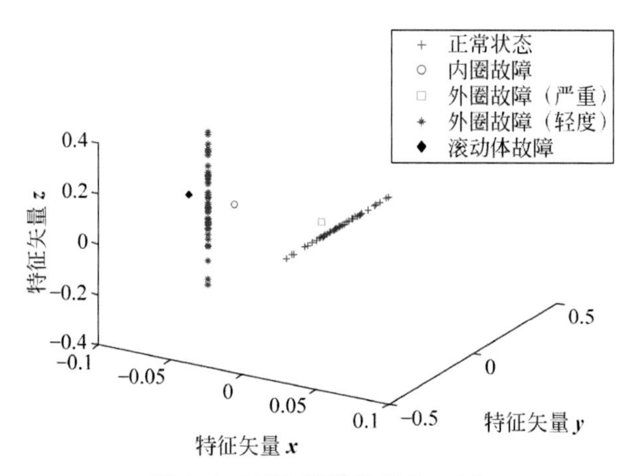

图 6.6　LTSA 降维结果（$k=35$）

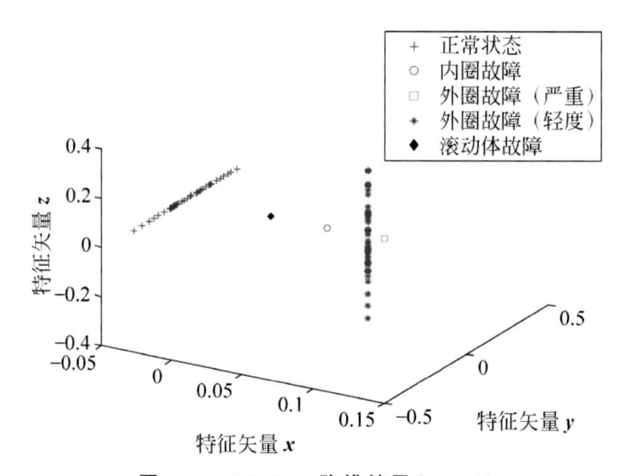

图 6.7　VKLTSA 降维结果（$k=35$）

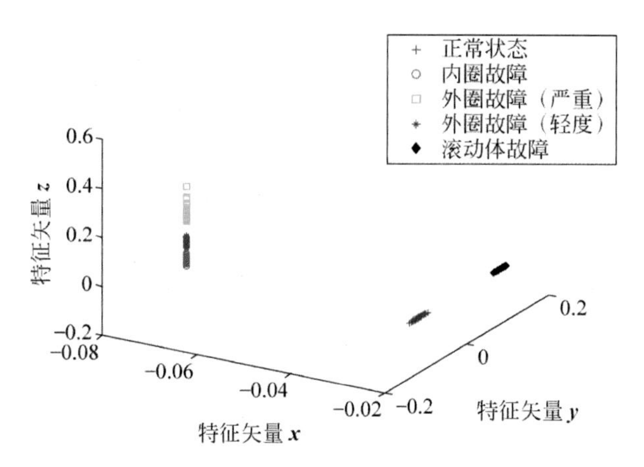

图 6.8　ALTSA 降维结果（$k=60$）

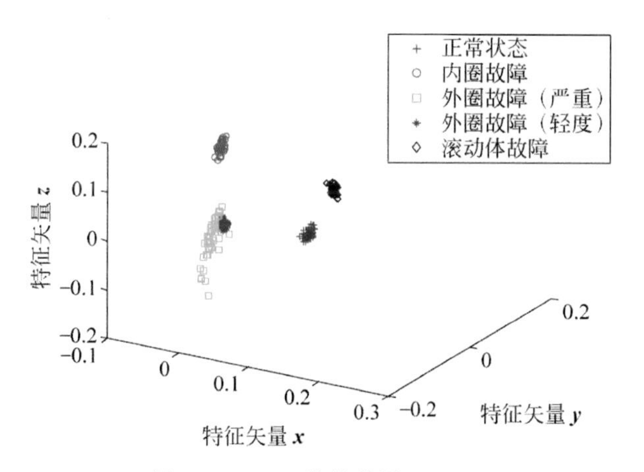

图 6.9　LTSA 降维结果（$k=60$）

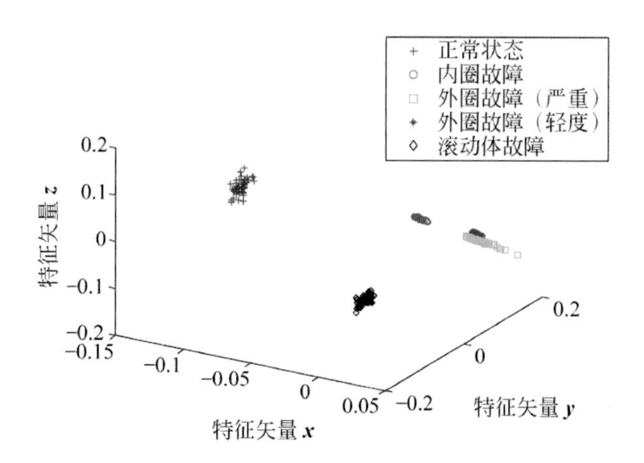

图 6.10　VKLTSA 降维结果（$k=60$）

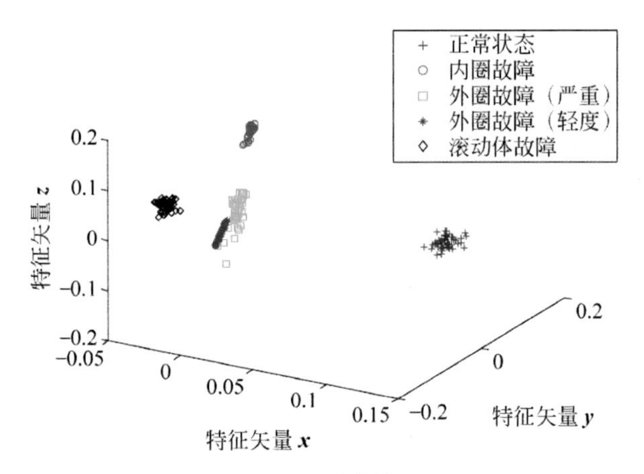

图 6.11　ALTSA 降维结果（$k=90$）

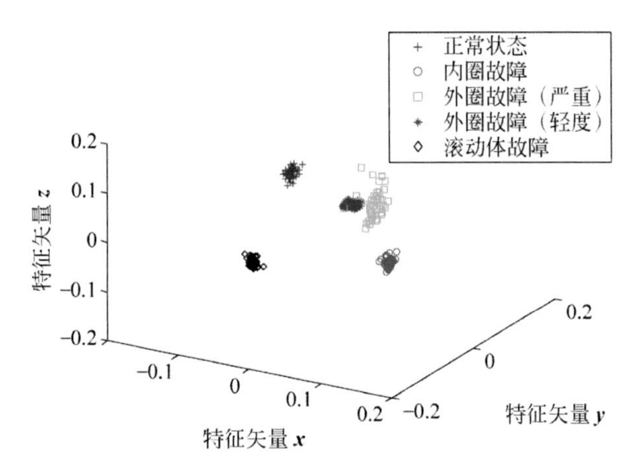

图 6.12　LTSA 降维结果（$k=90$）

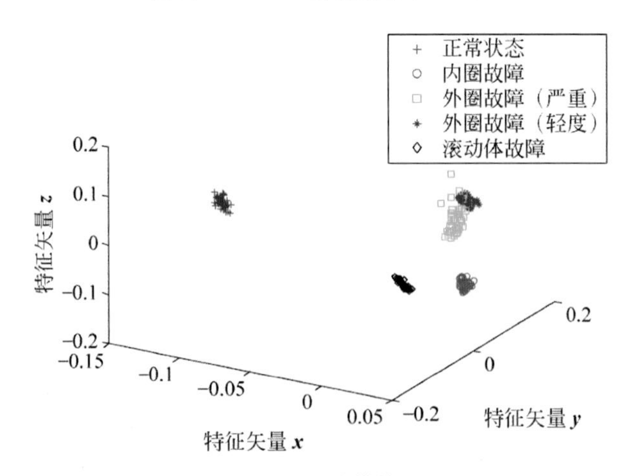

图 6.13　VKLTSA 降维结果（$k=90$）

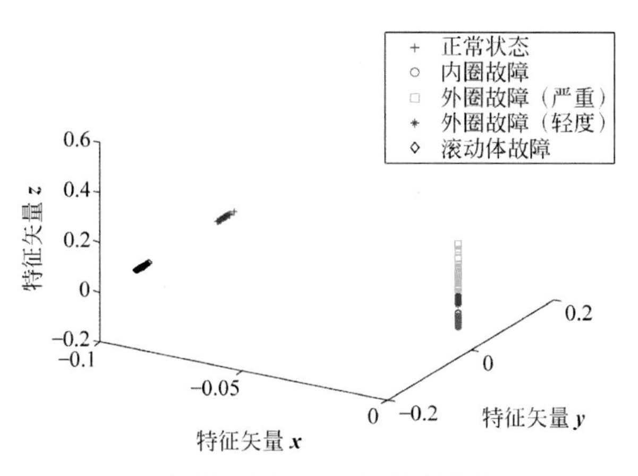

图 6.14　费希尔准则＋ALTSA 降维结果($k=60$)

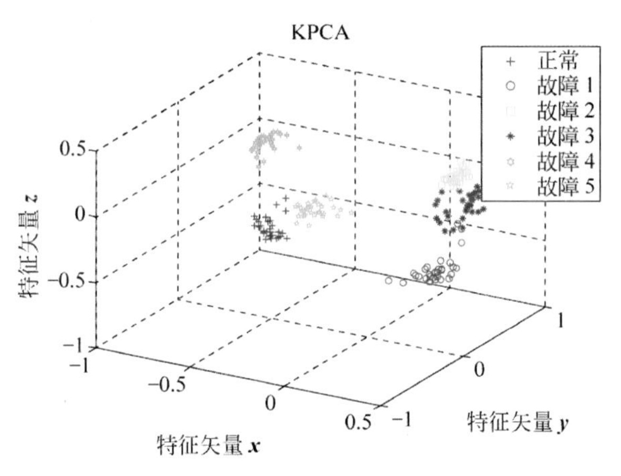

图 6.19　KPCA 降维结果

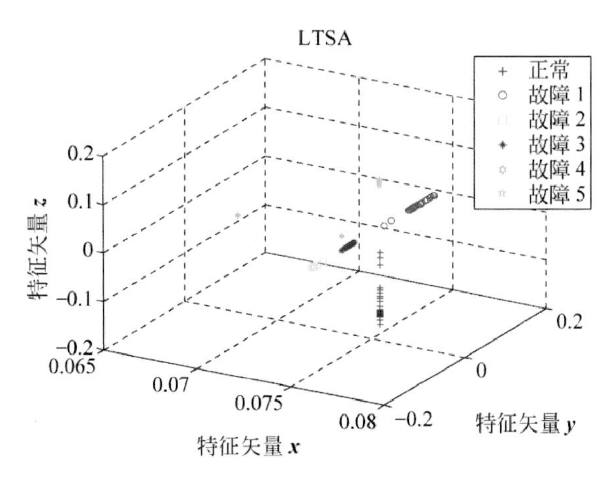

图 6.20　LTSA 降维结果

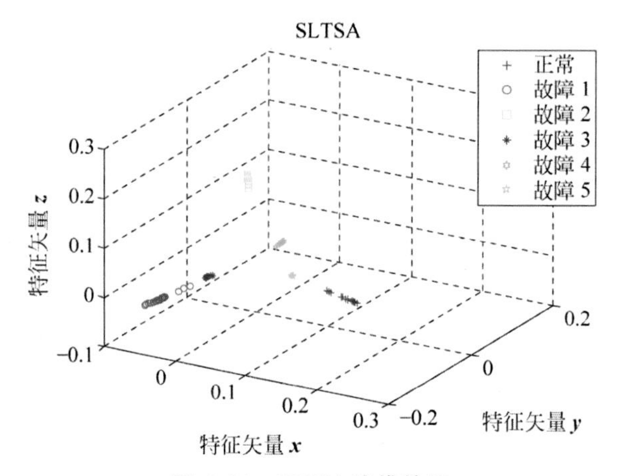

图 6.21　SLTSA 降维结果

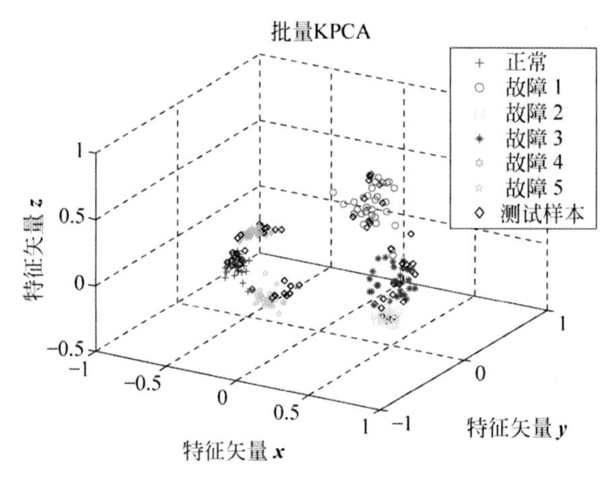

图 6.22　批量 KPCA 降维结果

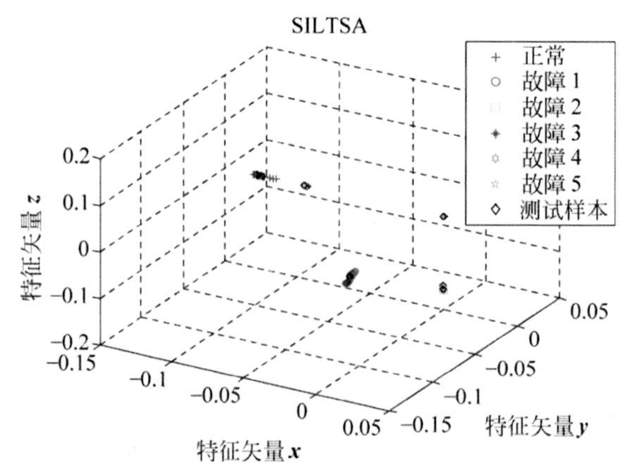

图 6.23　SILTSA 降维结果

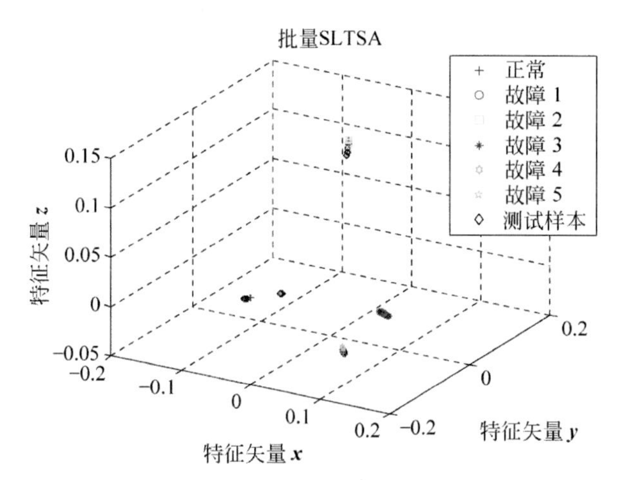

图 6.24　批量 SLTSA 降维结果

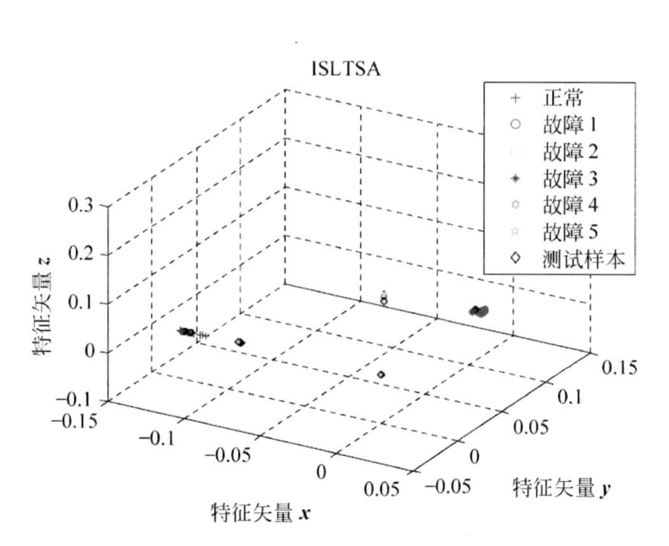

图 6.25　ISLTSA 降维结果

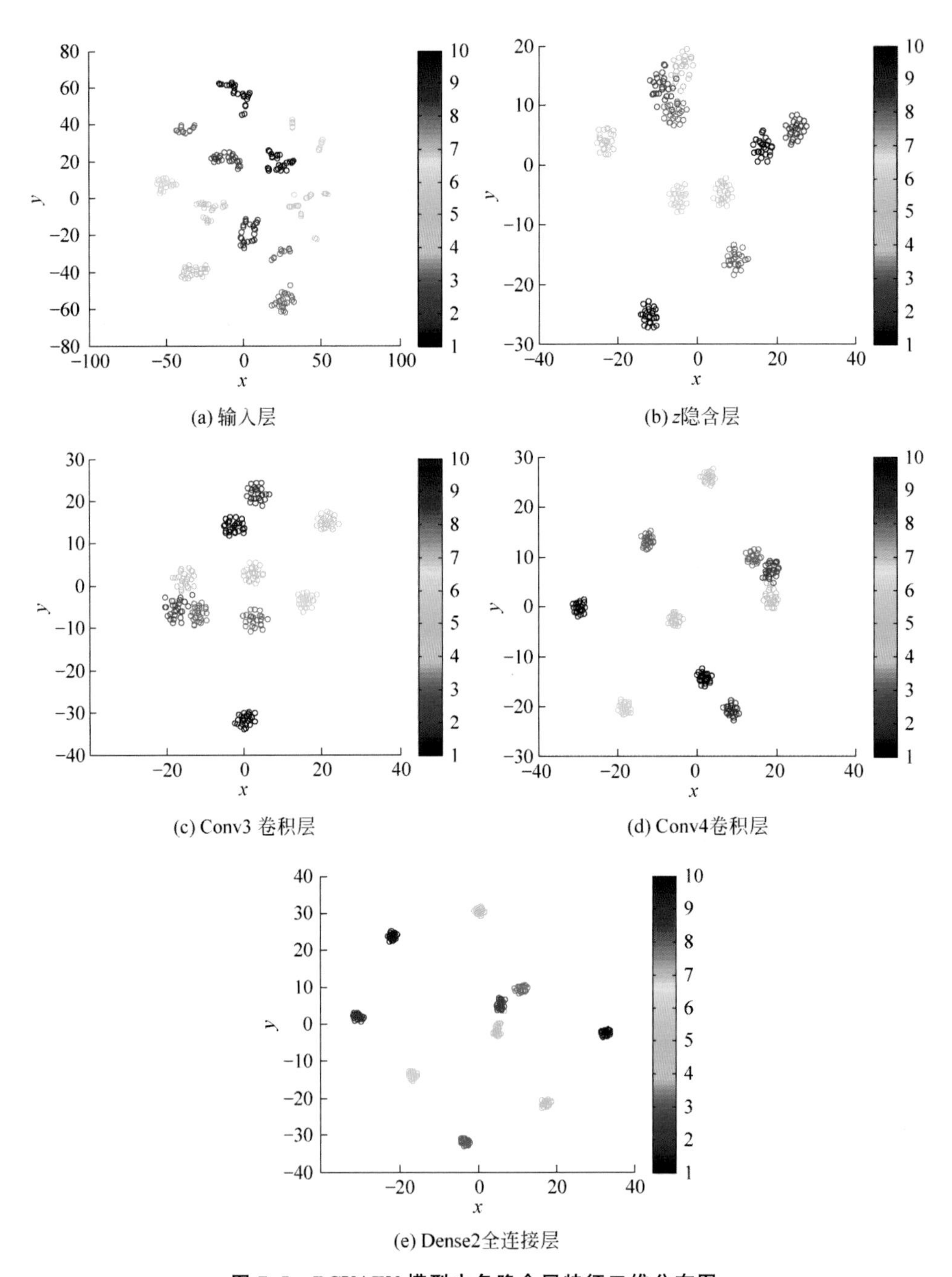

图 7.5　DCVAEN 模型中各隐含层特征二维分布图

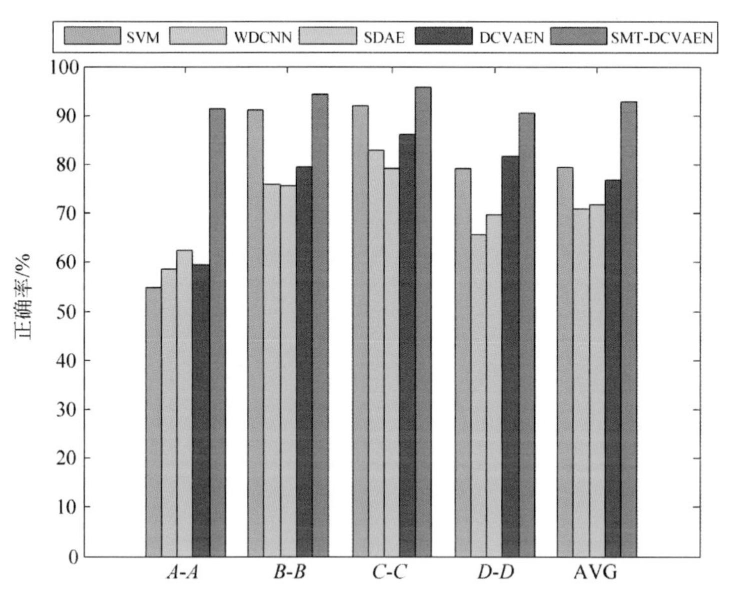

图 7.7　诊断结果($n_t=2, n_L=100$)

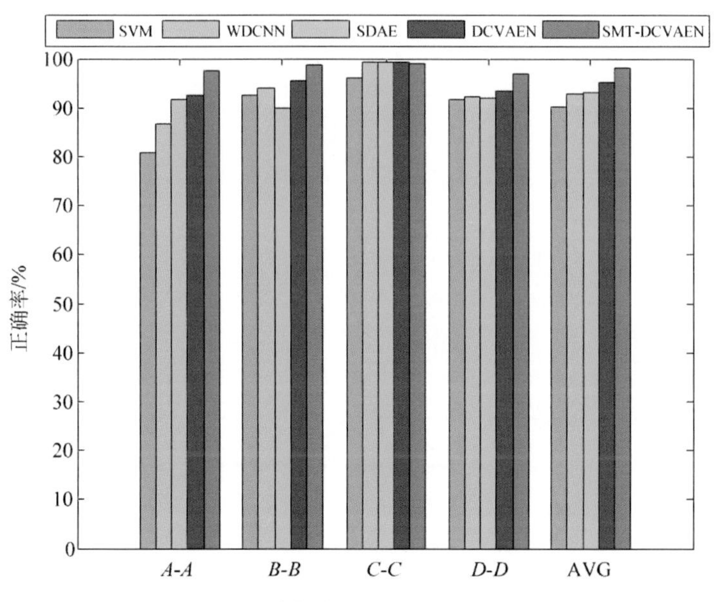

图 7.8　诊断结果($n_t=5, n_L=100$)

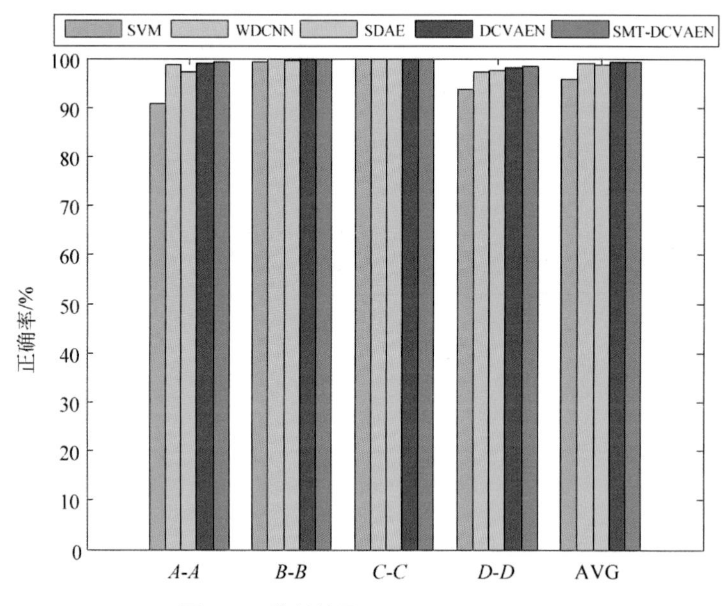

图 7.9　诊断结果($n_t=10, n_L=100$)

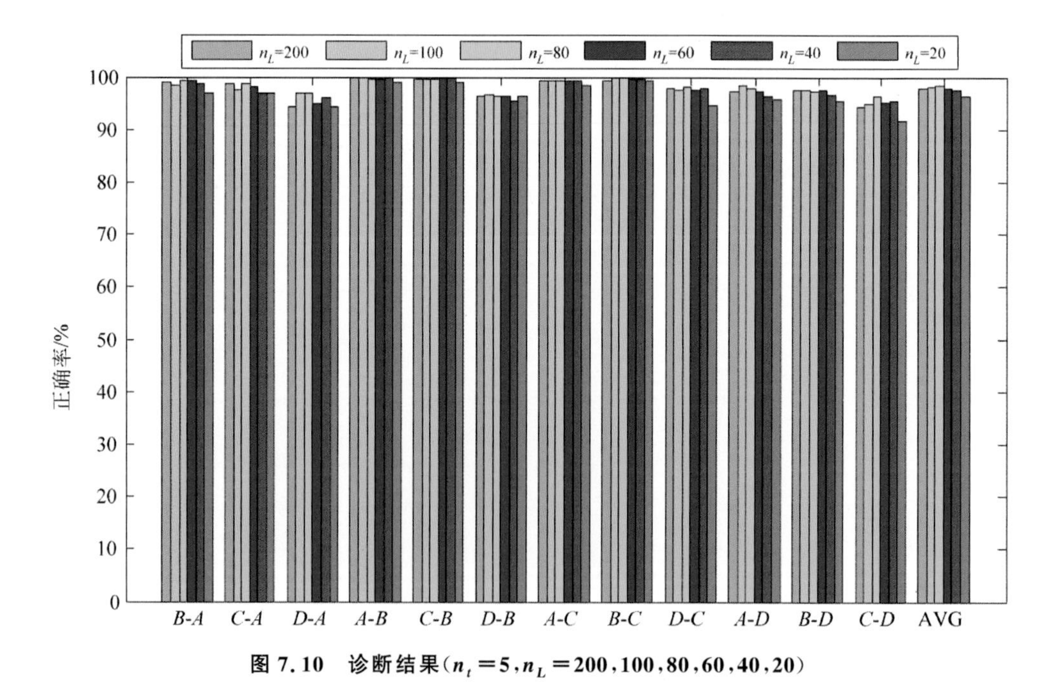

图 7.10　诊断结果($n_t=5, n_L=200,100,80,60,40,20$)

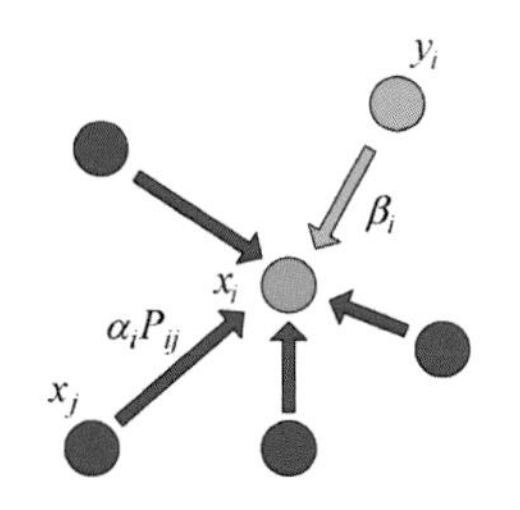

图 7.12　标签传递示意图

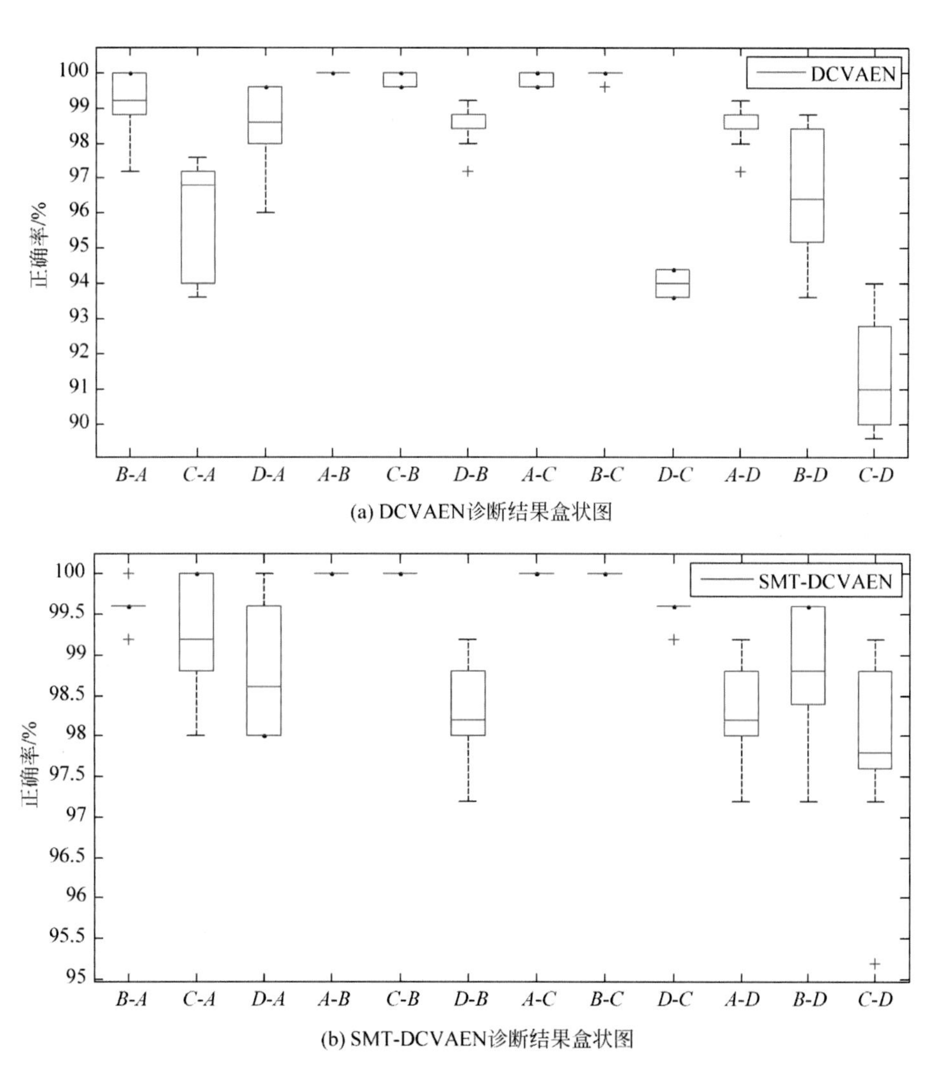

(a) DCVAEN诊断结果盒状图

(b) SMT-DCVAEN诊断结果盒状图

图 7.13　3 种模型诊断结果盒状图

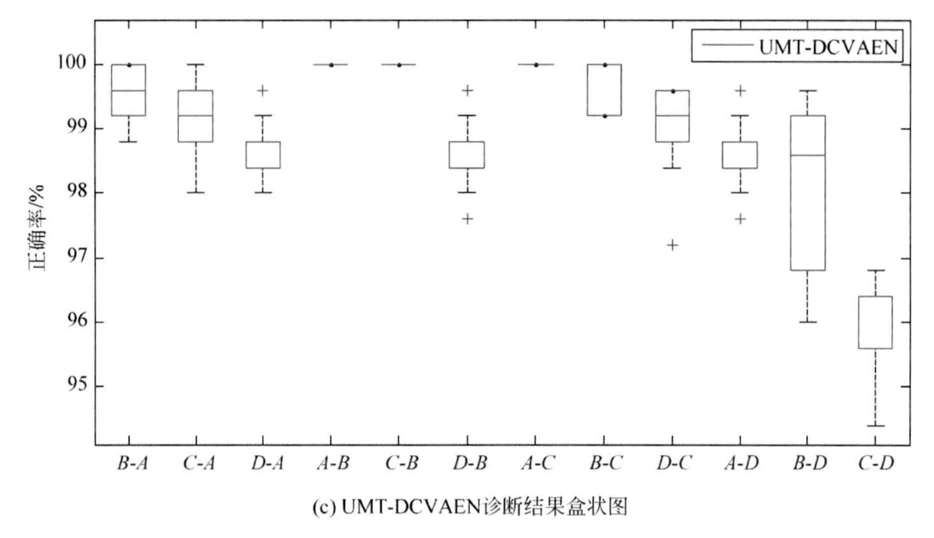

(c) UMT-DCVAEN诊断结果盒状图

图 7.13(续)

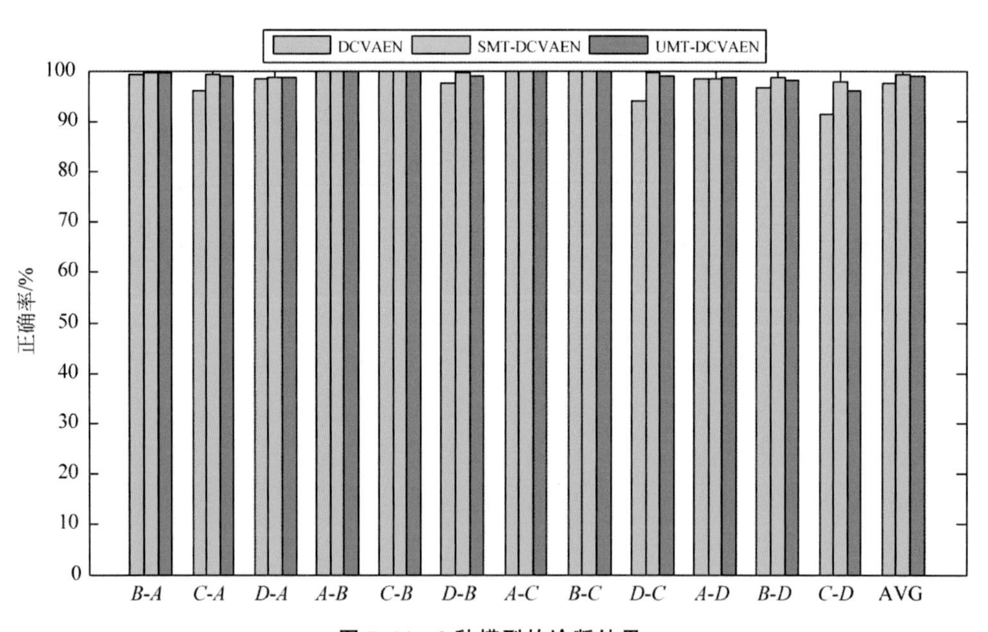

图 7.14　3 种模型的诊断结果

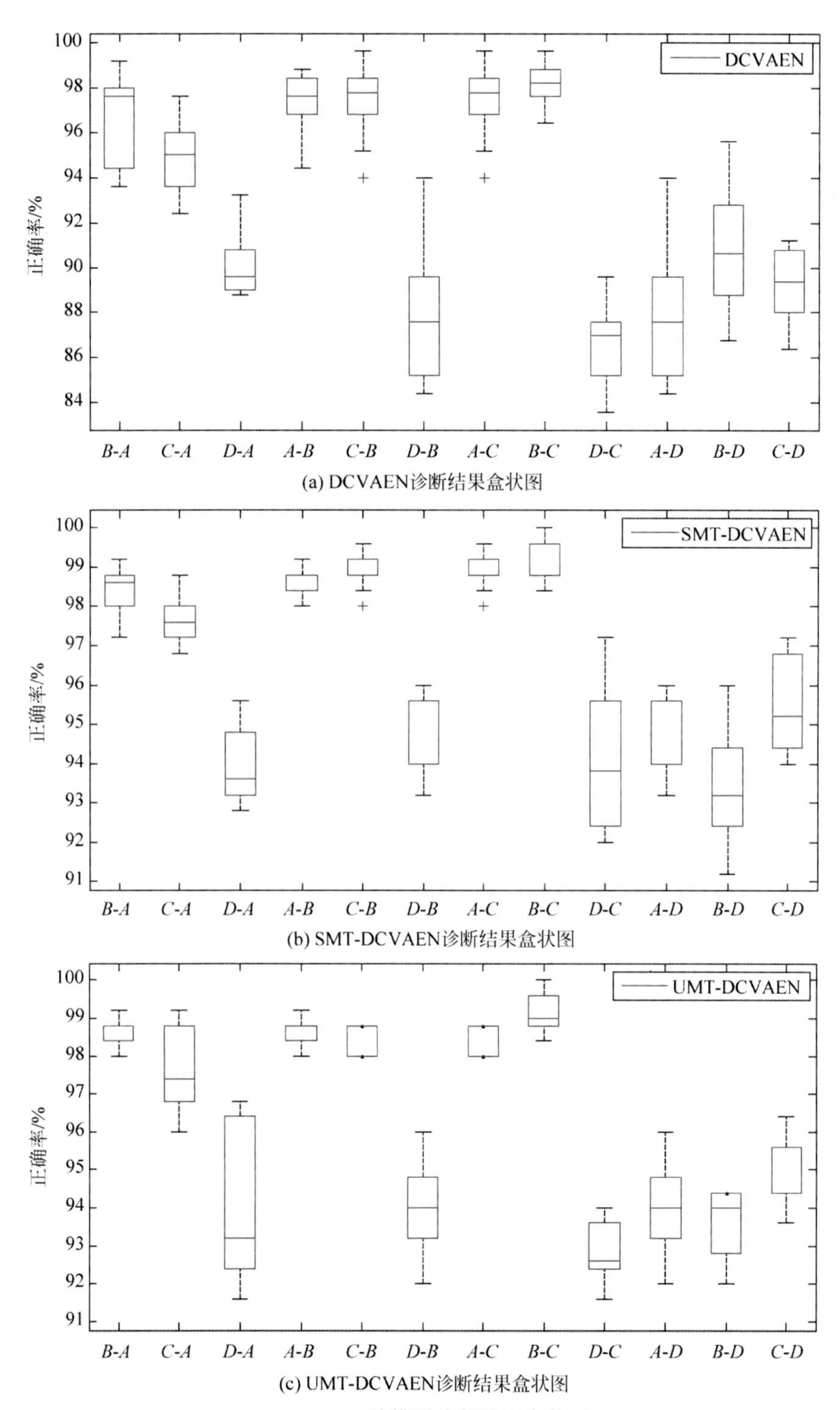

(a) DCVAEN诊断结果盒状图

(b) SMT-DCVAEN诊断结果盒状图

(c) UMT-DCVAEN诊断结果盒状图

图 7.15　3 种模型诊断结果盒状图

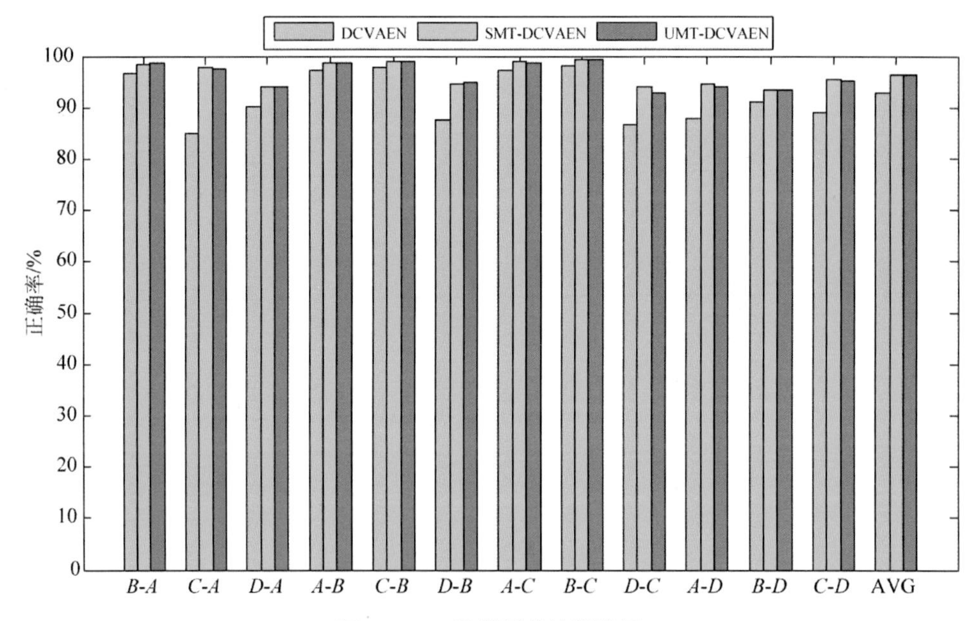

图 7.16　3 种模型的诊断结果

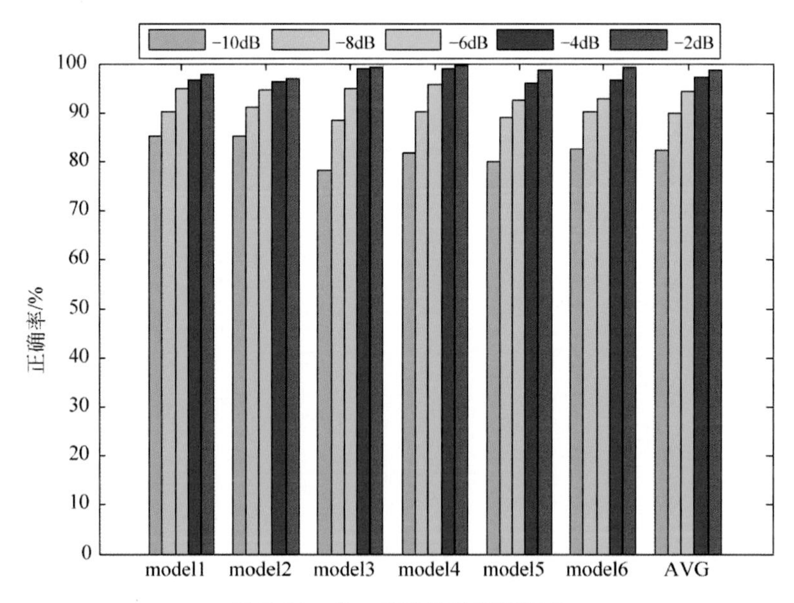

图 7.21　单一模型的诊断正确率

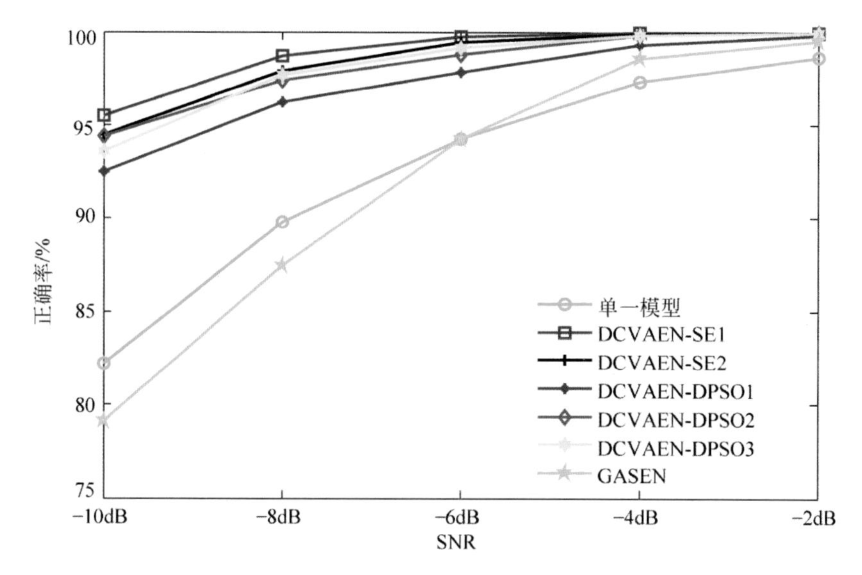

图 7.22 选择性集成学习模型的诊断正确率

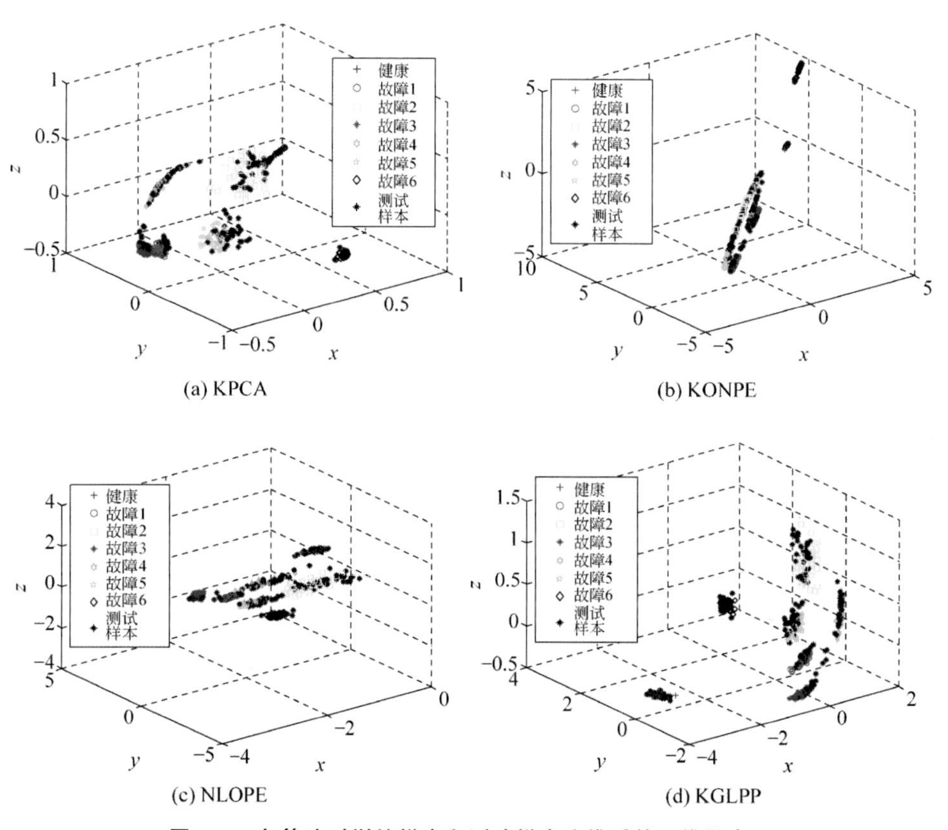

(a) KPCA

(b) KONPE

(c) NLOPE

(d) KGLPP

图 8.6 各算法对训练样本和测试样本降维后的三维散点图

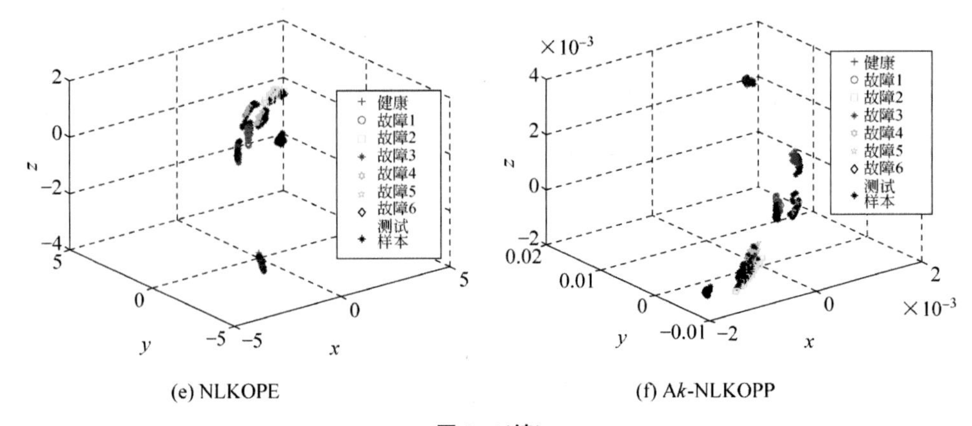

(e) NLKOPE　　(f) A*k*-NLKOPP

图 8.6(续)